普通高等教育计算机类专业教材

数据结构——C语言（微课版）

主　编　梁海英

副主编　曾　霖　樊艳英　殷玉玲

中国水利水电出版社
www.waterpub.com.cn
·北京·

内 容 提 要

本书在传授学生数据结构设计和算法设计方法的同时，也注重培养学生分析问题、解决问题和总结问题的能力，更重要的是培养学生对专业的兴趣，从而树立创新意识。本书在结构编排上按照“先理论、后应用、理论与应用相结合”的原则，兼顾学科的广度和深度，力求适用面广。

本书按照数据的逻辑结构、物理结构及常用操作的体系结构进行讲解，首先阐述线性表、栈、队列、广义表等典型线性结构在顺序存储和链式存储下常用操作的实现方法；然后阐述树、二叉树、图等典型非线性结构在顺序存储和链式存储下常用操作的实现方法；最后阐述查找和排序的各种方法的实现。全书教学目标明确，注重理论与实践相结合；教学内容精准，注重文字与图表相结合；教学模式完善，注重课件与微课视频相结合。本书每章均配有实战练习及大量习题，且全部案例代码已在 Visual C++ 6.0 环境中成功运行。

本书可作为普通高等院校计算机类、电子信息类及相关专业的教材，也可供从事计算机工程与应用工作的科技工作者参考。

本书提供电子教案、源程序和习题参考答案，读者可以从中国水利水电出版社网站（www.waterpub.com.cn）或万水书苑网站（www.wsbookshow.com）免费下载。

图书在版编目（CIP）数据

数据结构 : C语言 : 微课版 / 梁海英主编. -- 北京 : 中国水利水电出版社, 2020.5
普通高等教育计算机类专业教材
ISBN 978-7-5170-8536-2

Ⅰ. ①数… Ⅱ. ①梁… Ⅲ. ①数据结构－高等学校－教材②C语言－程序设计－高等学校－教材 Ⅳ. ①TP311.12②TP312.8

中国版本图书馆CIP数据核字(2020)第069846号

策划编辑：石永峰　责任编辑：周益丹　加工编辑：孙学南　封面设计：李　佳

书　　名	普通高等教育计算机类专业教材 数据结构——C 语言（微课版） SHUJU JIEGOU——C YUYAN（WEIKE BAN）
作　　者	主　编　梁海英 副主编　曾　霖　樊艳英　殷玉玲
出版发行	中国水利水电出版社 （北京市海淀区玉渊潭南路 1 号 D 座　100038） 网址：www.waterpub.com.cn E-mail：mchannel@263.net（万水） sales@waterpub.com.cn 电话：（010）68367658（营销中心）、82562819（万水）
经　　售	全国各地新华书店和相关出版物销售网点
排　　版	北京万水电子信息有限公司
印　　刷	三河市铭浩彩色印装有限公司
规　　格	184mm×260mm　16 开本　15.75 印张　388 千字
版　　次	2020 年 5 月第 1 版　2020 年 5 月第 1 次印刷
印　　数	0001—3000 册
定　　价	42.00 元

前　　言

“数据结构”是计算机类、电子信息类及相关专业的核心课程，是专业技术基础课，在整个课程体系中处于承上启下的核心位置：一方面扩展和深化学生在离散数学、程序设计语言等课程中学到的基本技术和方法；另一方面为学生进一步学习操作系统、编译原理、数据库等专业知识奠定坚实的理论与实践基础。

目前比较权威的“数据结构”教材大多是考研指定教材，难度比较大，不太适合应用型本科和专科学生使用。为此，我们编写了本书，通过引入大量案例，将复杂的理论问题直观化，采取案例驱动式教学，更有利于各个层次的学生接受。

本书在教授学生数据结构设计和算法设计的同时，还培养了学生的逻辑推理能力，增强学生分析问题、解决问题和总结问题的能力，更重要的是培养学生的专业兴趣，树立创新意识。本书在内容选取上符合人才培养目标的要求及教学规律和认知规律，在结构编排上按照“先理论、后应用、理论与应用相结合”的原则，并兼顾学科的广度和深度，力求适用面广。

全书共分 8 章，对常用的数据结构，如线性表、栈、队列、稀疏矩阵、广义表、树、二叉树、图等进行深入讲解，使学生能够全面地理解基本概念、逻辑结构、存储结构、操作运算、实现算法以及案例应用。本书还利用比较法讲解各种查找和排序的方法，并对各种算法的性能进行分析，以便学生可以在不同的应用场合选取合适的方法。本书对每种数据结构和算法的剖析遵循由浅入深的原则，并配以实用的案例和图示，还配有相应的 C 语言源代码，适合具有 C 语言基础的数据结构初学者。

本书由梁海英任主编（负责全书统稿），曾霖、樊艳英和殷玉玲任副主编。在本书编写过程中，编者得到了贺州学院的大力支持，参加本书部分内容编写、程序调试、课件制作、习题收集、答案制作、内容审校等工作的还有何巧萍、李晓欣、李玲、黄江鑫、刘威、梁海鹏、林芳雨、黄梦丹、刘凯、黎未然、王熙棠、李凤、高烨林、罗天扬、肖思爱等，在此表示感谢。

由于编者水平有限，书中难免存在不当之处，敬请读者批评和提出建议。

编　者

2020 年 4 月

目　　录

第 1 章　绪论

本章对数据结构进行简要概述，目的是让读者对数据结构有个大致的了解，为后续内容的学习打下基础。本章主要介绍的内容有数据结构概述、常用术语和基本概念、数据类型、算法和算法复杂度。

相关知识点

相关术语：数据、数据元素、数据项、数据对象、数据结构。

数据的逻辑结构：集合、线性结构、树和图。

数据的物理结构：顺序和非顺序结构。

算法的 5 个特征、时间复杂度及空间复杂度。

学习重点

数据的逻辑结构和存储结构及其之间的关系；算法时间复杂度、空间复杂度及其计算。

1.1　数据结构概述

图灵奖获得者 N·Wirth（沃斯）提出："数据结构（Data Structure）+算法（Algorithm）=程序（Program）"。计算机算法与数据结构密切相关，算法无不依附于具体的数据结构，而数据结构又直接影响算法的选择和效率。运算由计算机来完成，这就需要设计相应的插入、删除和修改的算法，也就是说，数据结构还需要给出每种结构类型所定义的各种运算的算法。

一般来说，用计算机来解决一个具体问题时，大致需要经过以下几个步骤：首先，要从具体问题中抽象出一个适当的数学模型，然后设计一个解此数学模型的算法，最后编写程序、进行调试和运行直到得到最终解答。

寻求数学模型的实质是分析问题，并从中提取操作对象，找出这些操作对象之间的关系，然后用数学语言加以描述。当人们用计算机处理数值计算问题时，所用的数学模型是用数学方程描述的，所涉及的运算对象一般是简单的整型、实型和逻辑型数据，因此程序设计者的主要精力集中于程序设计技巧上，而不是数据的存储和组织上。然而，计算机应用的更多领域是"非数值型计算问题"，它们的数学模型无法用数学方程进行描述，而是用数据结构进行描述。解决此类问题的关键是设计出合适的数据结构，非数值型问题的数学模型是用线性表、树、图等结构来描述的。

【例 1.1】学生信息登记表。

每年新生入学都会用类似表 1.1 所示的二维表进行信息登记，以便完成各种数据的统计，比如，统计男生和女生的比例、生源籍贯等。二维表（即线性表）是经常用到的数学模型。

【例 1.2】酒店管理系统中的客房分配问题。

在酒店的客房分配管理中，希望同类房中各间客房的入住机会均等，以保证客房维持一个平均的磨损率。为此，分配客房的算法应该是"先退的客房先被启用"。相应地，所有"空"

的同类客房的管理模型应该是一个“队列”，即酒店前台每次接待客人入住时，从“队头”分配客房；当客人结账离开时，应将退掉的空客房排在“队尾”，如图 1.1 所示。队列是经常用到的一种数学模型。

表 1.1　学生信息登记表

学号	姓名	性别	民族	籍贯	出生日期
20170108001	苏宏	男	汉族	南宁市	19990121
20170108002	梁琪	女	汉族	贵港市	19990913
20170108003	韦华	男	壮族	崇左市	19980815
20170108004	覃婷	女	汉族	南宁市	19981203

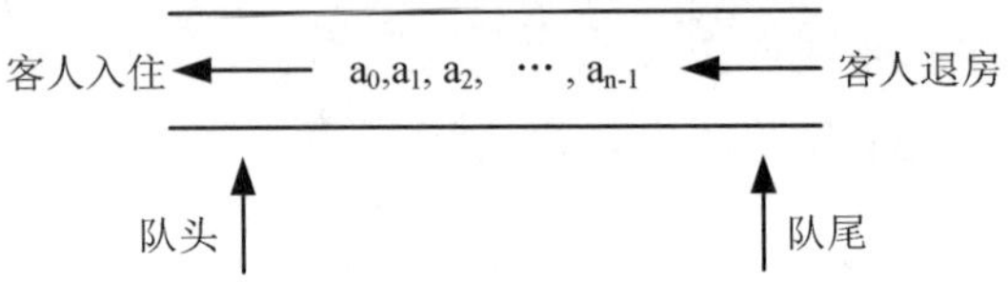

图 1.1　酒店客房管理

【例 1.3】人机对弈问题。

将对弈的策略事先存入计算机中，然后计算机才能和人进行对弈。在对弈问题中，计算机操作的对象是对弈过程中可能出现的棋盘状态，称为格局。图 1.2（a）所示为井字棋的一个格局，而格局之间的关系是由比赛规则决定的。通常，这个关系不是线性的，因为从一个棋盘格局可以派生出若干个格局。从图 1.2（a）所示的格局就可以派生出 5 个格局，如图 1.2（b）所示，而从图 1.2（b）中每一个新的格局又可以派生出 4 个可能出现的格局。若将从对弈开始到结束的过程中所有可能出现的格局都画在一张图上，则可得到一棵倒立生长的“树”。“树根”是对弈开始之前的棋盘格局，而所有的“叶子”就是可能出现的格局，对弈的过程就是从“树根”沿“树杈”到某片“叶子”的过程。“树”可以是某些非数值计算问题的数学模型，即其也是一种数据结构。

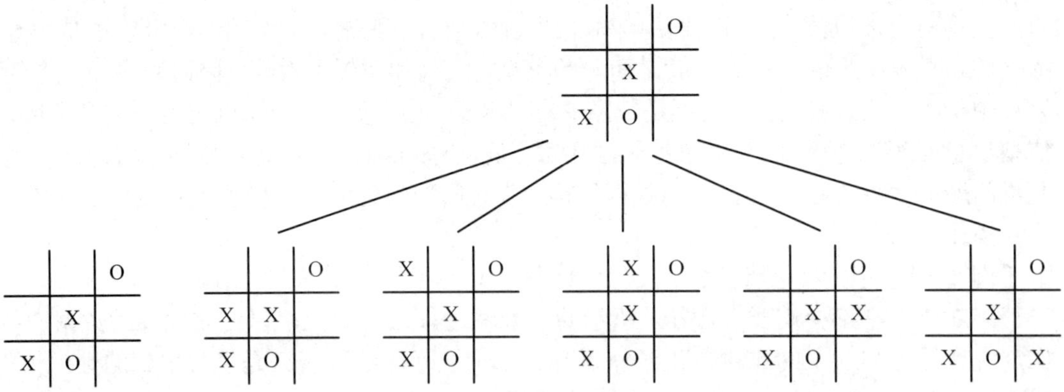

（a）棋盘格局示例　　（b）对弈“树”的局部

图 1.2　人机对弈

综合以上 3 个例子可见，描述这类非数值计算问题的数学模型不再是数学方程，而是诸如二维表、队列和树之类的数据结构。因此，简单来说，在非数值计算的程序设计问题中，数据结构这门学科主要研究的是计算机能识别并处理的数据对象、数据对象中各元素之间的关系，以及针对数据对象能进行的操作。

1.2　常用术语和基本概念

要学好“数据结构”这门课程，必须要明确各种概念及其相互之间的关系。本节只介绍一些常用的术语和基本概念，其他的相关术语和概念将在以后各章节中陆续讲解。

1. 数据

数据（Data）是信息的载体，是可以被计算机识别、存储并加工处理的，用来描述客观事物的信息符号的总称。在计算机学科中，数据是指所有能输入到计算机中，并能被计算机程序所处理的符号的集合，它是计算机程序加工处理的对象。因此，客观事物，如数值、字符、声音、图形、图像等，其本身并不是数据，只有通过编码变成能被计算机识别、存储和处理的符号后才是数据。

2. 数据项

数据项（Data Item）也称项（Item）或字段（Field），是描述数据的不可分割的最小单位。如例 1.1 中一个学生的信息可由 6 个数据项构成：学号、姓名、性别、民族、籍贯、出生日期。

3. 数据元素

数据元素（Data Element）也称记录（Record），是由若干个数据项构成的数据单位，是在某一问题中被作为整体进行考虑和处理的基本单位。在计算机中存储数据时，都是以一个数据元素为单位的。

4. 数据结构

数据结构（Data Structure）由数据和结构两部分构成。其中，数据部分是指数据元素的集合；结构就是关系，结构部分是指数据元素之间关系的集合。所以，数据结构就是指数据元素的集合以及数据元素之间关系的集合。概括地讲，数据结构就是指相互之间有一种或多种特定关系的数据元素的集合。计算机要处理数据，就要保存数据以及它们之间的关系。在这里，关系就是数据的逻辑结构，即指反映数据元素之间逻辑关系的数据结构，其中的逻辑关系是指数据元素之间的前后关系，与它们在计算机中的存储位置无关。

（1）数据的逻辑结构（Logic Structure）。数据的逻辑结构是从具体问题抽象出来的数学模型，与数据在计算机中的具体存储没有关系。数据的逻辑结构独立于计算机，是数据本身所固有的特性。从逻辑上可以把数据结构分为线性结构和非线性结构，主要包括：集合结构、线性结构、树形结构和图形结构。

1）集合结构（Set Structure）：集合结构中的数据元素除了“同属于一个集合”的关系外，再无其他关系，如整数集、字符集等。

2）线性结构（Linear Structure）：线性结构中的数据元素之间存在“一对一”的关系，如数组、队列等。

3）树形结构（Tree Structure）：树形结构中的数据元素之间存在“一对多”的层次关系，如例 1.3 中的人机对弈等。

4）图形结构（Graphic Structure）：图形结构也称网状结构，其中的数据元素之间存在“多对多”的网状关系，比如城市交通图等。

图 1.3 是上述几种数据结构的关系图。其中，树形结构和图形结构又称为非线性结构。由于集合结构中数据元素之间的关系是非常松散的，因此，常用其他几种数据结构来描述集合结构。

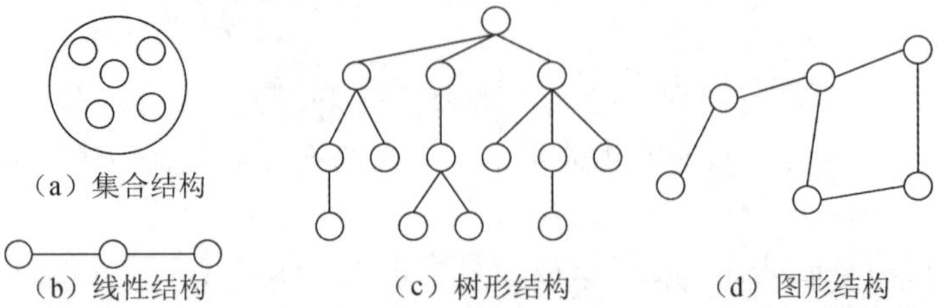

图 1.3　4 种基本数据结构关系图

数据结构由相互之间存在着一种或多种关系的数据元素组成的集合和该集合中数据元素之间的关系组成。数据结构的形式定义为：Data_Structure=(D,R)。

其中，D 是数据元素的有限集合，R 是数据集合 D 中所有元素之间关系的有限集合。

【例 1.4】 定义集合 D={3, 6, 9, 18, 27}的数据结构。

DS_1=(D,R_1)，其中，R_1 定义为 D 上的“>”（大于）关系，则数据结构 DS_1 可以表示成如图 1.4（a）所示的形式，该结构为线性结构。

DS_2=(D,R_2)，其中，R_2 定义为 D 上的“整除”关系，则 R_2={(3,6),(3,9),(3,18),(3,27),(6,18),(9,18),(9,27)}，数据结构 DS_2 可以表示成如图 1.4（b）所示的形式，该结构为图形结构。

（a）数据结构 DS_1

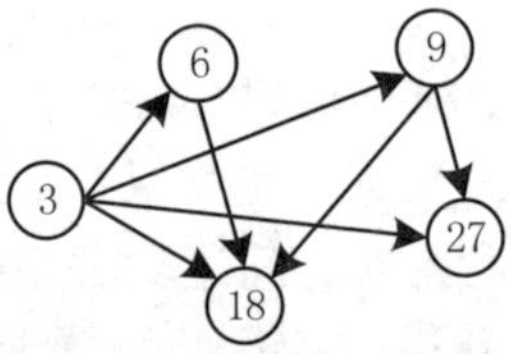

（b）数据结构 DS_2

图 1.4　集合 D 上定义的两个数据结构

从上面的例子可以看出，即使是由相同元素构成的集合，只要定义的关系不同，也不是同一数据结构。数据结构不仅描述了数据元素，还描述了这些元素之间的关系。数据结构的定义仅是对操作对象的一种数学描述，数据结构中定义的关系是数据元素之间的逻辑关系。

数据结构可以分为逻辑上的数据结构和物理上的数据结构。数据结构的形式化定义为逻辑结构，物理结构为数据在计算机中的存储，包括数据元素的存储和关系的存储。在计算机中，存储信息的最小单位是二进制的位（bit），可以用一个由若干个位组合起来形成的位串存储一个数据元素。因此可将位串看成是数据元素在计算机中的存储形式。

（2）数据的物理结构（Physical Structure）。数据的物理结构又称为存储结构（Storage

Structure），是指数据的逻辑结构在计算机存储空间的存放形式，包括数据元素的机内存储和关系的机内存储。其具体实现的方法有顺序、链式、索引、散列等多种，因此，一种数据结构可存储成一种或多种存储结构。

数据元素的机内存储方法：用节点（node）存储数据元素。当数据元素由若干个数据项组成时，节点中与各数据项对应的部分称为数据域（data field）。

关系的机内存储方法：数据元素之间的关系的机内存储可以分为顺序存储和非顺序存储，在线性表、栈、队列、树和图等数据结构中，常用的存储结构有顺序存储结构和链式存储结构。顺序存储借助元素在存储器中的相对位置来存储数据元素之间的逻辑关系，链式存储借助指示元素存储位置的指针（pointer）来存储数据元素之间的逻辑关系。

1）顺序存储结构（Sequence Storage Structure）。顺序存储结构通过数据元素在计算机存储器中的相对位置来存储数据元素的逻辑关系，一般把逻辑上相邻的数据元素存储在物理位置相邻的存储单元中，是一种最基本的存储方法，一般采用数组来实现。

2）链式存储结构（Linked Storage Structure）。链式存储结构对逻辑上相邻的两个数据元素不要求其存储位置必须相邻，元素间的逻辑关系通过指针来存储，一般采用链表来实现。链式存储结构中的数据元素称为节点，在节点中附设地址域（Address Domain）来存储与该节点相邻的节点的地址，从而实现节点间的逻辑关系。图 1.5 给出了图 1.4 中数据结构 DS_1 的不同存储方式。

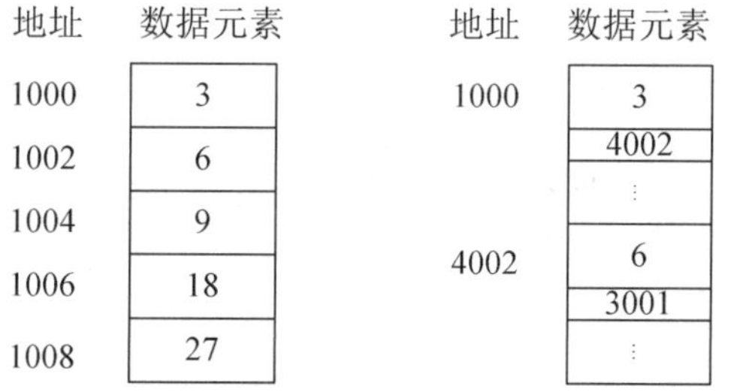

（a）顺序存储结构　　（b）链式存储结构

图 1.5　数据结构 DS_1 存储结构示意图

关系的机内存储方法还有索引存储结构和散列存储结构，将在本书第 7 章中介绍。

（3）数据的运算。算法的设计取决于数据的逻辑结构，而算法的实现依赖于数据采用的存储结构。数据的存储结构实质上是它的逻辑结构在计算机存储器中的实现，为了全面反映一个数据的逻辑结构，其在存储器中的映象包括两方面的内容，即数据元素的信息和数据元素之间的关系。不同的数据结构有其相应的运算，数据的运算是在数据的逻辑结构上定义的操作，如检索、插入、删除、更新和排序等。数据的运算是数据结构的一个重要方面，讨论任何一种数据结构时都离不开对该结构上的数据运算及其实现算法的探讨。

1.3　数据类型

1. 数据类型

数据类型（Data Type）是高级程序设计语言中的概念，是数据的取值范围和可对数据进行的操作的总和。数据类型规定了程序中对象的特性，程序中的每个变量、常量或表达式的结果都应该属于某种确定的数据类型。一方面，在程序设计语言中，每一个数据都属于某种数据类型。类型显式或隐式地规定了数据的取值范围、存储方式以及允许进行的运算。数据类型是在程序设计中已经实现了的数据结构。另一方面，在程序设计过程中，当需要引入某种新的数据结构时，总是借助编程语言所提供的数据类型来描述数据的存储结构。

在客观世界中，任何数据元素都应该有自身的取值范围和所允许进行的运算操作。数据类型就是一个值的集合和定义在这个集合上的一组操作的总称。例如，C 语言中的整型（signed int）能进行的操作有加、减、乘、除和取余数等，而实型（float）就不能进行取余数操作。按值的不同特性，数据类型又可分为不可分解的基本类型和可分解的构造类型。比如，C 语言中的整型、实型、字符型就属于基本数据类型；而数组、结构体和共用体就属于构造数据类型。

2. 本书在用 C 语言描述数据类型时的约定

（1）C 语言的数组元素的下标从“0”开始，为此，在表示数据结构时，数据元素的序号也从 0 开始。

（2）数据元素的类型约定为 ElemType。具体的类型可以由用户在使用时定义：

```
typedef int ElemType;   /*定义所用数据类型为 int*/
```

（3）数据存储结构用类型定义（typedef）描述，例如：

```
typedef struct{
    ElemType *elem;
    int length;
    int listsize;
}SqList;   /*定义名为 SqList 的线性表采用顺序存储结构的类型定义*/
```

（4）算法以函数形式描述，例如：

```
类型标识符 函数名(形参表)
/*算法说明*/
{语句}
```

1.4 算法和算法复杂度

算法（Algorithm）是指在有限的时间范围内，对为解决某一问题而采取的方法和步骤的准确完整的描述，它是一个有穷的规则序列，这些规则规定了解决某一特定问题的一系列运算。算法是程序设计的精髓，算法的设计取决于数据的逻辑结构，算法的实现取决于数据的物理结构。

1.4.1 算法的重要性

1. 算法的 5 个特征

（1）有穷性。一个算法必须总是（对任何合法的输入值）在执行有穷步之后结束，且每一步都可在有穷的时间内完成。这也是算法与程序的最主要区别，程序可以无限地循环下去，如操作系统的监控程序在机器启动后就一直监测着操作者的鼠标动作和输入的命令。

（2）确定性。算法中的每一条指令都必须有明确的含义，不应使读者产生二义性。并且在任何条件下，算法只有唯一的一条执行路径，即对于相同的输入只能得到相同的输出。

（3）可行性。一个算法是可以被执行的，即算法中的每个操作都可以通过已经实现的基本运算执行有限次来完成。

（4）有输入。根据实际问题的需要，一个算法在执行时可能要接收外部数据，也可能无须外部输入。所以一个算法应有零个或多个输入，这取决于算法本身要实现的功能。

（5）有输出。一个算法在执行完毕后，一定要有一个或多个结果或结论。这就要求算法一定要有输出，这些输出是同输入有着某些联系的量。

通常，解决同一个问题，不同的人有不同的想法，即使是同一个人，在不同的时间里可能对同一个问题的理解也不完全相同。算法是依据个人的理解和想法人为设计出来的求解问题的步骤，不同的人或同一个人在不同的时间里设计出来的算法也不尽相同，那么哪种算法设计得好呢？如何评价一个算法的好与坏呢？

2. 算法效率的度量标准

通常，在算法设计时应该考虑从以下几个方面来度量算法的效率：

（1）正确性（Correctness）。满足预先规定的功能和性能的要求，这是算法设计最基本的要求，算法应严格地按照特定的规格说明进行设计，要能够解决给定的问题。但是，“正确”一词的含义在通常的用法中有很大的区别，大体上可分为以下 4 个层次：

1）依据算法所编写的程序中不含语法错误。

2）程序对于几组输入数据能够得到满足规格要求说明的结果。

3）程序对于经过精心挑选较为苛刻的几组输入数据也能够得到令人满意的结果。

4）程序对于所有符合要求的输入数据都能得到正确的输出。

对于大型软件需要进行专业测试，一般情况下，通常以第 3 个层次作为衡量算法正确性的标准。

（2）可读性（Readability）。可读性是指一个算法应当思路清晰、层次分明、简单明了、易读易懂。设计算法的主要目的是解决实际问题，在设计和实现一个项目时，往往不是一个人独立完成的。为了达到可读性的要求，在设计算法时，一般要使用有一定意义的标识符来命名变量、函数等，以便于“见名知意”。其次，可以在算法的开头或指令的后面加注释来解释算法和指令的功能。

（3）健壮性（Robustness）。健壮性是指一个算法应该具有很强的容错能力，当输入不合法的数据时，算法应当能做适当的处理，不至于引起严重的后果。

（4）高效率。运行时间（Running Time）是指算法在计算机上运行所花费的时间，它等于算法中每条语句执行时间的总和。一般来说，执行时间越短，算法性能越好，依据算法编写的程序运行速度越快。

（5）低存储。占用空间（Storage Space）是指算法在计算机上所占用的存储空间，包括存储算法本身所占用的存储空间、算法的输入及输出数据所占用的存储空间和算法在运行过程中临时占用的存储空间。低存储是指依据算法编写的程序在运行时所需内存空间较小。

对于一个系统设计人员来说，前 3 项很容易实现。在使用软件时，人们更加注重于软件的运行速度，而后两项恰恰是影响速度的主要因素。

1.4.2 算法的时间复杂度

1. 时间复杂度的定义

一个算法执行时所耗费的时间，从理论上是不能算出来的，必须上机运行测试才能算出。但我们不可能也没有必要对每个算法都上机测试，只需知道在相同的条件下，哪个算法花费的时间多，哪个算法花费的时间少就可以了。并且一个算法花费的时间与算法中语句的执行次数成正比例，哪个算法中语句执行次数多，它花费的时间就多。一般情况下，算法中基本操作重复执行的次数是问题规模 n 的某个函数，用 T(n)表示，若有某个辅助函数 f(n)，使得当 n 趋近于无穷大时，T(n)/f(n)的极限值为不等于零的常数，则称 f(n)是 T(n)的同数量级函数。记作 T(n)=O(f(n))，称 O(f(n))为算法的渐进时间复杂度，简称时间复杂度。其中大写字母 O 为 Order（数量级）的第一个字母，f(n)为函数形式，如 $T(n)=O(n^2)$。

一般用数量级的形式表示 T(n)，当 T(n)为多项式时，可只取其最高次幂，且其系数也可省略。算法的执行时间需通过依据该算法所编写的程序在计算机上运行时所消耗的时间来度量。

2. 时间复杂度的计算方法

在计算算法时间复杂度时有以下几个简单的方法。

（1）对于一些简单的输入输出语句或赋值语句，近似认为其执行需要 O(1)时间。

（2）对于顺序结构，依次执行一系列语句所用的时间可采用大 O 下“求和法则”计算。

求和法则是指若算法的两个部分时间复杂度分别为 $T_1(n)=O(f(n))$和 $T_2(n)=O(g(n))$，则 $T_1(n)+T_2(n)=O(max(f(n),g(n)))$。

（3）对于选择结构，如 if 语句，它的主要时间耗费是在执行 then 语句或 else 语句时所用的时间，需注意的是检验条件也需要 O(1)时间。

（4）对于循环结构，循环语句的运行时间主要体现在多次迭代中执行循环体以及检验循环条件的时间耗费，一般可用大 O 下“乘法法则”。

乘法法则是指若算法的两个部分时间复杂度分别为 $T_1(n)=O(f(n))$和 $T_2(n)=O(g(n))$，则 $T_1(n)\cdot T_2(n)=O(f(n)\cdot g(n))$。

其中，求解循环结构算法的时间复杂度的具体步骤如下：

1）找出算法中的基本语句。算法中执行次数最多的那条语句就是基本语句，通常是最内层循环的循环体。

2）计算基本语句的执行次数的数量级。只需计算基本语句执行次数的数量级，这就意味着只要保证基本语句执行次数的函数中的最高次幂正确即可，可以忽略所有低次幂和最高次幂的系数。这样能够简化算法分析，并且使注意力集中在最重要的一点上，即增长率。

3）用大 O 符号表示算法的时间性能。将基本语句执行次数的数量级放入大 O 符号中。

注意：如果算法中包含嵌套的循环，则基本语句通常是最内层的循环体，如果算法中包含并列的循环，则将并列循环的时间复杂度相加。

例如：

```
for (i=1; i<=n; i++)
    x++;
for (i=1; i<=n; i++)
    for (j=1; j<=n; j++)
        x++;
```

第一个 for 循环的时间复杂度为 O(n)，第二个 for 循环的时间复杂度为 $O(n^2)$，则整个算法的时间复杂度为 $O(n+n^2)=O(n^2)$。

（5）对于复杂的算法，可以将其分成几个容易估算的部分，然后利用求和法则和乘法法则计算整个算法的时间复杂度。

【例 1.5】分析如下程序段的时间复杂度。

```
s=0;
for(i=1;i<=n;i++)
        s=s+i;
```

分析：

s=0;执行 1 次

i=1;执行 1 次

i<=n;执行 n+1 次

s=s+i;执行 n 次

i++;执行 n 次

总的执行次数为 3(n+1)次，因此，该算法的时间复杂度为 T(n)=O(3(n+1))=O(n)。

在分析算法的时间性能时，常用最基本语句的执行次数来估算。所谓最基本语句通常是指最深层循环体中的语句，也是执行频率最快的语句。它的执行次数反映了整个算法的基本时间性能。如例 1.5 中的 s=s+i 和 i++均被执行了 n 次，所以 T(n)=O(n)。

1.4.3 算法的空间复杂度

空间是指执行算法所需要的存储空间，算法所对应的程序在运行时所需的存储空间包括固定部分和可变部分。固定部分所占空间与所处理的数据的大小和数量无关，或者称与该问题的实例的特征无关，主要包括程序代码、常量、简单变量等所占的空间。可变部分所占空间与该算法在某次执行中处理的特定数据的大小和规模有关。例如，100 个数据元素的排序算法与 1000 个数据元素的排序算法所需的存储空间显然是不同的。

1. 空间复杂度的定义

与算法的时间复杂度类似，空间复杂度也是关于问题规模 n 的一个函数，当问题规模 n 趋近于无穷大时的空间量级就称为算法的渐进空间复杂度，简称空间复杂度（Space Complexity）。可以将空间复杂度作为算法所需存储空间的度量，记作：S(n)=O(f(n))。

2. 空间复杂度的计算方法

那么，算法的空间需求有哪些呢？大体上，依据算法所编写的程序除了需要存储空间来寄存程序本身所用的指令、常数、变量和输入数据外，也需要一些对数据进行操作的工作单元和存储一些为实现计算所需信息的辅助空间。通常，程序所占空间的变化不大，所以在此主要考虑算法的辅助空间需求。

【例 1.6】分析下面程序的时间复杂度和空间复杂度。

```
RevArray(int a[],int n)
{
    int i,j,*b;
    b=(int *)malloc(sizeof(int)*n);
    for(i=0,j=n-1;i<n;i++,j--)
    b[j]=a[i];
```

```
    for(i=j=0;i<n;i++,j++)
        a[i]=b[i];
    free(b);
}
```

因为基本语句就是循环内的赋值语句，共执行了 2n 次，所以 T(n)=2n=O(n)。而算法的辅助空间是一个与问题规模同量级的一维数组空间，另外，再加上两个控制变量 i 和 j，共 n+2 个，所以 S(n)=n+2=O(n)。

1.5 本章实战练习

1．在数据结构中，从逻辑上可以把数据结构分为（　　）。

A．动态结构和静态结构　　B．紧凑结构和非紧凑结构

C．线性结构和非线性结构　　D．内部结构和外部结构

2．设有数据逻辑结构为：

B=(K,R)

$K=(k_1,k_2,\cdots,k_9)$

$R=\{<k_1,k_2>,<k_1,k_8>,<k_2,k_3>,<k_2,k_4>,<k_2,k_5>,<k_3,k_9>,<k_5,k_6>,<k_8,k_9>,<k_9,k_7>\}$

试画出这个逻辑结构的图示。

3．算法具有哪些特征？

4．算法的衡量标准或依据是什么？

5．分析下列程序片段的时间复杂度。

（1）程序片段 1：

```
sum=0;
for(i=0;i<n;i++)
    sum++;
```

（2）程序片段 2：

```
sum=0;
for(i=0;i<n;i++)
    for(j=0;j<n;j++)
        sum++;
```

（3）程序片段 3：

```
sum=0;
for(i=0;i<n;i++)
    for(j=0;j<n*n;j++)
        sum++;
```

（4）程序片段 4：

```
sum=0;
for(i=0;i<n;i++)
    for(j=0;j<i;j++)
        sum++;
```

（5）程序片段 5：

```
sum=0;
for(i=0;i<n;i++)
```

```
for(j=0;j<i;j++)
    for(k=0;k<j;k++)
        sum++;
```

实战练习参考答案

1．C

2．该逻辑结构如图 1.6 所示。

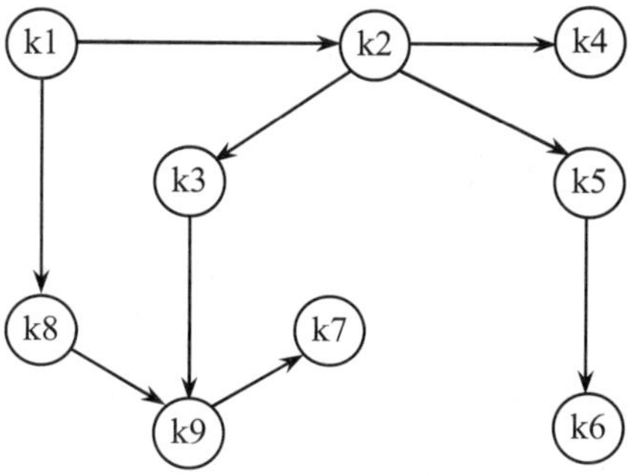

图 1.6　逻辑结构图

3．一个算法应该具有 5 个特征：有穷性、确定性、可行性、有输入、有输出。

4．算法是通过时间复杂度和空间复杂度进行衡量的。其中，算法的时间复杂度是指运行算法时所需要消耗的时间。算法的空间复杂度是指算法在计算机内执行时所需的存储空间。

5．（1）O(n)。

（2）是嵌套循环，其时间复杂度为 $O(n^2)$。

（3）关键语句 sum++的执行次数为 n×n×n，因此，时间复杂度为 $O(n^3)$。

（4）关键语句 sum++的执行次数为 1+2+3+…+n=n(n+1)/2，因此，时间复杂度为 $O(n^2)$。

（5）$O(n^3)$。

1.6　本章小结

数据结构是计算机存储、组织数据的方式。数据结构是指相互之间存在一种或多种特定关系的数据元素的集合。一个数据结构是由数据元素依据某种逻辑关系组织起来的。对数据元素间逻辑关系的描述称为数据的逻辑结构；数据必须在计算机内存储，数据的存储结构是数据结构的实现形式，是其在计算机内的存储。此外，讨论一个数据结构必须同时讨论在该类数据结构上执行的运算才有意义。一个逻辑数据结构可以有多种存储结构，且各种存储结构会影响数据处理的效率。通常情况下，精心选择的数据结构可以带来更高的运行效率或者存储效率。

（1）数据结构的 4 种基本逻辑结构是集合结构、线性结构、树形结构、图形结构。

（2）数据结构的形式定义为：Data_Structure=(D,R)，其中，D 是数据元素的有限集，R 是 D 上关系的有限集。

（3）一个算法应该具有 5 个特征：有穷性、确定性、可行性、有输入、有输出。

（4）算法通过时间复杂度和空间复杂度进行度量。

（5）算法的时间复杂度是指运行算法时所需要消耗的时间。

（6）算法的空间复杂度是指算法在计算机内执行时所需存储空间的度量。

1.7 习题 1

一、选择题

1．算法分析的目的是（　　）。

A．找出数据结构的合理性　　B．研究算法中的输入和输出的关系

C．分析算法的效率以求改进　　D．分析算法的易懂性和文档性

2．数据结构中，与所使用的计算机无关的是数据的（　　）结构。

A．存储　　B．物理

C．逻辑　　D．物理和存储

3．对一个算法的评价，不包括以下（　　）方面的内容。

A．健壮性　　B．并行性　　C．正确性　　D．可读性

4．算法分析的两个主要方面是指（　　）。

A．空间复杂度和时间复杂度　　B．正确性和简明性

C．可读性和健壮性　　D．数据复杂性和程序复杂性

5．算法是指（　　）。

A．计算机程序　　B．解决问题的计算方法

C．排序算法　　D．解决问题的有限运算序列

6．线性结构表示数据元素之间存在一种（　　）关系。

A．一对多　　B．多对多　　C．多对一　　D．一对一

7．某程序的时间复杂度为 $3n+nlog_2^n+n^2+8$，用大 O 表示法表示为（　　）。

A．O(n)　　B．$O(nlog_2^n)$

C．$O(n^2)$　　D．$O(log_2^n)$

8．计算机算法是指（　　）。

A．计算方法　　B．排序方法

C．解决问题的有限运算序列　　D．调度方法

9．计算机算法必须具备输入、输出和（　　）5 个特性。

A．可行性、可移植性和可扩充性　　B．可行性、确定性和有穷性

C．确定性、有穷性和稳定性　　D．易读性、稳定性和安全性

10．以下属于逻辑结构的是（　　）。

A．顺序表　　B．哈希表　　C．有序表　　D．单链表

二、填空题

1．数据结构按逻辑结构可分为两大类，分别是________和________。

2．数据的物理结构主要包括________和________两种情况。

3．数据结构是指数据及其相互之间的________。当节点之间存在 M 对 N(M:N)的关系时，称这种结构为________。

4．数据的逻辑结构被分为________、线性结构、树形结构和________4 种。

5．线性结构中元素之间存在________关系，树形结构中元素之间存在________关系。

6．数据结构的形式定义为(D,R)，其中 D 是________的有限集合，R 是 D 上________的有限集合。

7．在图形结构中，每个节点的前驱节点数和________节点数可以________。

8．在非数值计算的程序设计问题中，数据结构是一门研究计算机的________和相互之间的________以及对其进行操作的学科。

9. 在线性结构中，第一个节点________前驱节点，其余每个节点有且只有 1 个前驱节点；最后一个节点________后继节点，其余每个节点有且只有 1 个后继节点。

10．数据结构包括数据的________、数据的________和数据的运算这三个方面的内容。

11．在树形结构中，根节点没有________节点，其余每个节点有且只有________个前驱节点。

12．数据的存储结构可用 4 种基本的存储方法表示，分别是________、链式、________和散列。

三、判断题

1．算法的优劣与算法描述语言无关，但与所用计算机有关。 ( )

2．数据的物理结构是指数据在计算机内的实际存储形式。 ( )

3．数据元素是数据的最小单位。 ( )

4．数据的逻辑结构是指数据的各数据项之间的逻辑关系。 ( )

四、简答题

1．分析下面程序段的时间复杂度。

```
x=0;
for(i=1; i<n; i++)
    for(j=1; j<=n-i; j++)
        x++;
```

2．分析下面程序段的时间复杂度。

```
i=1;
while(i<=n) i=i*3;
```

3．分析下面程序段的时间复杂度。

```
s=0;
for(i=0; i<n; i++)
    for(j=0; j<n; j++)
        s+=B[i][j];
sum=s;
```

4．分析下面程序段的时间复杂度。

```
for(i=0;i<n;i++)
    for(j=0;j<m;j++)
        a[i][j]=0;
```

第2章 线性表

本章开始对数据结构这门课程进行系统的讲解，首先要介绍的是线性表。线性表是最简单和最常用的一种数据结构，日常生活中与它有关的例子举不胜举。在本章中，将讲解线性表的定义、顺序存储和链式存储，以及线性表的基本操作，如插入、删除和查找等。

相关知识点

相关概念：线性表、顺序表、链表（单链表、循环链表、双向链表）、头指针、头节点。

顺序表的存储及基本操作；链表的存储及基本操作。

学习重点

线性表的逻辑结构；顺序表的存储和实现；链表的存储和实现。

2.1 线性表概述

1. 线性表的定义

线性表（Linear_List）简称表，是 n（n≥0）个数据元素（也叫节点或表元素）组成的有限序列，其特点是各数据元素之间存在着线性关系，即都是一个接一个地按一定顺序排列的，并且线性表要求同一个表中的各数据元素的结构类型必须完全一致。通常将线性表记作：

$$(a_0,a_1,a_2,a_3,\cdots,a_{i-1},a_i,a_{i+1},\cdots,a_{n-1})$$

即表中 a_{i-1} 领先于 a_i，称 a_{i-1} 是 a_i 的直接前驱元素，a_{i+1} 是 a_i 的直接后继元素。当 i=0,1,2,3,⋯,n-2 时，a_i 有且仅有一个直接后继；当 i=1,2,3,4,⋯,n-1 时，a_i 有且仅有一个直接前驱。

线性表中元素的个数 n（n≥0）定义为线性表的长度，特别地，当 n=0 时称该线性表为空表。非空线性表中的每一个数据元素都有一个确定的位置，如 a_0 是最前面一个数据元素，a_{n-1} 是最后面一个数据元素，a_i 是第 i（0≤i≤n-1）个数据元素，i 为数据元素在线性表中的位序。

2. 线性表的特点

通过定义可以得到线性表有如下特点：

（1）唯一首元素。

（2）唯一尾元素。

（3）除首元素外，任何元素都有一个前驱。

（4）除尾元素外，任何元素都有一个后继。

（5）每个元素都有一个位序。

在稍复杂的线性表中，一个数据元素可以由若干个数据项（item）组成，而且这若干个数据项的数据类型还可以不同，例如前面所举学生信息统计表的例子，每一个学生是线性表中的一个数据元素，但是每个学生又包含了学号、姓名、性别等若干个数据项。此时这种数据元素称为记录（record），一个学生即一个记录，含有大量记录的线性表又称文件（file）。

2.2　线性表的顺序存储及运算的实现

2.2.1　线性表的顺序存储

1．线性表的顺序存储原理

线性表的顺序存储（Sequential Mapping）简称顺序表，是指用一组地址连续的存储单元按线性表元素之间的逻辑顺序，依次存储线性表的数据元素。数据元素的逻辑顺序和物理上的存储顺序是完全一致的，物理上存放在位置 i 的元素，就是按照逻辑顺序存储时的第 i 个元素。因此在顺序存储结构下不需要另外建立空间来记录各个元素之间的关系。顺序存储的线性表是一种随机存取结构，因为只要确定了存储线性表的起始位置，就可以随机存取表中的任何一个数据元素。

在高级程序设计语言中，由于数组具有随机存取的特性，因此，通常都用数组来描述数据结构中的顺序存储结构。对于线性表，则可用一维数组来实现。

设 SqList L，则 L 为上述定义的顺序表，表中含有 L.length 个数据元素，依次存储在 L.elem[0] 至 L.elem[L.length-1]中，如图 2.1 所示。

元素位序	0	…	i	…	n-1	…	listsize-1
元素表示	L.elem[0]	…	L.elem[i]	…	L.elem[L.length-1]	…	L.elem[L.listsize-1]
内存状态	a_0	…	a_i	…	a_{n-1}		

L.length-1 ↑　　　L.listsize-1 ↑

图 2.1　顺序表的存储结构示意图

其中，L.elem[i]的值即为线性表中的第 i 个数据元素；该顺序表最多可容纳 listsize 个数据元素；ElemType 为线性表中数据元素的所属类型。为处理方便，在本书中我们假定 ElemType 的类型中包含一个整型的主关键字 key，而其余的数据项则暂时不考虑，在面对具体应用时，可以根据实际情况来定义和使用它们。

在顺序表中，可以根据顺序表中数据元素的位序，随机访问表中的任一元素，也就是说，顺序表是一种随机存取的存储结构。

2．顺序存储的线性表类型定义

由于在大多数高级程序设计语言中，数组的长度是不可变的，因而如果用数组类型来实现顺序表，则必须根据需要预先设置足够的长度。而在实际应用中，数组所需长度会随问题的不同而不同，并且在操作过程中长度也会发生变化，因此，在 C 语言中通常采用动态分配的一维数组来实现顺序表。顺序存储的线性表类型定义如下：

```
#define INIT_SIZE 100            /*线性表存储空间的初始分配量*/
#define INCREMENT 10             /*线性表存储空间的分配增量*/
```

```
typedef int ElemType;                 /*定义元素类型为 int*/
typedef struct{
    ElemType *elem;                   /*存储空间的基地址*/
    int length;                       /*当前长度*/
    int listsize;                     /*当前分配的存储容量（以 sizeof(ElemType)为单位）*/
}SqList;
```

在上述存储结构的定义之上可实现对顺序表的各种操作，下面分别进行讨论。

2.2.2 顺序表的基本操作

1. 顺序表的初始化

顺序表的初始化，即构造一个空的表，就是为顺序表分配一个预定义大小的数组空间。这需要将 L 设为指针变量，首先动态分配顺序表的存储空间，然后将其当前长度设为 0，表示表中没有数据元素。

算法 2.1 顺序表的初始化。

```
int InitList_Sq(SqList *L)
/*初始化顺序表，成功返回 1，失败返回-1*/
{   L->elem=(ElemType *)malloc(INIT_SIZE*sizeof(ElemType));
    if(!L->elem) return -1;           /*初始化失败*/
    L->length=0;
    L->listsize=INIT_SIZE;
    return 1;                         /*初始化成功*/
}
```

若 L 是 SqList 类型的顺序表，则表中的第 i 个数据元素是 L.elem[i]。

2. 顺序表的插入

顺序表的插入操作是指在表的第 i-1 个元素和第 i 个元素之间插入一个新的元素 e，插入新元素后原表长为 n 的表$\{a_0,a_1,a_2,a_3,\cdots,a_{i-1},a_i,a_{i+1},\cdots,a_{n-1}\}$变为表长为 n+1 的新表$\{a_0,a_1,a_2,a_3,\cdots,a_{i-1},e,a_i,a_{i+1},\cdots,a_{n-1}\}$。需要注意的是 i 的取值范围是 $0\leqslant i\leqslant n$，当 i=n 时，表示在整个顺序表的末尾插入一个元素 e。

（1）插入操作需要注意的问题。

1）顺序表中数据区域分配有 listsize 个存储单元，在进行插入操作时需要先检查表空间是否已满，表满的情况下不能再进行插入操作，否则会产生内存溢出错误。

2）要检查插入位置的有效性，这里 i 的有效范围是 $0\leqslant i\leqslant n$，其中 n 为原表长度。

3）注意数据移动的方向为向大的下标移动，如图 2.2 所示。

（2）算法思路。一般情况下，在第 i（$1\leqslant i\leqslant n$）个元素之前插入一个元素时，需将第 n-1 至第 i 位置的元素（共 n-i 个）向后移动一个位置。

1）从后开始向后移动：将 a_{n-1}～a_i 顺序向后移动一个位置，即 a_{n-1} 移动到 a_n 的位置，a_{n-2} 移动到 a_{n-1} 的位置，……，a_i 移动到 a_{i+1} 的位置，为待插入的新数据元素让出位置 i。

2）将 e 放到空出的第 i 个位置上。

3）修改 length 指针，使之恒指向顺序表中的最后一个元素。

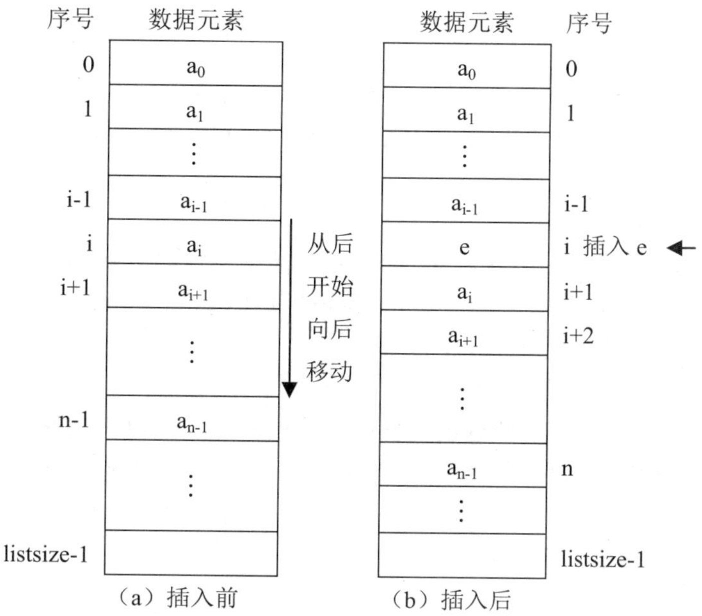

图 2.2　在顺序表中插入一个元素

（3）**算法 2.2**　顺序表的插入。

```
int ListInsert_Sq(SqList *L,int i,ElemType e)
/*在顺序表 L 的第 i 个位置之前插入新的元素 e，若插入成功则返回 1，否则返回-1*/
{    int j;
     ElemType *newbase;
     if(i<0 || i>L->length)    return -1;          /*插入位置不合法，插入失败*/
     if(L->length>=L->listsize)                    /*当前存储空间已满，增加分配*/
   { newbase=(ElemType *)realloc(L->elem,(L->listsize+INCREMENT)*sizeof (ElemType));
     if(!newbase) return -1;                       /*存储分配失败，插入失败*/
     L->elem = newbase;
     L->listsize += INCREMENT;
   }
    for(j=L->length-1;j>=i;j--)
        L->elem[j+1] = L->elem[j];                 /*插入位置及之后的元素从后开始向后移动*/
    L->elem[i]=e;                                  /*插入 e*/
    ++L->length;                                   /*表长增 1*/
    return 1;                                      /*插入成功*/
}
```

（4）插入操作的时间复杂度。在顺序表上进行插入操作时，其时间主要消耗在插入位置之后的若干数据元素的移动上。要在第 i 个位置插入元素 e，则从 a_i 到 a_n 都要向后移动一个位置，共需要移动(n-i)个元素。设在第 i 个位置上插入元素的概率为 P，则平均移动数据元素的次数为：

$$E_{in} = \sum_{i=0}^{n} P_i(n-i) \tag{2.1}$$

其中 i 的取值范围为 0≤i≤n，即有 n+1 个位置可以插入。一般情况下设为等概率情况，

即 $P_i=1/(n+1)$，则有：

$$E_{in}=\sum_{i=0}^{n}P_i(n-i)=\frac{1}{n+1}\sum_{i=0}^{n}(n-i)=\frac{1}{n+1}\cdot\frac{n(n+1)}{2}=\frac{n}{2} \tag{2.2}$$

可见在顺序表中插入一个数据元素平均需要移动表中一半的数据元素，其时间复杂度为 O(n)。

3. 顺序表的删除

顺序表的删除操作是指将表中的第 i 个元素从表中删除的过程，删除第 i 个元素后原表长为 n 的顺序表$(a_0,a_1,a_2,a_3,\cdots,a_{i-1},a_i,a_{i+1},\cdots,a_{n-1})$变为表长为 n-1 的新表$(a_0,a_1,a_2,a_3,\cdots,a_{i-1},a_{i+1},\cdots,a_{n-1})$。其中需要注意的是 i 的有效范围为 0≤i≤n-1。

（1）删除操作需要注意的问题。

1）删除第 i 个元素时，要删除的元素必须真实存在，所以需要检查 i 的取值是否有效，i 的有效取值范围为 0≤i≤n-1，否则操作失败。

2）表为空表时不能执行删除操作。

3）注意数据移动的方向为向小的下标移动，如图 2.3 所示。

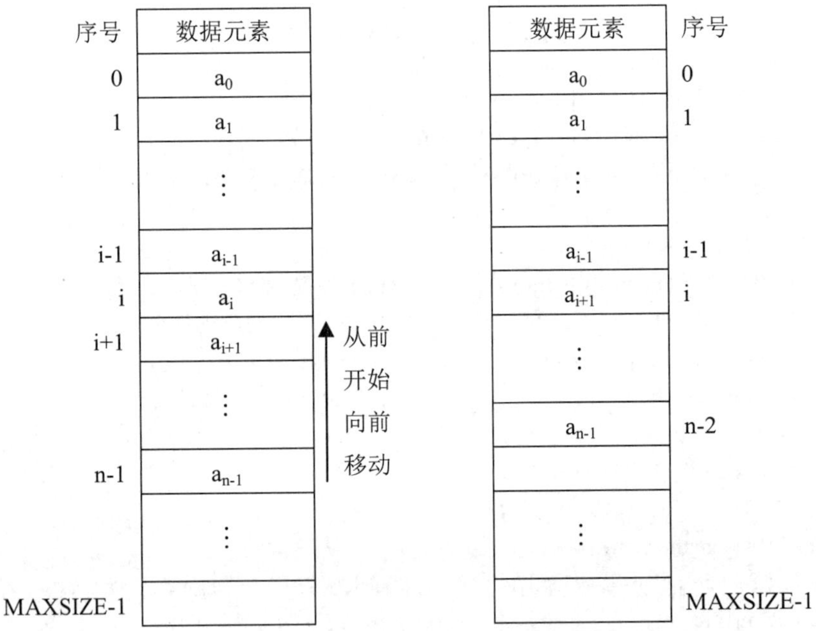

（a）删除前　　　　（b）删除后

图 2.3　从顺序表中删除一个元素

（2）算法思路。

1）从前开始向前移动：将 a_{i+1}～a_{n-1} 顺序向前移动一个位置。

2）修改 length 指针，使之仍指向当前表中的最后一个元素。

（3）**算法 2.3**　顺序表的删除。

```
int ListDelete_Sq(SqList *L,int i,ElemType *e)
/*在顺序表 L 中删除第 i 个元素，并用 e 返回其值，成功返回 1，失败返回-1*/
{    int j;
```

```
    if(i<0 || i>L->length-1)   return -1;       /*i 值不合法，删除失败*/
    *e=L->elem[i];                              /*将被删除元素的值赋给 e*/
    for(j=i+1; j<=L->length-1; j++)
        L->elem[j-1]=L->elem[j];                /*被删元素之后的元素从前开始向前移动*/
    --L->length;
    return 1;                                   /*删除成功*/
}
```

（4）删除操作的时间复杂度。在顺序表上进行删除操作时，其时间也同样主要消耗在删除元素之后的其他数据元素的移位上，要删除第 i 个元素，其后面的元素 a_{i+1}～a_{n-1} 都要向前移动一个位置，共移动了(n-i-1)个元素，平均移动数据元素的次数为：

$$E_{de}=\sum_{i=0}^{n-1}P_i(n-i-1) \tag{2.3}$$

其中 i 的取值范围为 0≤i≤n-1，即有 n 个元素可以删除。在等概率情况下，P_i=1/n，则有如下公式：

$$E_{de}=\sum_{i=0}^{n-1}P_i(n-i-1)=\frac{1}{n}\sum_{i=0}^{n-1}(n-i-1)=\frac{1}{n}*\frac{n(n-1)}{2}=\frac{n-1}{2} \tag{2.4}$$

由此可见，在顺序表上删除一个数据元素平均需要移动表中一半的数据元素，故该算法的时间复杂度为 O(n)。

4. 顺序表的按值查找

顺序表的按值查找是指在顺序表 L 中查找是否存在与给定值 e 相等的数据元素。在顺序表 L 中查找是否存在和 e 相同的数据元素的最简便的方法是将 e 和 L 中的数据元素逐个比较。

（1）算法思路。从最前面一个元素 a_0 开始向后依次将顺序表中的元素 a_i 与 e 相比较，直到找到一个与 e 相等的数据元素，则返回这个数据元素在表中的位置；若顺序表中的所有元素都与 e 不相等，即查找不到与 e 相等的数据元素，则返回-1，表示查找失败，如算法 2.4 所示。也可以从最后一个元素 a_{n-1} 开始向前依次将顺序表中的元素 a_i 与 e 相比较，直到找到一个与 e 相等的数据元素，则返回这个数据元素在表中的位置；若顺序表中的所有元素都与 e 不相等，即查找不到与 e 相等的数据元素，则返回-1，表示查找失败。

（2）**算法 2.4**　顺序表的按值查找。

```
int LocateElem_Sq(SqList L, ElemType e)
/*在顺序线性表 L 中查找第 1 个值与 e 相等的元素的位序，若找到，则返回其在 L 中的位序，否则
返回-1*/
{   int i=0;                                    /*i 的初值为最前面一个元素的位序*/
    while(i<L.length&&L.elem[i]!=e) i++;        /*从前向后逐一比较*/
    if(L.elem[i]==e) return i;                  /*查找成功，i 为与 e 相等的第一个元素的位序*/
    else   return -1;                           /*查找失败*/
}
```

（3）顺序表按值查找的时间复杂度。算法 2.4 的时间主要耗费在 e 与 a_i 的比较上，而比较的次数既与 e 在表中的位置有关，也与表长有关。设查找成功的最好情况是当 a_0=e 时，比较一次就成功；最坏的情况是当 a_{n-1}=e 时，需要比较 n 次才成功。平均比较次数为(n+1)/2，故该算法的时间复杂度为 O(n)。

5. 取顺序表中的元素

取表中的元素是指根据所给的序号 i 在顺序表中的位置查找相应数据元素的过程。

（1）算法思路。首先确认所查找的数据元素序号是否合法，若合法则直接返回对应的元素值，否则操作失败。

（2）**算法 2.5** 取顺序表中的元素。

```
int Get_SqList(SqList L,int i,ElemType *e)
/*在顺序表 L 中取第 i 个元素存入 e 中，若成功，则返回 1，否则返回-1*/
{    if(i<0||i>L.length-1)return -1;         /*没有第 i 个元素，读取失败*/
     *e=L.elem[i];
     return 1;                               /*读取成功*/
}
```

（3）取顺序表中元素的时间复杂度。顺序表是随机存储结构，具有按数据元素的序号随机存取的特点，所以计算任意元素的存储地址的时间是相等的，与数据元素所在位置无关，因此算法 2.5 的时间复杂度为 O(1)。

6. 顺序表的应用

【例 2.1】 有顺序表 LA 和 LB，其元素均按从小到大的升序排列，编写一个算法，将它们合并成一个顺序表 LC，要求 LC 的元素也按从小到大的升序排列。

（1）算法思路。依次扫描 LA 和 LB 的元素，比较顺序表 LA 和 LB 当前元素的值，将较小值的元素赋给 LC，如此直到一个顺序表扫描完毕，然后将未扫描完的那个顺序表中余下的元素赋给 LC 即可。因此顺序表 LC 的容量应不小于顺序表 LA 和 LB 的长度之和。

（2）算法描述。

```
int MergeList_Sq(SqList LA,SqList LB,SqList *LC)
/*已知顺序表 LA 和 LB 的元素按值非递减排列，合并 LA 和 LB 得到新的顺序
表 LC，LC 的元素也按值非递减排列，若成功，则返回 1，否则返回 0*/
{     int i=0,j=0,k=0;
      LC->listsize = LA.length + LB.length;
      LC->elem=(ElemType *)malloc(LC->listsize* sizeof(ElemType));
      if(!LC->elem)   return 0;
      while(i<LA.length&&j<LB.length)
      {       if(LA.elem[i]<=LB.elem[j]) LC->elem[k++] =LA.elem[i++];
              else LC->elem[k++]=LB.elem[j++];
      }
      while(i<LA.length)   LC->elem[k++]=LA.elem[i++];
      while(j<LB.length)   LC->elem[k++]=LB.elem[j++];
      LC->length=k;
      return 1;
}
```

（3）算法的时间复杂度。本算法的基本操作为“元素赋值”，算法的时间复杂度为 O(LA.length+LB.length)。

2.3 线性表的链式存储及运算的实现

顺序表的存储特点是逻辑上相邻的元素在物理存储上也相邻，所以必须用连续的存储单

元来顺序存储线性表中的各个数据元素。正因为顺序表的这个特性，所以在对顺序表进行插入、删除等操作时需要通过移动相应的数据元素来实现，平均要移动半个表长的元素节点，因而当线性表中的数据元素较多时就会严重影响运行效率。因此本节我们将介绍线性表的另外一种存储结构——链式存储结构（简称链表）。线性表的链式存储结构是用一组任意的存储单元来存放线性表的数据元素，这组存储单元可以是连续的，也可以是非连续的。链式存储结构不需要逻辑上相邻的两个数据元素在物理存储上也相邻，因此不需要分配一块连续的存储空间来作为线性表的物理存储介质。在链表中数据元素之间的逻辑关系通过指针来指示，因此对链表进行插入、删除等操作时不需要移动数据元素，只需修改链指针即可。不过链式存储也有其自身的缺点，它失去了顺序表可随机存取元素的优势。

2.3.1　单链表

链表通过一组任意的存储单元来存储线性表中的各个数据元素，数据元素之间逻辑上的线性关系通过在节点中专用的一个指针来体现。对于每一个数据元素 a_i 来说，链表除了存储数据元素自身的值 a_i 之外，还需要和 a_i 一起存放其直接后继节点 a_{i+1} 所在存储单元的内存起始地址，这样才能把数据元素之间的逻辑关系完全体现出来。从宏观上来看其好像是一串珠子手链，每一颗珠子都包含两部分，一部分是数据元素的内容，另一部分是下一个节点的地址指针，这两部分组成手链上一个完整的“结”，其结构如图 2.4 所示。

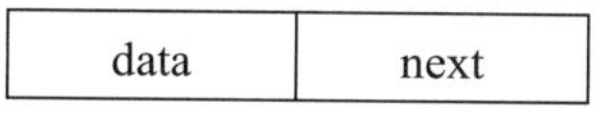

图 2.4　单链表节点结构

1. 单链表存储原理

存储数据元素信息值的域称为数据域（data），存放其后继节点地址指针的域称为指针域（next）。因此含有 n 个元素的线性表可以通过每个节点（node）的指针域的联系形成一个链表。每个节点中只有一个指向后继节点的指针，所以又将这种链表称为单链表或线性链表。

作为线性表的一种存储结构，节点之间的逻辑结构相对于每一个节点的实际内存地址显得更重要，所以通常的单链表习惯用图 2.5 的形式来表示。

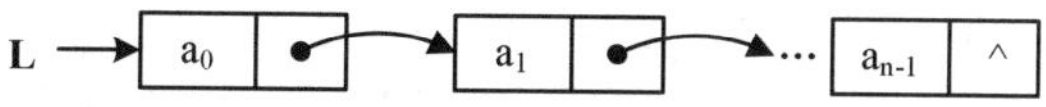

图 2.5　单链表示意图

2. 单链表数据类型定义

链表是由若干个节点构成的，线性表的单链表存储结构描述如下：

```
typedef int ElemType;     /*定义元素类型为 int*/
typedef struct LNode{
        ElemType      data;
        struct  LNode     *next;
}LNode, *LinkList;
```

上面定义的 LNode 是节点的类型，LinkList 是指向 LNode 节点类型的指针类型。通常将标识一个链表的头指针声明为 LinkList 类型的变量，如 LinkList L，即定义一个 LinkList 类型的变量 L，作为单链表的头指针来表示一个单链表。通常用“头指针”来标识一个单链表，如单链表 L、单链表 H 等，如果头指针为 NULL，则表示此单链表是一个空表，其长度 n 为 0。因此，当 L 有定义时，若值为 NULL，则表示为一个空单链表，否则最前面的节点的内存地址即为链表的头指针。

若将指向某节点的指针变量 q 设定为 LNode 类型，如“LNode *q;”或“LinkList q;”，而语句“q=(LNode *) malloc(sizeof(LNode));”则表示分配一个 LNode 类型节点的存储空间，并将其地址赋给指针变量 q，如图 2.6 所示。q 所指节点为*q，*q 的类型即为 LNode 类型，该节点的数据域为(*q).data 或 q->data，指针域为(*q).next 或 q->next。free(q)则表示释放 q 所指向节点的存储空间。

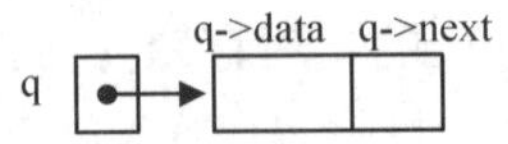

图 2.6　申请一个节点

3. 建立单链表

由于单链表是一种动态结构，每个链表占用的空间不需要预先分配，而是由系统根据需要动态生成，因此，建立单链表的过程就是一个动态生成链表的过程。即从“空表”的初始状态起，依次建立各元素节点，并逐个插入链表。单链表的建立可以根据线性表元素的输入顺序与单链表中节点的顺序是否相同分为以下两种方法。

（1）头插入法建立单链表。链表中的每个节点占用的存储空间都不需要预先分配，一般是在运行时系统根据需求而实时生成的，因此建立单链表都是从空表开始的，头插入法建立单链表也称为逆序建表，其算法思想是建立单链表时每读入一个数据元素则向系统申请一个节点空间，然后插在链表的头部。如图 2.7 所示为线性表(35,48,28,67,59)对应的单链表建立过程，因为是在链表的头部插入，所以读入数据的顺序和线性表中各数据元素的逻辑顺序是相反的。

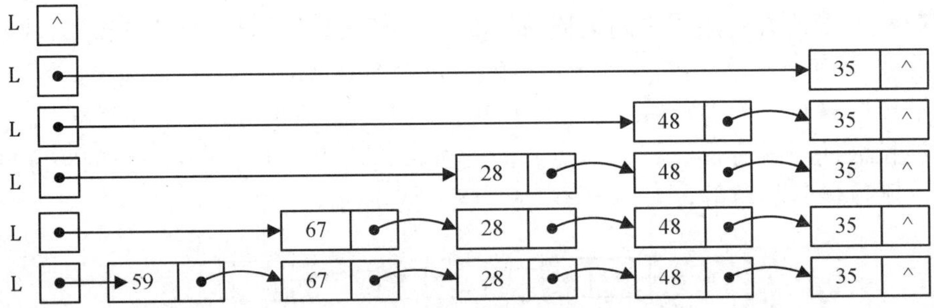

图 2.7　头插入法建立单链表示意图

算法 2.6　头插入法建立单链表。

```
LinkList CreatHead_LinkList(int n)
/*建立一个单链表 L，输入 n 个元素的值*/
{   LinkList L=NULL;                          /*建立空链表 L*/
    LNode *s;
    int i;
    for(i=0; i<=n-1; i++)
    {   s=(LNode *)malloc(sizeof(LNode));     /*生成新节点*/
        printf("请输入第%d 个元素的值:",i);
        scanf("%d",&s->data);                 /*输入元素值*/
```

```
        s->next=L;
        L=s;
    }
    return L;
}
```

（2）尾插入法建立单链表。头插法建立单链表虽然简单，但读入数据的顺序与链表中元素的顺序是完全相反的，这会让人感觉到十分别扭和不方便。如果希望两者的顺序一致，则可以用到我们接下来要介绍的尾插入法建立单链表算法。在尾插入法建表过程中，每次都要将新节点插入链表的尾部，而单链表一般都是用头指针来指示的，所以如果要找到单链表的尾部，则每插入一次都要将插入点指针从头到尾扫描一遍。很明显，这样会耗费很多时间在重复的扫描工作上。为了精简算法节约运行时间，我们这里又专门设立了一个尾指针 r 始终指向单链表中当前的尾部节点，这样便能够将新节点直接插入链表尾部，使耗费时间为一个常量。图 2.8 显示了在单链表尾部插入节点建立链表的过程。

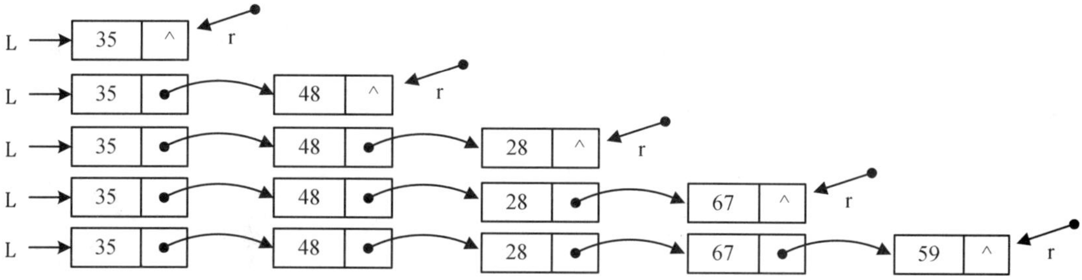

图 2.8　尾插入法建立单链表示意图

算法 2.7　尾插入法建立单链表。

```
LinkList CreatRear_LinkList(int n)
/*建立一个单链表 L，输入 n 个元素的值*/
{   LinkList L=NULL;                          /*定义一个空表*/
    LNode *s,*r=NULL;                         /*定义新节点指针和尾指针*/
    int i;
    for(i=0; i<=n-1; i++)
    {   s=(LNode *)malloc(sizeof(LNode));     /*生成新节点*/
        printf("请输入第%d 个元素的值:",i);
        scanf("%d",&p->data);                 /*输入元素值*/
        if(L==NULL)   L=s;                    /*插入的节点是最前面的节点*/
        else r->next=s;                       /*插入的节点是第一个以外的节点*/
        r=s;                                  /*r 恒指向插入后的链表尾节点*/
    }
    if(r!=NULL)r->next=NULL                   /*如果链表非空，则尾节点的指针域置为空*/
    return L;
}
```

（3）建立单链表的算法时间复杂度。算法 2.6 和算法 2.7 耗费的时间与所建立的线性表中数据元素的数量有关，其时间复杂度为 O(n)。

（4）建立单链表时特殊节点的特殊处理。在算法 2.7 中可以看到，插入链表最前面的节点是做了额外处理的，其处理方法与其他节点不同，因为最前面的节点插入时原链表为空表，它作为链表的最前面的节点是没有直接前驱节点的，所以它的地址就是整个链表的起始地址，该值需要放在链表的头指针变量中，而后面再插入的其他节点都有直接前驱，所以只需要将新建节点的地址放入直接前驱节点的指针域即可。所以在算法实现时，一定不要忘记对特殊节点进行特殊处理。

有什么办法能够将所有节点的操作都统一起来从而达到优化算法的目的呢？在这里，我们引入了头节点的概念。

4. 带头节点的单链表

在链表的头部加入一个特殊的节点 H，这个节点的类型与数据节点一致，但是其数据域不存放有效值，标识链表的头指针变量 L 指向该节点 H，这个节点即为头节点。拥有了头节点 H 之后，即便链表为空表，头指针 L 也不为空，其始终指向头节点的内存地址。可以将头节点看成链表最前面的节点的直接前驱，这样，链表的最前面的节点也有直接前驱了，于是在插入和删除操作中就无须再对其进行特殊处理了。头节点的加入使得空表和非空表的处理达成一致，操作起来简洁易懂，更为方便。

头节点的特征就是其数据域无定义，指针域存放链表中第一个数据节点的物理地址。图 2.9 分别是带头节点的单链表空表和非空表的逻辑图。

（a）带头节点的空链表　　（b）带头节点的非空链表

图 2.9　带头节点的单链表

下面通过算法 2.8 和算法 2.9，分别介绍建立带头节点的空单链表和从尾部插入建立非空单链表的方法。

算法 2.8　带头节点的单链表初始化。

单链表的初始化就是构建一个空的单链表，若成功则返回其头指针，否则返回 0。

```
LinkList Init_LinkList(LinkList L)
/*构建一个带头节点的空链表，用 L 返回其头指针，若失败则返回 0*/
{   L=(LNode *)malloc(sizeof(LNode));        /*分配一个头节点*/
    if(!L)   return 0;                       /*分配失败*/
    L->next = NULL;                          /*头节点的指针域为空*/
    return L;
}
```

算法 2.9　通过尾插入法建立带头节点的单链表。

```
LinkList Create_LinkList (int n)
/*建立带头节点的单链表 L，输入 n 个元素的值*/
{   LNode *L,*p,*q;
    int i;
    L=(LNode *)malloc(sizeof(LNode));
    L->next=NULL;                            /*先建立一个带头节点的单链表*/
    q=L;                                     /*q 的初始值指向头节点*/
    for(i=0; i<=n-1; i++)
    {   p=(LNode *)malloc(sizeof(LNode));    /*生成新节点*/
```

```
        printf("请输入第%d 个元素的值:",i);
        scanf("%d",&p->data);                    /*输入元素值*/
        p->next=NULL;q->next=p;q=p;              /*将该节点插入到表尾*/
    }
    return L;
}
```

算法 2.8 只创建了一个节点，故时间复杂度为 O(1)。算法 2.9 在插入元素过程中，将所有节点的插入都统一进行了处理，不需要考虑特殊节点的特殊操作。算法耗费的时间与所建立的线性表中数据元素的数量有关，其时间复杂度为 O(n)。

5. 求单链表的表长

对单链表求表长需要将整个链表从最前面的节点到最后面的一个节点扫描一遍，并用累加器统计所有数据元素的个数。在算法实现上，设指针变量为 p 和计数器变量为 i，当 p 所指向的节点还有后继节点时，p 向后移动，同时计数器自加 1，一直到 p 指向链表的最后一个节点。根据上面我们讲到的链表创建可分为带头节点和不带头节点两种，我们分别来设计算法。需要注意的是，头节点不在链表长度的统计范围之内。

算法 2.10 求带头节点的表长。

```
int Length_LinkList1(LinkList L)          /*当链表带头节点时*/
{   LNode *p=L;                            /*p 指向头节点*/
    int i=0;                               /*设计数器变量 i*/
    while(p->next)
    {   p=p->next; i++;   }                /*p 指针依次后移*/
    return i;
}
```

算法 2.11 求不带头节点的表长。

```
int Length_LinkList2(LinkList L)          /*当链表不带头节点时*/
{   LNode *p=L;
    int i;                                 /*设计数器变量 i*/
    if(p==NULL)    return 0;               /*为空表，返回 0*/
    i=1;                                   /*为非空表，p 指向最前面的节点*/
    while(p->next)
    {   p=p->next;i++;   }
    return i;
}
```

从算法 2.10 和算法 2.11 可以看到，计算节点个数时，不带头节点的单链表如果是空表则需要单独处理，而带头节点的单链表如果是空表则不用单独处理，所以为了处理方便，在后面编写的算法中若不加额外说明则认为单链表都是带头节点的。

算法 2.10 和算法 2.11 耗费的时间明显与所建立的线性表中的数据元素的个数有关，因此其时间复杂度均为 O(n)。

6. 查找操作

查找操作一般分为两种情况：按序号查找和按值查找。下面分别对这两种情况进行介绍。

（1）按序号查找。从单链表的最前面的节点开始，判断当前节点是否为第 i 个节点，若是则返回该节点的地址指针，否则沿着指针域的指向依次向下寻找，直至表结束为止。若没有找到第 i 个节点，则返回空。

算法 2.12 单链表的按序号查找。

```
LNode *Get_LinkList(LinkList L,int i)
/*在带头节点的单链表 L 中查找第 i 个元素，若成功则返回该节点，否则返回空*/
{   LNode *p=L; /*p 指向单链表 L 的头节点*/
    int j=-1;
    while(p->next!=NULL&&j<i)
    {   p=p->next;j++;   }
    if(j==i) return p;
    else return NULL;
}
```

（2）按值查找。从单链表的最前面的节点开始，如果当前节点的数据域的值与给定参数 e 相等，则返回该节点在单链表中的位序，否则沿着指针域依次向下寻找，直到表结束为止。若表中没有符合要求的节点，则返回-1。

算法 2.13 单链表的按值查找。

```
int Locate_LinkList(LinkList L,ElemType e)
/*在带头节点的单链表 L 中查找与给定值相同的元素的位序，若成功则返回该节点，否则返回-1*/
{   LNode *p=L->next; /*p 指向单链表 L 的最前面的节点*/
    int i=0
    while(p!=NULL&&p->data!=e)
    {   p=p->next;i++;   }
    if(p->data==e) return i;
    else return -1;
}
```

算法 2.12 和算法 2.13 耗费的时间明显与所查找的单链表中的数据元素的个数有关，因此其时间复杂度均为 O(n)。

7. 插入操作

在顺序存储的情况下，插入一个节点，除非是插入到表的最后一个节点之后，否则都要大规模地移动数据元素，以保持节点间的逻辑顺序和物理顺序一致。在链式存储的情况下如何进行插入操作呢？链式存储下的插入操作如图 2.10 和图 2.11 所示。

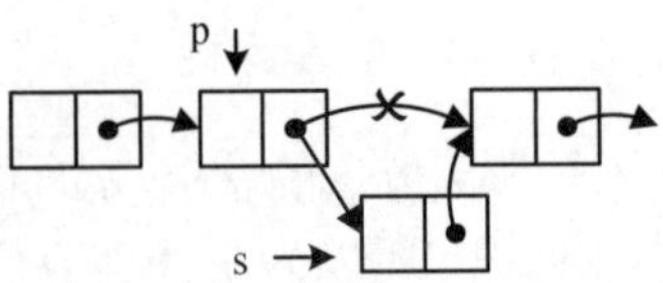

图 2.10 在节点之后插入

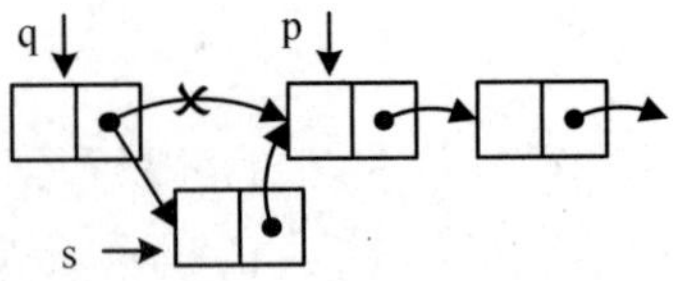

图 2.11 在节点之前插入

由插入的逻辑图可以看到，在链式情况下的插入和顺序存储时完全不同，这里没有任何一个元素需要移动位置，只需要修改两个指针即可。插入一个节点的关键是要给出插入的位置，不论是什么情况都要先找到一个节点的地址，该节点可能是查找表中的第 i 个节点，也可能是查找表中元素值为某一特定值的节点，或者满足其他查找条件的节点。总之，插入节点首先是一个查找问题，找到之后就是进一步确定是插入到找到节点的前面还是后面的问题了。

（1）在某节点之后插入节点。由图 2.10 可知，如果是插入到某一节点 p 之后，则十分容易，假定 p 指向单链表中的某节点，s 指向待插入值 e 的新节点，将*s 插入*p 的后面，插入语句如下：

```
s->next=p->next;
p->next=s;
```

注意：这两条指令的先后顺序不能互换，否则会使链表断开，从而无法准确地完成新节点的插入操作。

（2）在某节点之前插入节点。如果要插入到节点 p 之前，则在插入之前就不是查找节点 p 的地址而是需要查找 p 的直接前驱节点的地址 pre。因为插入到 p 之前，恰是插在了 pre 之后，而只要知道某节点的地址，在它后面插入一个新节点的操作就非常简单。

设 p 指向单链表中的某节点，s 指向待插入的新节点 e，将*s 插入到*p 的前面，插入示意图如图 2.11 所示。

要完成此操作，首先需要找到*p 的直接前驱*q，然后在*q 之后插入*s 即可。设单链表的头指针为 L，插入节点的代码如下：

```
q=L;
while(q->next!=p)
     q=q->next;                          /*查找*p 的直接前驱节点*/
s->next=q->next;
q->next=s;
```

算法 2.14　单链表的插入。

```
int Insert_LinkList (LinkList L, int i, ElemType e)
/*在带头节点的单链表 L 中第 i 个位置之前插入元素 e，若插入成功则返回 1，否则返回-1*/
{    LNode *p, *s;
     int j;
     p=L; j=-1;
     while(p&&j<i-1)  {p=p->next; j++;}        /*寻找第 i-1 个节点*/
     if(!p || j>i-1)   return -1;              /*i 值不合法*/
     s=(LNode *)malloc(sizeof(LNode));         /*生成新节点*/
     s->data=e;
     s->next=p->next;   p->next=s;             /*实现插入*/
     return 1;
}
```

由于查找任何一个节点的平均时间复杂度都是 O(n)，因此查找某个节点或者它的前驱节点的平均时间复杂度也都是 O(n)。即在不知道节点及其前驱节点的地址的情况下，插入一个节点的时间复杂度为 O(n)。

8. 删除操作

单链表的删除是指删除单链表的第 i 个节点 p，要实现该节点的删除，可将删除位置之前的节点 q（即第 i-1 个节点）的指针指向第 i+1 个节点，然后释放该节点所占用的存储空间，操作示意图如图 2.12 所示。要实现对节点*p 的删除操作，首先要找到*p 的直接前驱节点*q，然后对其指向后继节点的指针进行修改即可。

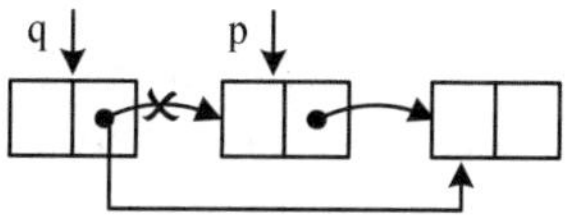

图 2.12　删除链表中的节点

修改指针的语句如下：

```
q->next=p->next;
free(p);
```

根据查找算法可知，查找*p 的直接前驱节点的时间复杂度为 O(n)。

如果想要删除的是*q 的直接后继节点（假设存在），则可以通过下列语句来完成：

```
p=q->next;
q->next=p->next;
free(p);
```

该操作的时间复杂度为 O(1)。

算法 2.15 单链表的删除。

```
int Delete_LinkList (LinkList L, int i, ElemType *e)
/*在带头节点的单链表 L 中，删除第 i 个元素，并由 e 返回其值，若删除成功，则返回 1，否则
返回-1*/
{    LNode *p, *q;
     int j;
     p=L; j=-1;                          /*头节点下标为-1*/
     while(p->next && j<i-1)             /*寻找第 i 个节点，并令 p 指向其前驱*/
   {    p=p->next; j++;    }
     if(!(p->next)||j>i-1)   return -1;  /*删除位置不合理*/
     q=p->next;
     *e=q->data;                         /*用 e 返回被删节点数据域的值*/
     p->next=q->next; free(q);           /*删除并释放节点*/
     return 1;
}
```

9. 单链表的应用

【例 2.2】 将两个有序链表 La 和 Lb 合并为一个有序链表。

算法思路：设合并后的链表为 Lc，则无须为 Lc 分配新的存储空间，可直接利用两个链表中原有的节点来链接成一个新表即可。

设立 3 个指针：pa、pb 和 pc，其中 pa 和 pb 分别指向 La 和 Lb 中当前待比较插入的节点，而 pc 指向 Lc 表中当前最后一个节点，若 pa->data≤pb->data，则将 pa 所指节点链接到 pc 所指节点之后，否则将 pb 所指节点链接到 pc 所指节点之后。

对两个链表的节点进行逐次比较时，可将循环的条件设为 pa 和 pb 皆非空，当其中一个为空时，说明有一个表的元素已合并完，则只需要将另一个表的剩余段链接在 pc 所指节点之后即可。

```
LinkList MergeList_L(LinkList La, LinkList Lb)
/*已知单链表 La 和 Lb 的元素按值非递减排列。合并 La 和 Lb 得到新的单链表 Lc，Lc 的元素也按
值非递减排列*/
{    LNode *pa,*pb,*pc,*Lc;
     pa=La->next; pb=Lb->next;
     Lc=pc=La;                          /*将 La 的头节点作为 Lc 的头节点*/
     while(pa&&pb)
     {    if(pa->data<=pb->data) {pc->next=pa; pc=pa; pa=pa->next; }
          else {pc->next=pb; pc=pb; pb=pb->next;}
```

```
    }
    pc->next=pa?pa:pb;              /*插入剩余段*/
    free(Lb);                       /*释放 Lb 的头节点*/
    return Lc;
}
```

2.3.2　循环链表

对于链表来说，至关重要的是链表的头指针，如果不知道链表的头指针，就无法寻找到链表，也就无法对链表进行插入、查找、删除等操作。另外，当沿着从链表头节点开始的指针向后继方向到达某个节点之后，就可以从这个节点开始，遍历链表的后面部分。但是如果想遍历这个节点的前面部分，除非仍然从链表的头节点开始，否则无法实现。那么是否有办法可以使链表中的任何一个节点都能够起到类似头节点的作用呢？答案是肯定的，只需要改动一个指针，把链表尾节点的指针域指向头节点即可。这样得到的链表就构成了一个环，我们称其为单向循环链表，如图 2.13 所示。

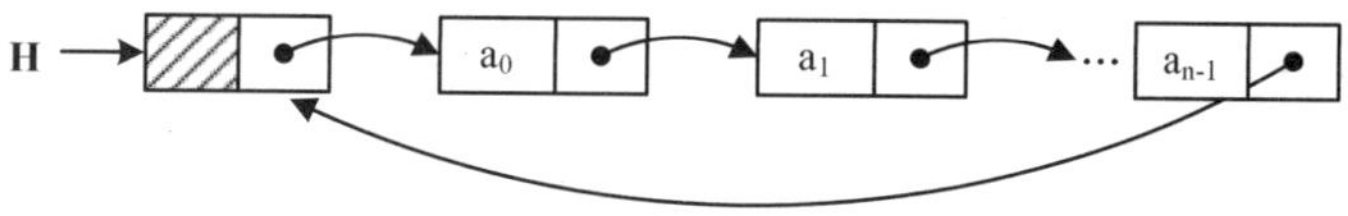

图 2.13　带头节点的单向循环链表

单向循环链表的操作和单链表的操作基本相同，也需要从头指针进入，查找、插入、删除操作的算法也基本相同，只是在有关遍历的操作（例如查找操作）中，对单链表来说需要从链表头节点循环后移到链表尾节点，以没有后继节点为判断链表结束条件。但是对单向循环链表来说，不存在一个没有后继节点的节点，因为它的链尾节点的指针域也不为空，它的后继节点已经指向了链表的头节点。所以，只需要对算法稍加修改即可。单向循环链表的特色是从任何一个节点开始（不要求是链表头节点）都可以遍历整个链表，这是单链表所不具备的特性。

正是由于从表中任意一处开始都可以遍历全表，因此在单向循环链表的操作中，甚至可以不设链表的头指针，而只设一个链尾指针（事实上，链尾指针后移一步，就是链头节点的指针），有了链尾指针其实也相当于链头指针已经被获知。

例如，对两个单循环链表 L1、L2 进行连接操作，即将 L2 的第一个数据元素节点连接到 L1 的尾节点之后。若两个单循环链表均通过头指针 h1、h2 指示头节点，则需要从头节点开始依次搜索整个链表来找到单循环链表 L1 的尾节点，再完成相关连接工作，其时间复杂度为 $O(n_1)$。两个单循环链表若通过尾指针 r1、r2 指示表尾节点来标识单循环链表，则时间复杂度可优化为 O(1)。两个单循环链表的连接过程如图 2.14 所示。

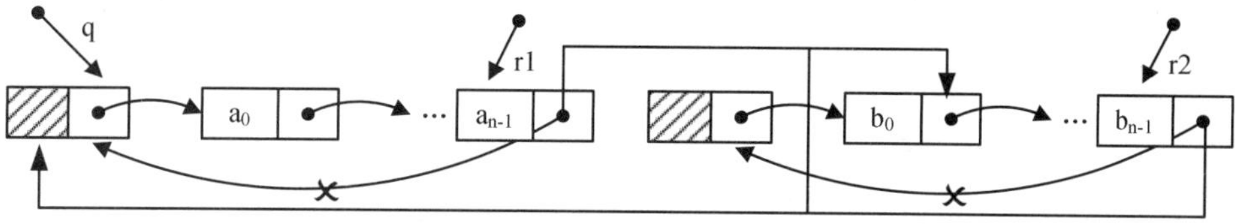

图 2.14　两个尾指针标识的单向循环链表的连接

连接的具体代码语句如下：

```
q=r1->next;                    /*保存 L1 的头节点指针*/
r1->next=r2->next->next;       /*L1 和 L2 的尾头连接*/
free(r2->next);                /*释放 L2 的头节点*/
r2->next=q;                    /*组成大的循环链表*/
```

2.3.3 双向链表

单向循环链表在某些方面要比单向链表更方便，但仍然存在某些不足。所谓“单向”是指节点中只有一个指向其后继节点的指针，由于这个单向性，决定了查找节点的前驱节点和后继节点的操作很不对称，查找后继节点时，通过指向后继节点的指针就能够很直接且便捷地找到目标，但是查找它的前驱节点则必须要从链表的头节点开始，逐个向后遍历，直到找到目标为止。前者可以在常量时间内完成，时间复杂度为 O(1)，而后者则取决于节点在链表中的位置，平均时间复杂度为 O(n)。为了使查找前驱节点与查找后继节点一样方便，自然会想到能不能在节点中增加一个指向它前驱节点的指针呢？在链表节点中增加一个指向其前驱节点的指针，这个链表就变成了双向链表。

1. 双向链表的存储结构描述

```
typedef struct DuLNode{
        ElemType data;
        struct DuLNode *prior;
        struct DuLNode *next;
}DuLNode, *DuLinkList;
```

双向链表的节点结构如图 2.15 所示。

prior	data	next

图 2.15　双向链表的节点结构

在双向链表中，若 p 为指向表中某一节点的指针，则显然有：

```
p->next->prior == p->prior->next == p
```

2. 带头节点的双向循环链表

由于双向链表的每个节点都有指向前驱和后继的指针，因此在进行插入和删除操作时对指针的修改也就必须在两个方向上同时进行，否则就可能使双向链表的其中一条链被截断。当然，如果已经出现了这种情况，还可以利用另外一条链对其进行修补，但要尽量避免这种情况的发生。

此外，为了使删除链头、链中和链尾节点的算法统一，在单链表中，可以使用头节点来解决这个问题，在双向链表中仍然可以做类似的考虑。可以将双向链表看成是后向单链表和前向单链表的两条链表的结合，如果增加一个头节点，可以使后向单链表的算法得到统一，但前向单链表的算法仍然未得到解决。

当然，可以对前向单链表也同样增加一个头节点，这时我们马上就会想到，如果把双向链表的前向单链表和后向单链表共用一个头节点首尾相接，构成一个双向循环链表，则就可以统一两条链表的删除算法，而且同时又具备了循环链表的优点。

带头节点的双向循环链表如图 2.16 所示。

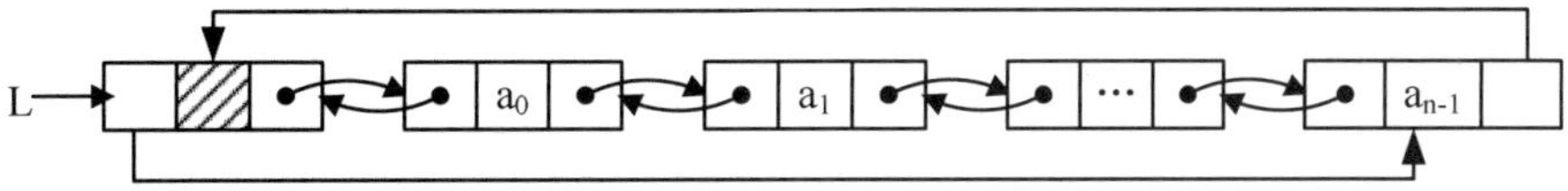

图 2.16 带头节点的双向循环链表

3. 双向链表的插入和删除操作

在双向链表中，查找表中的第 i 个节点，查找具有某种性质的具体节点，遍历链表等这类仅涉及一个方向指针的算法仍和单链表的情况相同，但在双向链表中插入和删除操作就比单链表要方便许多。

在单链表中，要删除一个节点，只知道该节点的地址 p 是不够的，还必须要耗费 O(n)的时间来找到该节点的直接前驱节点（在查找某节点的过程中，同时记下它的前驱节点地址）；进行插入操作时，必须要先找到节点的插入位置，还要分插入某节点之前还是之后的两种情况，如果要插入到地址为 p 的节点之前，又必须要耗费 O(n)的时间找到 p 的前驱。

一般情况下，为了应用的需要，我们总是在查找某个节点的地址时，同时记下它的前驱地址，否则就要耗费加倍的时间，降低了执行效率。但在双向链表中，只要知道某节点的地址，也就同时知道它的前驱和后继的地址（单链表只能知道后继），任何情况下都不再需要考虑查找前驱的问题，因此插入、删除等操作就只是简单地修改指针链，这大大降低了程序运行的时间消耗。

当然，如果并不知道节点的插入位置或要删除的节点地址，还依然要耗费 O(n)的时间去遍历查找目标节点，这是无法避免的，因为这是由线性表的特点决定的。

查找条件可以不同，假定我们已经以某一条件找到了一个节点的地址 p（即从链头开始，一直向后遍历查找或一直向前遍历查找），这样就可以进行插入或者删除操作。

（1）双向链表的插入操作。带头节点的双向循环链表的插入与删除操作的逻辑结构如图 2.17 所示。

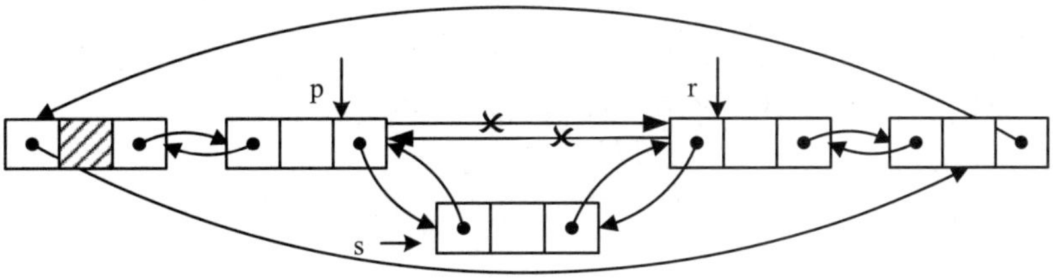

图 2.17 带头节点的双向循环链表的插入及删除操作

算法 2.16 是在 p 之前插入节点 s 的算法代码实现。由于是在节点 p 之前插入，也就是插入到 p 节点前驱之后，而知道了 p 的地址，它的前驱也可以直接被获知到（p->prior），这里为节省篇幅，不再写出其代码实现过程，读者可以自行思考并完成操作。

算法 2.16 双向循环链表的插入。

```
void inselem(DuLinkList L,ElemType e, DuLNode p)
/*设 L 为双向循环链表的节点，在地址为 p 的节点之前插入地址为 s 的新节点*/
```

```
{   DuLNode s,r;
    s=( DuLNode)malloc(sizeof(DuLNode));
    s->data=e;                          /*建立一个新节点 s*/
    r=p->next;
    s->next=r;
    r->prior=s;                         /*插在节点 p 之前*/
    p->next=s;
    s->prior=p;
}
```

（2）双向链表的删除操作。带头节点的双向循环链表的插入与删除操作的逻辑结构如图 2.18 所示，算法 2.17 是删除地址为 p 的节点操作。

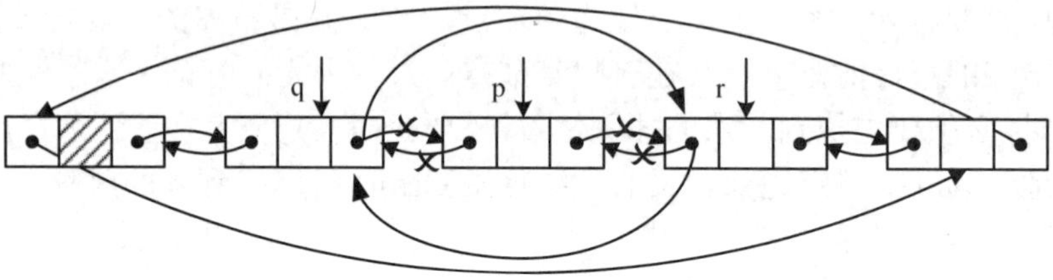

图 2.18　带头节点的双向循环链表的插入及删除操作

算法 2.17　双向循环链表的删除。

```
void delelm(DuLinkList L, DuLNode p)
/*设 L 为双向循环链表的头节点，删除地址为 p 的节点*/
{   DuLNode q,r;
    q=p->prior;
    r=p->next;
    q->next=r;
    r->prior=q;
    free(p);
}
```

由算法 2.16 和算法 2.17 可知，如果不计算查找节点的插入位置，则插入只需要修改 4 个指针，删除只要修改 2 个指针。而查找则和单链表相同，仍需要 O(n) 的时间，但是每个节点却要多占用一个指针的存储空间，这是双向链表额外耗费的资源。

2.4　本章实战练习

2.4.1　顺序表的常用操作

顺序表的常用操作

1. 实现顺序表常用操作的代码

```
#include <stdio.h>
#include <stdlib.h>
#define INIT_SIZE     5          /*顺序表存储空间的初始分配量*/
#define INCREMENT    12          /*顺序表存储空间的分配增量*/
typedef int ElemType;            /*定义元素类型为 int*/
```

```
/*线性表顺序存储结构的定义*/
typedef  struct{
    ElemType *elem;                  /*存储空间的基地址*/
    int length;                      /*当前长度*/
    int listsize;                    /*当前分配的存储容量（以 sizeof(ElemType)为单位）*/
}SqList;
/*【算法 2.1  顺序表的初始化】*/
/*初始化顺序表，若成功则返回 1，否则返回-1*/
int InitList_Sq(SqList *L)
{   L->elem=(ElemType *)malloc(INIT_SIZE*sizeof(ElemType));
    if(!L->elem) return -1;
    L->length=0;
    L->listsize=INIT_SIZE;
    return 1;
}
/*打印顺序表的各个元素*/
void PrintSqList(SqList L)
{ int i;
   printf("\n 该顺序表的元素依次为：\n");
   for(i=0; i<L.length; i++) printf("%d   ",L.elem[i]);
   printf("\n");
}
/*输入顺序表各个元素的值*/
void InputSqList(SqList *L)
{   int i,n;
    printf("请输入该顺序表的元素个数：n=");
    scanf("%d",&n);
    while(n>L->listsize)
    {   printf("超出了顺序表的存储空间，请重新输入：\n");
        scanf("%d",&n);
    }
    L->length=n;
    printf("请依次输入该顺序表各元素的值：\n");
    for(i=0;i<n;i++)   scanf("%d",&L->elem[i]);
}
/*【算法 2.2  顺序表的插入】*/
/*在顺序表 L 的第 i 个位置之前插入新的元素 e，若成功则返回 1，否则返回-1*/
int ListInsert_Sq(SqList *L, int i, ElemType e)
{   int j;
    ElemType *newbase;
    if(i<0 || i>L->length)    return -1;        /*插入位置不合法*/
    if(L->length>=L->listsize)                  /*当前存储空间已满，增加分配*/
    {  newbase = (ElemType *)realloc(L->elem, (L->listsize + INCREMENT)*sizeof(ElemType));
       if(!newbase) return 0;                   /*存储分配失败*/
       L->elem = newbase;
       L->listsize += INCREMENT;
```

```
    }
    for(j=L->length-1;j>=i;j--)
        L->elem[j+1] = L->elem[j];          /*插入位置及之后的元素后移*/
    L->elem[i]=e;                           /*插入 e*/
    ++L->length;                            /*表长增 1*/
    return 1;
}
/*【算法 2.3  顺序表的删除】*/
/*在顺序表 L 中删除第 i 个元素，并用 e 返回其值，若成功则返回 1，否则返回-1*/
int ListDelete_Sq(SqList *L, int i, ElemType *e)
{   int j;
    if(i<0 || i>L->length-1)   return -1;   /*i 值不合法*/
    *e=L->elem[i];                          /*被删除元素的值赋给 e*/
    for(j=i+1; j<=L->length-1; j++)
        L->elem[j-1]=L->elem[j];            /*被删元素之后的元素前移*/
    --L->length;
    return 1;
}
/*【算法 2.4  顺序表的查找】*/
/*在顺序表 L 中查找第 i 个值与 e 相等的元素的位序，若找到，则返回其在 L 中的位序，否则
返回-1*/
int LocateElem_Sq(SqList L, ElemType e)
{   int i=0;                                /*i 的初值为第一个元素的位序*/
    while(i<L.length&&L.elem[i]!=e)   i++;
    if(L.elem[i]==e)   return i;
    else return -1;
}
/*【算法 2.5  读取顺序表中的元素】*/
/*在顺序表 L 中取第 i 个元素存入 e 中，若成功，则返回 1，否则返回-1*/
int Get_SqList(SqList L,int i, ElemType *e)
{   if(i<0||i>L.length-1) return -1;        /*没有第 i 个元素，读取失败*/
    *e=L.elem[i];
    return 1;                               /*读取成功*/
}
int main()
{   SqList L;
    int status,e,i;
    status=InitList_Sq(&L);
    if(status!= -1) printf("顺序表初始化成功！ \n");
    else {printf("顺序表初始化失败！ "); return 0; }
    InputSqList(&L);                        /*输入顺序表的各元素值*/
    PrintSqList(L);
    printf("请输入插入位置:");
    scanf("%d",&i);
    status=ListInsert_Sq(&L,i,30);          /*在第 i 个元素之前插入 30*/
    if(status==1) {printf("进行插入操作后"); PrintSqList(L); }
    else {printf("\n 插入失败！ \n"); }
    printf("请输入删除位置:");
```

```
        scanf("%d",&i);
        status=ListDelete_Sq(&L,i,&e);            /*删除顺序表的第 i 个元素，用 e 返回其值*/
        if(status==1)
        {   printf("\n 被删除元素的值为：%d", e);
            printf("\n 进行删除操作后");
            PrintSqList(L);
        }
        else{printf("\n 删除失败！ \n"); }
        i=LocateElem_Sq(L,15);
    /*在顺序表 L 中查找第 i 个值与 15 相等的元素的位序*/
        if(i!=-1){   printf("其值与 15 相等的元素在顺序表中的位序为：%d\n", i);   }
        else{printf("\n 查找失败！ \n"); }
        i=LocateElem_Sq(L,36);
    /*在顺序表 L 中查找第 i 个值与 36 相等的元素的位序*/
        if(i!=-1){   printf("其值与 36 相等的元素在顺序表中的位序为：%d\n", i);   }
        else{printf("\n 查找失败！ \n"); }
        printf("请输入读取元素的位置:");
        scanf("%d",&i);
        status=Get_SqList(L,i,&e);
        if(status!=-1) {printf("\n 读取相应位置的元素的值为：%d\n", e);}
        else{printf("\n 读取失败！ \n"); }
        free(L.elem);
        return 0;
    }
```

2. 顺序表常用操作的程序运行结果

顺序表常用操作的程序运行结果如图 2.19 所示。

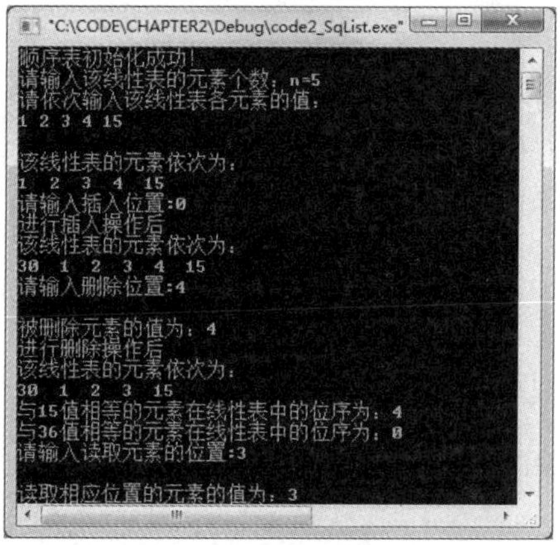

图 2.19　顺序表常用操作的程序运行结果

2.4.2　单链表的常用操作

单链表的常用操作

1. 实现单链表常用操作的代码

```
#include <stdio.h>
#include <stdlib.h>
typedef int ElemType;                        /*定义元素类型为 int*/
```

```
/*线性表的链式存储结构定义*/
typedef struct LNode{
ElemType data;
struct LNode *next;
}LNode, *LinkList;
/*【算法 2.9 通过尾插入法建立带头节点的单链表】*/
/*建立带头节点的单链表 L，输入 n 个元素的值*/
LinkList Create_LinkList(int n)
{    LNode *L,*p,*q;
     int i;
     L=(LNode *)malloc(sizeof(LNode));
     L->next=NULL;                              /*先建立一个带头节点的单链表*/
     q=L;                                       /*q 的初始值指向头节点*/
     for(i=0; i<=n-1; i++)
     {  p=(LNode *)malloc(sizeof(LNode));       /*生成新节点*/
        printf("请输入第%d 个元素的值:",i);
        scanf("%d",&p->data);                   /*输入元素值*/
        p->next=NULL; q->next=p; q=p;           /*将该节点插入到表尾*/
     }
     return L;
}
/*打印链表中各元素的值*/
void Print_LinkList(LinkList L)
{      LNode *p;
       p=L->next;
       printf("\n 单链表中各元素值为：");
       while(p){ printf("%d ",p->data); p=p->next; }
}
/*【算法 2.14 单链表的插入】*/
/*在带头节点的单链表 L 中的第 i 个位置之前插入元素 e，若成功，则返回 1，否则返回-1*/
int Insert_LinkList(LinkList L, int i, ElemType e)
{      LNode *p, *s;
       int j;
       p=L; j=-1;
       while(p&&j<i-1)   {p=p->next;   j++;}    /*寻找第 i-1 个节点*/
       if(!p||j>i-1)   return -1;               /*i 值不合法*/
       s=(LNode *)malloc(sizeof(LNode));        /*生成新节点*/
       s->data=e;
       s->next=p->next; p->next=s;              /*实现插入*/
       return 1;
}
/*【算法 2.15 单链表的删除】*/
/*在带头节点的单链表 L 中删除第 i 个元素，并由 e 返回其值，若删除成功，则返回 1，否则返回-1*/
int Delete_LinkList(LinkList L, int i, ElemType *e)
{    LNode *p, *q;
     int j;
```

```
    p=L; j=-1;
    while(p->next && j<i-1) { /*寻找第 i 个节点，并令 p 指向其前驱*/
        p=p->next; j++;
    }
    if(!(p->next)||j>i-1)   return -1;                /*删除位置不合理*/
    q=p->next;
    *e=q->data;                                       /*用 e 返回被删节点数据域的值*/
    p->next=q->next; free(q);                         /*删除并释放节点*/
    return 1;
}
/*【算法 2.13  单链表的按值查找】*/
/*在带头节点的单链表 L 中查找与给定值相同的元素的位序*/
int Locate_LinkElem(LinkList L, ElemType e)
{   LNode *p;
    int i;
    p=L->next; i=0;
    while(p&&p->data!=e) {p=p->next; i++;}
    if(p->data!=e)   return -1;
    else return i;
}
int main()
{   LinkList L;                                       /*定义一个头指针，以指示一个单链表*/
    int n,i,e,status;
    printf("请输入单链表的长度：n=");
    scanf("%d",&n);
    L=Create_LinkList(n);                             /*建立一个含有 n 个元素的单链表*/
    Print_LinkList(L);                                /*依次输出单链表各元素的值*/
    status=Insert_LinkList(L,4,27);                   /*在第 4 个元素之前插入值 27*/
    if(status==1){printf("\n\n 进行插入操作后"); Print_LinkList(L); }
    else{ printf("\n 插入失败！ ");      return 0; }
    status=Delete_LinkList(L,5,&e);                   /*删除第 5 个元素*/
    if(status==1)
    {   printf("\n\n 被删除元素的值为：%d", e);
        printf("\n\n 进行删除操作后");
        Print_LinkList(L);
    }
    else{ printf("\n 删除失败！ ");      return 0; }
    printf("\n\n 请输入要查找的值：e=");
    scanf("%d",&e);
    i=Locate_LinkElem(L,e);
    if(i>=0)   printf("该元素在单链表中的位序为：%d\n", i);
    else printf("该元素在单链表中不存在\n");
    return 0;
}
```

2. 程序运行结果

单链表常用操作的程序运行结果如图 2.20 所示。

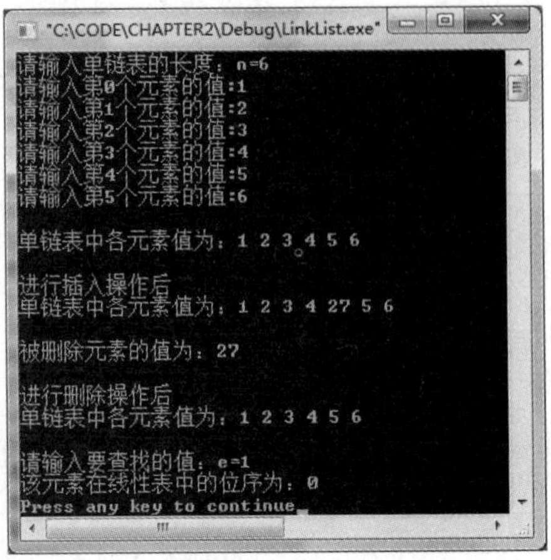

图 2.20　单链表常用操作的程序运行结果

2.4.3　通讯录管理

请编写代码实现通讯录管理功能，包括通讯录的建立、新增通讯者、删除通讯者、查询通讯者以及输出通讯录等。

为了实现通讯录管理的集中操作功能，首先设计一个含有多个菜单项的主控菜单程序，然后为这些菜单项配上相应的功能。

1. 程序功能

要求程序运行后，给出下述 6 个菜单项的内容和输入提示：

（1）通讯录链表的建立。

（2）通讯者节点的插入。

（3）通讯者节点的查询。

（4）通讯者节点的删除。

（5）通讯录链表的输出。

（6）退出管理系统。

使用数字 0～5 来选择菜单功能，其他输入则不起作用。

2. 程序实现代码

程序实现代码如下：

```
/************************************/
/*  主控菜单处理测试程序 main2.c     */
/************************************/
#include<stdio.h>
#include<string.h>
#include<stdlib.h>
typedef struct                      /*定义通讯录节点类型*/
{    char num[5];                   /*编号*/
```

```
    char name[9];          /*姓名*/
    char sex[3];           /*性别*/
    char phone[13];        /*联系电话*/
    char addr[3];          /*地址*/
}ElemType;
typedef struct node        /*定义节点的类型*/
{   ElemType data;         /*定义节点的数据域*/
    struct node *next;     /*定义节点的指针域*/
}ListNode;
typedef ListNode *LinkList;
LinkList head;
ListNode *p;
/**********************************/
/*        输 出 主 控 菜 单        */
/**********************************/
int menu_select()
{   int sn;
    printf("欢迎进入通讯录管理程序：\n");
    printf("1. 通讯录链表的建立\n");
    printf("2. 通讯者节点的插入\n");
    printf("3. 通讯者节点的查询\n");
    printf("4. 通讯者节点的删除\n");
    printf("5. 通讯录链表的输出\n");
    printf("0. 退出管理系统\n");
    printf("请用数字键 0～5 来选择菜单:");
    for ( ; ;)
    {   scanf("%d",&sn);
        if(sn<0 || sn>5) printf("\n\t 输入错误，只允许输入 0～5 数字键！ \n");
        else    break;
    }
    return sn;
}

/**********************************/
/*      用尾插法建立通讯录链表      */
/**********************************/
LinkList CreateList(void)
{   LinkList head=(ListNode *)malloc(sizeof(ListNode));/*动态生成头节点*/
    ListNode *p,*rear;
    int flag=0;          /*定义录入结束符*/
    rear=head;           /*尾指针初始化，指向头节点*/
    while(flag==0)       /*只要录入不为 0，则不停地通过尾插法建立链表*/
    {   p=(ListNode *)malloc(sizeof(ListNode));
```

```
        printf("编号   姓名   性别   联系电话   地址\n");
        printf("-----------------------------------\n");
        scanf("%s%s%s%s%s",p->data.num,p->data.name,p->data.sex, p->data.phone,p->data.addr);
        rear->next=p;           /*新节点连接尾节点的后继*/
        rear=p;                 /*尾节点移动到新建节点的位置*/
        printf("结束建表吗？(1/0)：");
        scanf("%d",&flag);      /*读入一个标识位到 flag*/
    }
    rear->next=NULL;            /*建表结束，最后一个节点的指针域置为 NULL*/
    return head;                /*返回链表的头指针*/
}
/**********************************/
/*     通 讯 者 节 点 的 插 入     */
/**********************************/
void InsertNode(LinkList head,ListNode *p)
{   ListNode *p1,*p2;
    p1=head; p2=p1->next;
    while(p2!=NULL && (strcmp(p2->data.num,p->data.num)<0))
    {   p1=p2;              /*p1 指向刚访问过的节点*/
        p2=p2->next;        /*p2 指向表的下一个节点*/
    }
    p1->next=p;             /*插入 p 所指向的节点*/
    p->next=p2;             /*连接表中的剩余部分*/
}
/**********************************/
/*     通 讯 者 节 点 的 查 找     */
/**********************************/
ListNode * ListFind(LinkList head)
{   ListNode *p;
    char num[5];
    char name[9];
    int xz;
    printf("========================\n");
    printf("1. 按编号查询 \n");
    printf("2. 按姓名查询 \n");
    printf("========================\n");
    printf("  请 选 择  ");
    p=head->next;
    scanf("%d",&xz);
    if(xz=1)
    {   printf("请输入要查找通讯者的编号：");
        scanf("%s",num);
        while(p && strcmp(p->data.num,num)<0) p=p->next;
```

```
            if(p==NULL || strcmp(p->data.num,num)>0) p=NULL;
        }
        else
            if(xz==2)
            {   printf("请输入要查找通讯者的姓名：");
                scanf("%s",name);
                while(p && strcmp(p->data.name,name)!=0) p=p->next;
            }
        return p;
}
/**********************************/
/*    通 讯 者 节 点 的 删 除     */
/**********************************/
void DelNode(LinkList head)
{   char jx;
    ListNode *p,*q;
    p=ListFind(head);       /*调用查找函数*/
    if(p==NULL){printf("没有查找到要删除的通讯者！\n"); return; }
    printf("确定要删除该通讯者？(y/n)：");
    scanf("%c",&jx);
    if(jx=='y'||jx=='Y')
    {   q=head;
        while(q!=NULL && q->next!=p) q=q->next;
        q->next=p->next;  /*删除节点*/
        free(p);                /*释放被删除的节点*/
        printf("通讯者已经被删除！\n");
    }
}
/**********************************/
/*    通 讯 录 链 表 的 输 出     */
/**********************************/
void PrintList(LinkList head)
{   ListNode *p;
    p=head->next;           /*使 p 指向最前面的节点*/
    printf("编号  姓名  性别  联系电话  地址\n");
    printf("-----------------------------------\n");
    while (p!=NULL)
    {   printf("%s%s%s%s%s",p->data.num,p->data.name,p->data.sex, p->data.phone,p->data.addr);
        printf("-----------------------------------\n");
        p=p->next;          /*后移一个节点*/
    }
}
/*定义主函数*/
```

```
void main()
{    for ( ; ;)
     {    switch(menu_select())
          {case 1 :
               printf("**************************************\n");
               printf("*          通 讯 录 链 表 的 建 立         *\n");
               printf("**************************************\n");
               head=CreateList();
               break;
          case 2 :
               printf("**************************************\n");
               printf("*          通 讯 者 节 点 的 插 入         *\n");
               printf("**************************************\n");
               printf("编号(4) 姓名(8) 性别 联系电话(11) 地址(31)\n");
               printf("**************************************\n");
               p=(ListNode *)malloc(sizeof(ListNode));
               scanf("%s%s%s%s%s",p->data.num,p->data.name,p->data.sex, p->data.phone,p->data.addr);
               InsertNode(head,p);
               break;
          case 3 :
               printf("**************************************\n");
               printf("*          通 讯 者 节 点 的 查 询         *\n");
               printf("**************************************\n");
               p=ListFind(head);
               if(p!=NULL)
               {    printf("编号  姓名  性别  联系电话  地址\n");
                  printf("-----------------------------------\n");
                  printf("%s%s%s%s%s",p->data.num,p->data.name,p->data.sex, p->data.phone,
                         p->data.addr);
                  printf("-----------------------------------\n");
               }
               else      printf("没有查找到查询的通讯者！\n");
               break;
          case 4 :
               printf("**************************************\n");
               printf("*          通 讯 者 节 点 的 删 除         *\n");
               printf("**************************************\n");
               DelNode(head);
               break;
          case 5 :
               printf("**************************************\n");
               printf("*          通 讯 录 链 表 的 输 出         *\n");
               printf("**************************************\n");
```

```
                PrintList(head);
                break;
            case 0 :
                printf("\t 退出程序 ！  \n");
                return;
        }
    }
}
```

3．程序运行结果

程序的运行结果如图 2.21 所示。

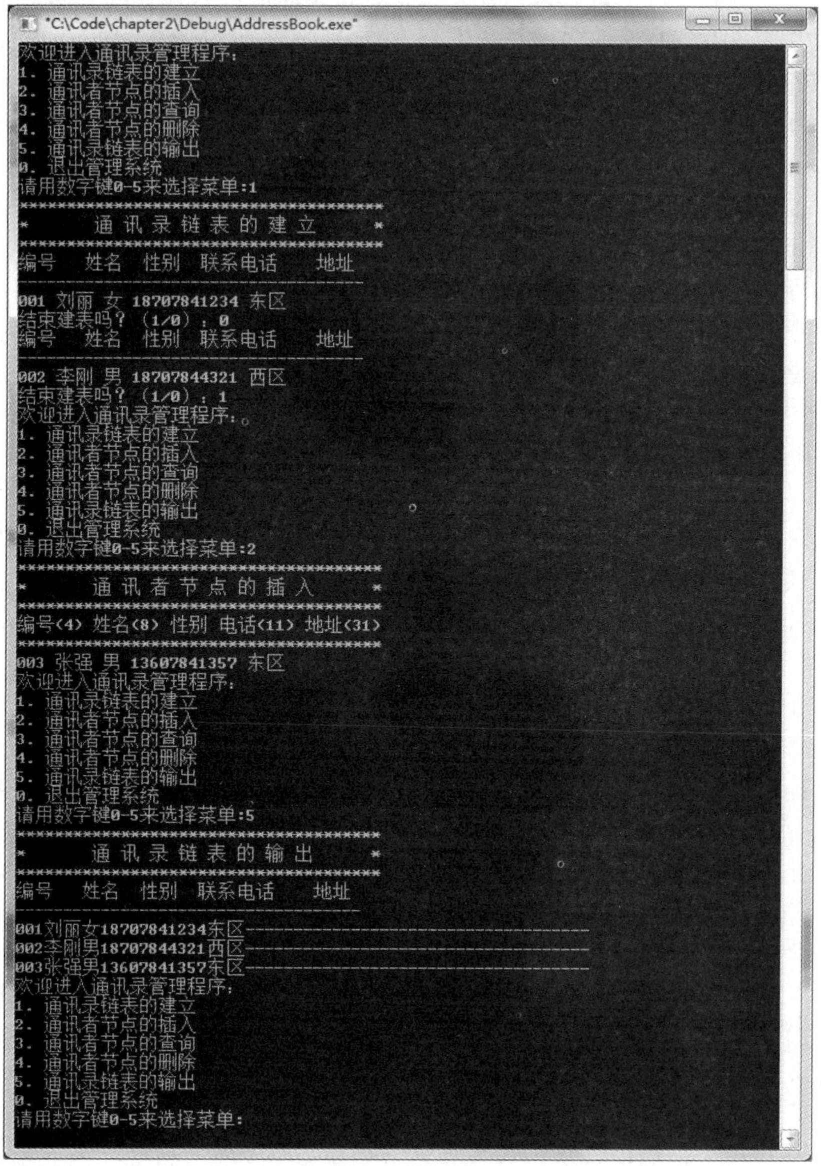

图 2.21　通讯录程序的运行结果

2.5 本章小结

线性表有顺序存储和链式存储两种存储方式，由于存储方式的不同，这两种线性表的存取方式也完全不同。顺序存储是一种随机存取的结构，而链式存储则是一种顺序存取的结构，这就决定了它们对各种操作有完全不同的算法和时间复杂度。例如，要查找表中按逻辑顺序排列的第 i 个元素，对于顺序存储，就等价于已经给出了元素存储地址（下标），可以直接获取目标元素，根本不需要查找操作，而链式存储则必须从链头开始，一直向后移位对比进行查找，平均需要 O(n)的时间。反之，如果知道了一个节点在表中的位置（或其前驱节点的位置），要删除或者插入一个节点，对于链表只需要修改少量指针即可，所耗费的时间为 O(1)，而对于顺序表则平均要移动半个表长的数据元素。

由于数据的逻辑结构是线性的，因此对于有些操作，例如需要先查找插入位置的插入操作用两种存储方式可能都需要 O(n)的时间，但实际操作花费的时间却大不相同。例如，表中每个节点包含的数据项很多，而且节点个数也很多，这时对顺序存储的线性表要移动半个表的数据，显然是很耗费时间的，而对于链表来说，查找插入位置虽然也需要耗费 O(n)的时间，但仅仅是移动 n/2 个指针。显然时间同样是 O(n)，其比例系数却大不相同。所以，要根据实际操作的种类结合两种存储结构的不同特点来进行选择。

首先，要考虑线性表的长度能否预先确定，执行过程中变化的范围会有多大。

顺序表需要预先分配一定长度的存储空间，如果事先对表的长度一无所知，则很难准确定义合适的存储空间来执行运算工作。若分配的空间太大，则造成存储空间的浪费；若分配的空间太小，又将频繁地要求对空间进行再分配。而链表的动态分配恰恰能满足这种需求，既不需要预留空间，也不需要知道表的长度会如何变化，只要内存还有可供分配的空间，就可以在程序运行时随时动态地分配空间，不需要时还可以动态地释放空间以供系统回收。

其次，要决定将来要进行的操作是什么，如果主要是访问和查找（若有增、删操作，也只是偶尔情况），则应该选取顺序存储，反之，如果是要频繁地进行增、删操作，则应该选择链式存储。

另外，对于链式存储还有单链表、双向链表和循环链表，这三者是有区别的，但这三种链表的基础操作都是类似的。应该先掌握单链表的各种操作，有此作为基础，其余两种链表不过是略有差别而已。如循环链表，无非是表尾和表头相接，在以遍历链表为基础的操作中，注意修改遍历的循环结束条件即可。双向链表则相当于把向后和向前的两个单链表结合在了一起，所以，在对向后链表进行操作时，同时可以由向前链表得到它的前驱，这样，对那些经常需要找前驱的操作就方便了。尤其是有些情况下，不需要特别专门去找某个节点的地址，而是可在别的应用中直接得到，这时如果要对它进行删除或者在它之前进行插入操作，对单链表来说，则必须专门再去查找它的前驱，而双向链表就不需要再耗费这个时间。如果可以通过别的应用直接得到链表中某个节点的地址，并且又常常需要从任意节点开始遍历全表，这时就应该选择循环链表作为存储结构。其实循环链表并不多占用存储空间，仅仅是对链表首尾进行连接就能起到非循环链表所不能达到的效果。

在对链表的操作中，增加一个头节点是为了处理方便、统一算法，但并不是必需的，有时也可以不设立头节点。例如，对于链栈（后面章节会讲到）来说，增、删都在链头，只需要直接修改一下指针，不用头节点反而更加方便，所以应该根据具体的情况灵活选用。对链表的处理，在任何情况下都必须谨记不能破坏和丢失链头指针，否则链表就无从进入和处理。对链表最基本的操作是修改指针，通常在修改指针之前，应该先记下当前指针的后继，这样主要是为了避免切断链表的链环关系。

顺序表和链表作为线性表的两种存储结构，各有其优缺点：

（1）顺序存储结构可以实现对表中元素的随机存取，但在进行插入或删除操作时需要移动大量元素。

（2）链表在存储空间的合理利用方面，以及插入/删除操作不需要移动大量元素方面要优于顺序表，但链表不能像顺序表那样实现元素的随机存取。

因此，在实际应用中，应根据线性表所要执行的主要操作来选择存储方式，若主要进行元素存取的操作，则宜选用顺序存储结构；若主要进行插入、删除操作，则宜选用链式存储结构。但由于链表有空间的合理利用性好以及插入、删除操作不需要移动大量元素等优点，因此在很多场合下，用户应该将其作为线性表的首选存储结构。

2.6　习题 2

一、选择题

1．线性表若采用链式存储结构，要求内存中可用存储单元的地址（　　）。

A．必须是连续的　　B．部分地址必须是连续的

C．一定是不连续的　　D．连续或不连续的都可以

2．链表不具有的特点是（　　）。

A．插入和删除时不需要移动元素　　B．可随机访问任一元素

C．不必事先估计存储空间　　D．所需空间与线性长度成正比

3．顺序表第一个元素的存储地址是 1100，每个元素的长度为 2，则第 5 个元素的地址是（　　）。

A．1110　　B．1108　　C．1100　　D．1120

4．下面关于线性表的叙述中，错误的是（　　）。

A．线性表采用顺序存储，必须占用一片连续的存储单元

B．线性表采用顺序存储，便于进行插入和删除操作

C．线性表采用链式存储，不必占用一片连续的存储单元

D．线性表采用链式存储，便于插入和删除操作

5．线性表 L 在（　　）情况下适用于使用链式结构实现。

A．需要经常修改 L 中的节点值　　B．需要不断对 L 进行删除和插入操作

C．L 中含有大量的节点　　D．L 中节点结构复杂

6．对于线性表，在下列（　　）情况下应当采用链表表示。

A．经常需要随机地存取元素

B．经常需要进行插入和删除操作

C．表中元素需要占据一片连续的存储空间

D．表中元素的个数不变

7．若某线性表中最常用的操作是在最后一个元素之后插入一个元素和删除第一个元素，则采用（　　）存储方式最节省运算时间。

A．顺序表　　　　B．双链表

C．带头节点的双循环链表　　　　D．单循环链表

8．一个顺序表第一个元素的存储地址是 100，每个元素的长度为 2，则第 5 个元素的地址是（　　）。

A．110　　B．108　　C．100　　D．120

9．线性表是具有 n（n>0）个（　　）的有限序列。

A．表元素　　B．字符　　C．数据元素　　D．数据项

10．线性表采用链式存储时，节点的存储地址（　　）。

A．必须是不连续的　　　　B．连续与否均可

C．必须是连续的　　　　D．和头节点的存储地址相连续

11．数据在计算机存储器内表示时，物理地址与逻辑地址相同并且是连续的，称为（　　）。

A．存储结构　　　　B．逻辑结构

C．顺序存储结构　　　　D．链式存储结构

12．静态链表中指针表示的是（　　）。

A．内存地址　　　　B．数组下标

C．下一元素地址　　　　D．左、右孩子地址

13．链表是一种采用（　　）存储结构存储的线性表。

A．顺序　　B．链式　　C．星式　　D．网状

14．若某表最常用的操作是在最后一个节点之后插入一个节点或删除最后一个节点，则采用（　　）存储方式最节省运算时间。

A．单链表　　　　B．双链表

C．单循环链表　　　　D．带头节点的双循环链表

15．若某线性表最常用的操作是存取任一指定序号的元素和在最后进行插入和删除运算，则利用（　　）存储方式最节省时间。

A．单链表　　　　B．仅有头指针的单循环链表

C．双链表　　　　D．仅有尾指针的单循环链表

16．在一个有 127 个元素的顺序表中插入一个新元素并保持原来顺序不变，平均要移动（　　）个元素。

A．8　　B．63.5　　C．63　　D．7

17．设 a_0、a_1、a_2 为 3 个节点，整数 P0、3、4 代表地址，则如下的链式存储结构称为（　　）。

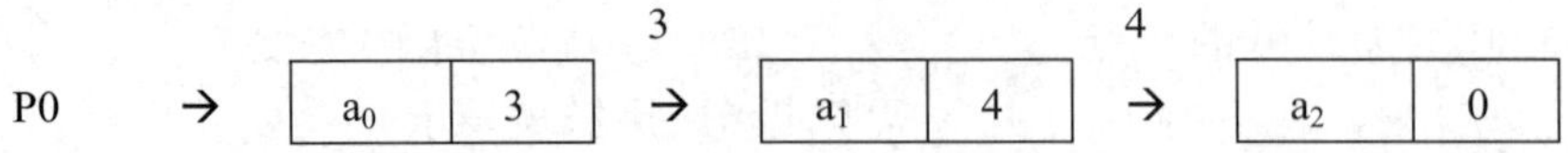

A．循环链表　　B．单链表　　C．双向循环链表　　D．双向链表

18．对于顺序存储的线性表，访问节点和增加、删除节点的时间复杂度为（　　）。

A．O(n)　O(n)　　B．O(n)　O(1)　　C．O(1)　O(n)　　D．O(1)　O(1)

19. 在带有头节点的单链表 HL 中，要向表头插入一个由指针 p 指向的节点，则执行(　　)。

A．p->next=HL->next; HL->next=p;　　B．p->next=HL; HL=p;

C．p->next=HL; p=HL;　　D．HL=p; p->next=HL;

20．若长度为 n 的线性表采用顺序存储结构，在其第 i（0≤i≤n）个位置插入一个新元素的算法的时间复杂度为（　　）。

A．O(0)　　B．O(1)　　C．O(n)　　D．$O(n^2)$

21．若一个链表最常见的操作是在末尾插入节点和删除尾节点，则选用（　　）最节省时间。

A．单链表　　B．单循环链表

C．带尾指针的单循环链表　　D．带头节点的双循环链表

22．在 n 个节点的顺序表中，算法的时间复杂度是 O(1)的操作是（　　）。

A．访问第 i（0≤i≤n-1）个节点和求第 i（1≤i≤n-1）个节点的直接前驱

B．在第 i（0≤i≤n-1）个节点后插入一个新节点

C．删除第 i（0≤i≤n-1）个节点

D．将 n 个节点从小到大排序

23．链接存储的存储结构所占存储空间（　　）。

A．分两部分，一部分存放节点值，另一部分存放表示节点间关系的指针

B．只有一部分，存放节点值

C．只有一部分，存储表示节点间关系的指针

D．分两部分，一部分存放节点值，另一部分存放节点所占单元数

24．将长度为 n 的单链表链接在长度为 m 的单链表之后的算法时间复杂度为（　　）。

A．O(1)　　B．O(n)　　C．O(m)　　D．O(m+n)

二、填空题

1．在单链表中，除了________节点外，任一节点的存储位置由________指示。

2．在以 HL 为表头指针的带表头附加节点的单链表和循环单链表中，判断链表为空的条件分别为________和________。

3．线性表中节点的集合是________的，节点间的关系是________的。

4. 在顺序表中访问任意一节点的时间复杂度均为________，因此，顺序表也称为________的数据结构。

5．在顺序表中插入或删除一个元素，需要平均移动________元素，具体移动的元素个数与________有关。

6．顺序表中逻辑上相邻的元素的物理位置________相邻。单链表中逻辑上相邻的元素的物理位置________相邻。

7．对于一个长度为 n 的单链表，在表头插入元素的时间复杂度为________，在表尾插入元素的时间复杂度为________。

8．在含有 n 个节点的单链表中要删除已知节点*p，需找到它的________，其时间复杂度为________。

9．向一个长度为 n 的顺序表中的第 i（0≤i≤n）个元素之前插入一个元素时，需向后移动________个元素，删除第 i（0≤i≤n-1）个元素时，需向前移动________个元素。

10．设指针变量 p 指向双向链表中的节点 A，指针变量 s 指向被插入的节点 X，则在节点 A 的后面插入节点 X 的操作序列为 p->right->left=s； s->right=p->right； ________=p；________=s；（设节点中的两个指针域分别为 left 和 right）。

三、判断题

1．线性表的每个节点只能是一个简单类型，而链表的每个节点可以是一个复杂类型。（ ）

2．链表的删除算法很简单，因为当删除链表中某个节点后，计算机会自动将后续的各个单元向前移动。（ ）

3．线性表在顺序存储时，逻辑上相邻的元素未必在存储的物理位置次序上相邻。（ ）

4．顺序表结构适用于顺序存取，而链表适用于随机存取。（ ）

5．顺序存储方式只能用于存储线性结构。（ ）

6．链表的物理存储结构具有同链表一样的顺序。（ ）

7．线性表在物理存储空间中不一定是连续的。（ ）

8．链表的每个节点中都恰好包含一个指针。（ ）

9．线性表的顺序存储结构比链式存储结构更好。（ ）

10．顺序存储方式的优点是插入、删除操作效率高。（ ）

11．线性表的逻辑顺序与存储顺序总是一致的。（ ）

四、简答题

1．在如下数组 A 中存储了一个单向链表，表头指针为 A[0].next，试写出该线性表。

A	0	1	2	3	4	5	6	7
data		60	50	78	90	34		40
next	3	5	7	2	0	4		1

2．

```
void AC(List& L)
{   InitList(L);
    InsertRear(L,25);
    InsertFront(L,50);
    int a[5]={ 5, 8, 12, 15, 36};
    for(int i=0; i<5; i++)
        if(a[i]%2==0)InsertFront(L,a[i]);
        else InsertRear(L, a[i]);
}
```

请写出该算法被调用执行后，得到的线性表 L。

3．为什么在单循环链表中设置尾指针比设置头指针更好？

五、编程题

1．编写一算法，在单链表上实现线性表的 ListLength(L)运算。
2．编写一算法，在循环单链表中查找出最小值。
3．编写一算法，在循环单链表中查找出最大值。
4．用顺序表实现线性表$\{a_0,a_1,\cdots,a_{n-1}\}$就地逆置的操作，所谓就地指辅助空间应为 O(1)。
5．统计出单链表 HL 中节点的值等于给定值 X 的节点数。
6．设顺序表 L 是一个递增有序表，试写一算法，将 x 插入 L 中，并使 L 仍是一个有序表。

第3章　栈和队列

栈和队列是指操作受限的线性表。线性表的插入、删除等操作都是完全开放的，而栈和队列的这些操作在执行时均受到了某种限制。因此，栈和队列也被称为限定性的线性表。栈和队列在各种类型的软件系统中应用十分广泛。本章我们除了要介绍栈和队列的定义之外，还将具体研讨栈和队列中数据的存储及操作方式等。

相关知识点

相关术语：栈、队列。

物理结构：顺序栈、链栈、顺序队列、链队列。

学习重点

栈的逻辑结构、存储结构及其相关算法。队列的逻辑结构、存储结构及其相关算法。

3.1　栈

3.1.1　栈的定义

栈（Stack）是限定仅在表的一端进行插入、删除等操作的线性表，元素的插入和删除不是随意进行的，只能在表的同一端进行。插入和删除发生的一端称为栈顶（top），另一端称为栈底（base）。我们可以将栈想象成一个口袋，放入和取出只能从袋口进行，并且这个袋口足够小，每次放入或者取出只能对一个元素进行操作，放入元素的过程被称为入栈或压栈（push），入栈是将元素存入栈顶，取出元素的过程被称为出栈、退栈或弹栈（pop），退栈从栈顶元素开始出栈。栈的特点是“后进栈的元素先出栈（Last In First Out）”，故栈又称为后进先出表（LIFO）。不含任何数据元素的栈称为空栈。

如果进栈顺序是 a_0,a_1，则出栈顺序是 a_1,a_0 或者 a_0,a_1。出栈顺序的不唯一是因为可能有下述两种情况：

（1）a_0 入栈后马上出栈，然后 a_1 入栈再出栈，因此出栈顺序是 a_0,a_1。

（2）在 a_0,a_1 都入栈后 a_1 在栈顶要先出栈，然后是 a_0 出栈。

如果进栈顺序是 a_0,a_1,a_2,a_3，则出栈顺序可能是 a_0,a_3,a_1,a_2 吗？答案是否定的。我们可以根据出栈顺序 a_0,a_3,a_1,a_2 做如下考虑：a_0 入栈后马上出栈，a_1,a_2,a_3 连续入栈后因为第二个出栈的是 a_3，所以 a_1,a_2 肯定在栈内，a_3 出栈后 a_2 在栈顶，如果需要出栈的话，肯定是 a_2 先出栈。所以给出的出栈顺序 a_1 在 a_2 之前肯定是不会发生的，即给出的出栈顺序是不可能实现的。

3.1.2　栈的顺序存储与操作

1. 顺序栈的定义

顺序栈是指利用顺序存储分配方式来实现的栈，即利用一组地址连续的存储单元依次存放自栈底到栈顶的数据元素，通常用一维数组来描述顺序栈中数据元素的存储区域，并预设一个最大空间。把数组中下标为 0 的一端作为栈底，为了指示栈中元素的位置，定义变量 top 来指示栈顶元素在顺序栈中的位置。

栈的顺序存储分为静态顺序存储和动态顺序存储，静态顺序存储的栈一次性分配空间，但是不具备可扩充的特性，即在栈满后不能追加空间进行入栈操作，而动态顺序存储是在静态顺序存储的基础上增加了可追加空间的功能。静态存储是将 top 定义为整数，而动态存储是将 top 定义为指针。top 可以指向栈顶元素的下一个位置，也可以指向栈顶元素。

（1）栈的静态分配顺序存储结构的描述。我们使用数组来实现栈中元素的存储，并设存储栈元素的数组长度为 StackSize。

```
# define MaxSize 100                /*定义一个静态顺序栈的最大长度*/
typedef struct
{   SElemType base[MaxSize];        /*定义一个存放栈数据元素的一维数组*/
    int top;                        /*栈顶指针，栈非空时始终指向栈顶元素的下一位置*/
    int StackSize;                  /*定义一个变量，存储顺序栈的当前长度*/
}SeqStack;
```

当栈满时再做进栈运算必定产生空间溢出，简称“上溢”；当栈空时再做退栈运算也将产生溢出，简称“下溢”。上溢是一种出错状态，应该设法避免。下溢一般是正常现象，常常用来作为程序控制转移的条件。

1）top 为整数且指向栈顶元素的下一个位置。当 top 为整数且指向栈顶元素的下一个位置时，栈空、入栈、栈满及出栈的情况如图 3.1 所示。初始化条件为 S.top=0。

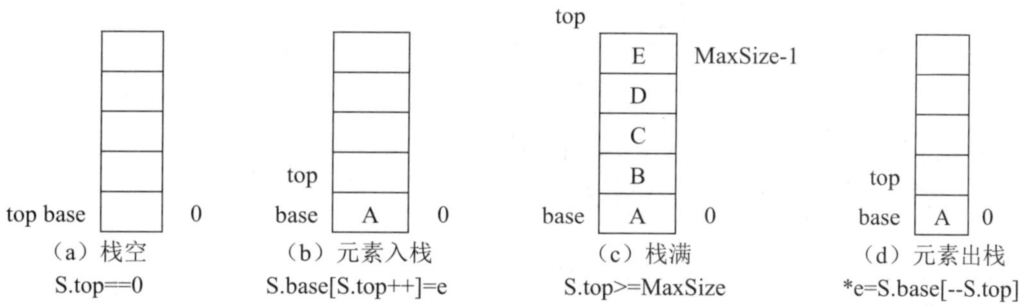

图 3.1　top 为整数且指向栈顶元素的下一个位置

2）top 为整数且指向栈顶元素。当 top 为整数且指向栈顶元素时，栈空、入栈、栈满及出栈的情况如图 3.2 所示。初始化条件为 S.top=-1。

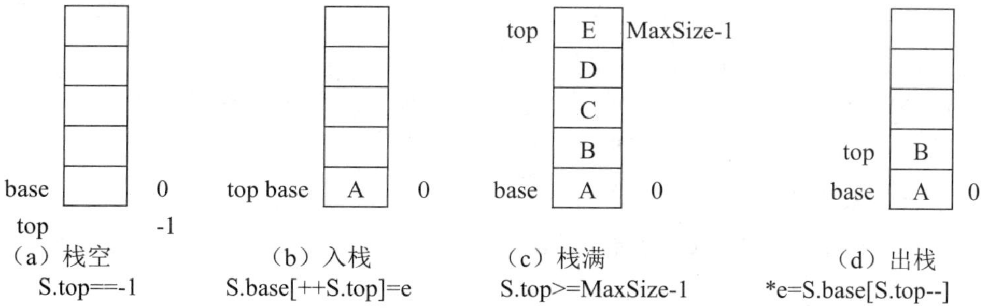

图 3.2　top 为整数且指向栈顶元素

（2）栈的动态分配顺序存储结构的描述。栈的动态分配顺序存储结构是通过将 top 定义为指针来实现的。

```
#define STACK_INIT_SIZE 10    /*存储空间初始化分配量*/
#define STACK_INCREMENT 2 /*存储空间分配增量*/
typedef int SElemType;
typedef struct SqStack
{   SElemType *base;          /*栈底指针，始终指向栈底的位置*/
    int *top;                 /*栈顶指针，可以指向栈顶元素的下一个位置或者指向栈顶元素*/
    int StackSize;            /*当前分配的栈可使用的以元素为单位的最大存储容量*/
}SqStack;                     /*顺序栈*/
```

1）top 为指针且指向栈顶元素的下一个位置。当 top 为指针且指向栈顶元素的下一个位置时，栈空、入栈、栈满及出栈的情况如图 3.3 所示。初始化条件为 S.top=S.base。

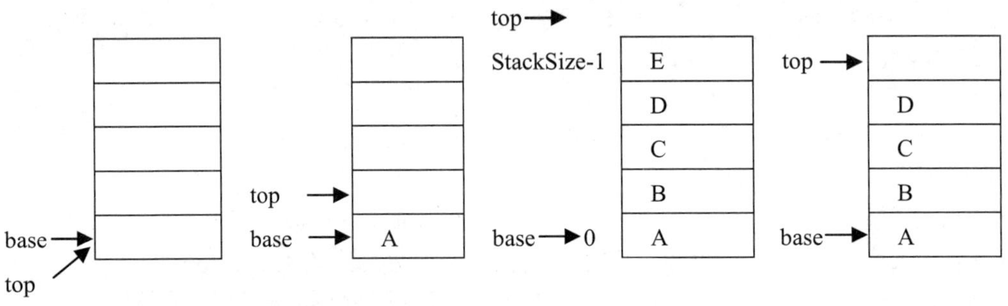

（a）栈空 S.top==S.base　（b）元素入栈 *S.top++=e　（c）栈满 S.top-S.base>=S.StackSize　（d）元素出栈 *e=*--S.top

图 3.3　top 为指针且指向栈顶元素的下一个位置

2）top 为指针且指向栈顶元素。当 top 为指针且指向栈顶元素时，栈空、入栈、栈满及出栈的情况如图 3.4 所示。初始化条件为 S.top=S.base-1。

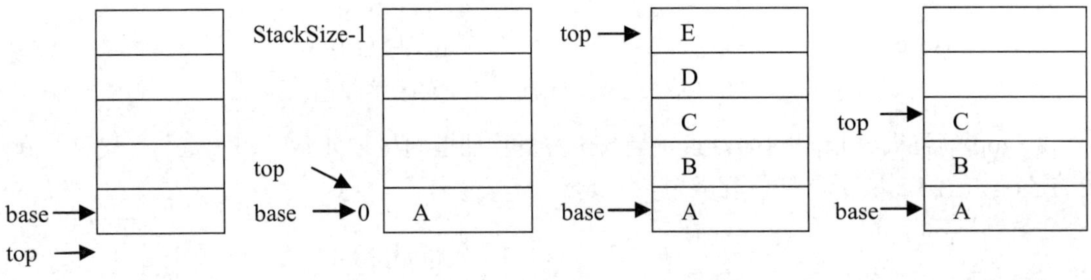

（a）栈空 S.top==S.base-1　（b）元素入栈 *++S.top=e　（c）栈满 S.top-S.base+1>=S.StackSize　（d）元素出栈 *e=*S.top--

图 3.4　top 为指针且指向栈顶元素

2. 顺序栈的基本操作

下面我们简单介绍一些以 top 为指针且指向栈顶元素的下一个位置的动态顺序栈存储的基本操作。

（1）构造一个空栈 S。

算法 3.1　构造一个空栈。

```
int InitStack(SqStack *S)
/*构造空栈，如果成功，返回 1；如果失败，返回 0*/
{   S->base=(SElemType *)malloc (STACK_INIT_SIZE*sizeof(SElemType));
    if (!S->base) return 0; /*存储分配失败*/
    S->top=S->base;
    S->StackSize=STACK_INIT_SIZE;
    return 1;
}
```

（2）销毁栈。

算法 3.2　销毁栈。

```
void DestroyStack(SeqStack *S)
{   if(S != NULL)
    {   free(S->base); /*释放栈*/
        S->top = S->base = NULL;
        S->StackSize=0;
    }
}
```

（3）清空栈。

算法 3.3　清空栈。

```
void ClearStack(SqStack *S)
{   S->top=S->base;
}
```

（4）判断一个栈是否为空。

算法 3.4　判断一个栈是否为空。

```
int StackEmpty(SqStack S)
/*若栈 S 为空栈，则返回 1，否则返回 0 */
{   if(S.top==S.base) return 1;
    else return 0;
}
```

（5）求栈的长度。

算法 3.5　求一个栈的长度。

```
int LengthStack(SqStack S)
{   if((S.base != NULL) && (S.top != NULL))
    return(S.top-S.base);
}
```

（6）取栈顶元素。

算法 3.6　取栈顶元素。

```
int GetTop(SqStack S,SElemType *e)
/* 若栈不空，则用 e 返回 S 的栈顶元素，并返回 1；否则返回 0 */
{   if(S.top>S.base){ *e=*(S.top-1); return 1; }
    else return 0;
}
```

（7）入栈操作。让一个数据元素 e 进栈，首先要判断栈是否未满，若是则栈顶指针右移一位，将数据元素 e 存入栈顶指针所指的位置。

算法 3.7 入栈。

```
int Push(SqStack *S,SElemType e)
/*所插入的元素 e 为新的栈顶元素，如果插入成功，返回 1，否则返回 0*/
{    if(S->top-S->base>=S->stacksize)          /*栈满，追加存储空间*/
     {    S->base= (SElemType*) realloc (S->base,
          (S->StackSize+STACKINCREMENT)*sizeof (SElemType));
          if(!(S->base) return 0;             /*存储分配失败*/
          S->top=S->base+S->StackSize;        /*修改栈底指针*/
          S->StackSize+=STACKINCREMENT;
     }
     *(S->top)++=e;                           /*将 e 入栈，成为新的栈顶元素*/
     return 1;
}
```

（8）出栈操作。退出一个栈内节点并得到栈顶数据元素的值。首先判断栈是否为空栈，若不空则取得栈顶元素并且栈高度减 1。

算法 3.8 出栈。

```
int Pop(SqStack *S,SElemType *e)
/*若栈不空，则删除 S 的栈顶元素，用 e 返回其值，并返回 1；否则返回 0 */
{    if(S->top==S->base) return 0;            /*栈空*/
     *e=*--S->top;                            /*将栈底元素赋给 e，栈顶指针下移*/
     return 1;
}
```

（9）遍历栈。

算法 3.9 遍历栈。

```
void StackTraverse(SqStack S,void(*visit)(SElemType))
{    while(S.top>S.base) visit(*S.base++);
}
```

3.1.3 栈的链式存储与操作

1. 链栈的定义

栈除了顺序存储方式外还有链式存储，栈用链式存储结构实现简称链栈。链栈的节点结构和链表的节点结构相同，值得注意的是，链栈中指针的方向是从栈顶指向栈底，图 3.5 中的 S 为栈顶指针。

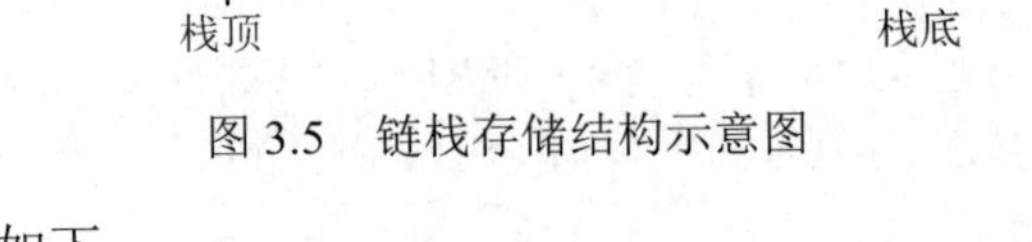

图 3.5 链栈存储结构示意图

链栈的定义可以描述如下：

```
typedef struct node
{    elemtype data;
```

```
        struct node *next;
    }NODE,*NODEPTR
```

2. 链栈的一些基本操作

下面我们简单介绍一些链栈的基本操作。

（1）建立一个空栈。只要利用已经定义的链表的节点指针类型声明一个栈顶指针，并将其置为空即可。建立一个空栈的代码语句如下：

```
int Init_Stack(NODEPTR top)
/*构造空栈，如果成功，返回 1；如果失败，返回 0*/
{   top=(NODEPTR)malloc(sizeof(NODE));
    if(top==NULL)   { printf("系统分配空间失败！");return 0;}
    top->next=NULL;
    return 1;
}
```

（2）进栈操作，使数据元素 e 进入链栈。在链式存储结构下，不需要像顺序存储那样判断栈是否未满，但需要建立一个新节点，并给新节点分配相应的内存空间。若系统分配空间失败，则新节点 e 进栈失败，否则将数据元素存入新节点，并将新节点挂载到链头作为新链头。

```
int Push_Stack(NODEPTR top,elemtype e)
{   NODEPTR p;
    p=(NODEPTR)malloc(sizeof(NODE));
    if(p==NULL) { printf("系统分配空间失败！"); return 0;}
    p->data=e;                /*存入新节点元素值*/
    p->next=top->next;        /*新节点与原栈顶相连接*/
    top->next=p;              /*新节点作为新栈顶*/
    return 1;
}
```

（3）出栈操作，使一个节点出栈并得到栈顶数据元素的值。首先判断栈是否为空，若不为空则获取栈顶元素值，并将链头节点删除，原链头的后继节点作为新栈顶。

```
int Pop_Stack(NODEPTR top,elemtype *e)
{   NODEPTR p;
    p=top->next;
    if(p==NULL){ printf("栈为空，无法操作！"); return 0; }
    *e=p->data;               /*取得栈顶节点元素值*/
    top->next=p->next;        /*栈顶指针后移，即删除栈顶节点*/
    free(p);                  /*释放被删除节点所占用的内存空间*/
    return 1;
}
```

判断栈是否为空以及获取链栈顶元素值只需要对链头进行相应的几步处理即可。

3.2　队列

上一节介绍的栈是后进先出的线性表，而本节介绍的队列是先进先出的线性表（First In First Out，FIFO）。与栈不同的是，栈只能在一端进行出栈操作和入栈操作，而队列是在一端进行插入操作，而在另一端进行删除操作。在日常生活中经常会遇到为了维护秩序而需要排队的情景，在计算机程序设计中也经常出现类似问题。数据结构队列与生活中的排队十分相似，也是按照先到先办的原则行事，而且严格规定既不允许插队也不允许中途离队。

3.2.1 队列的定义

队列（queue）是限定只能在一端进行插入，在另外一端进行删除的线性表。在队列中，允许插入的一端被称为队尾（rear），允许删除的一端被称为队头（front）。在图 3.6 所示的队列结构示意图中，a_0 是队头元素，a_{n-1} 是队尾元素。

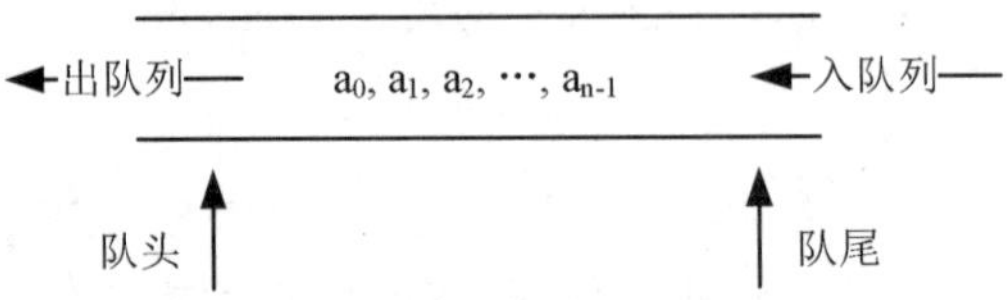

图 3.6 队列结构示意图

通过观察图 3.6，我们可以知道队列中的元素是以 $a_0,a_1,a_2,\cdots,a_{n-1}$ 的顺序入队的，则退出时肯定也是以 $a_0,a_1,a_2,\cdots,a_{n-1}$ 的顺序出队的，即 a_0 是第一个出队列的元素，只有在 $a_0,a_1,\cdots,a_{n-2}$ 都离开了队列之后，a_{n-1} 才能出队列。队列的修改是依据“先进先出”的原则进行的，因此队列又称 FIFO 表。当队列中没有元素时称为空队列。

3.2.2 队列的顺序存储与操作

队列是线性表的一种特殊情况，所以队列也和一般的线性表一样，有两种存储结构：顺序队列和链式队列。采用顺序结构存储的队列被称为顺序对列，队列是在队头和队尾进行各种操作的，它们的位置都有可能发生变化，因此为了操作方便，除了队列的数据区外还设置了队头、队尾两个指针。

1. 顺序队列的定义

顺序队列的定义代码如下：

```
#define MaxSize 10                /*定义顺序队列的最大容量*/
typedef int ElemType;
typedef struct
{    ElemType *data;              /*定义队列元素的存储空间*/
     int front,rear;              /*定义队头和队尾指针*/
}SqQueue
```

定义指向队列的指针变量：

```
SqQueue *sq;
```

申请顺序队列的存储空间：

```
sq->data=(ElemType*)malloc(MaxSize*sizeof(ElemType));
```

队列的数据区域为 sq->data[0],…,sq->data[MaxSize-1]，队头指针为 sq->front，队尾指针为 sq->rear。

一般情况下，我们可以设队尾指针指向队列最后一个元素的下一个位置，即队尾指针减 1 才是队列的最后一个元素所在的存储地址，队头指针指向队列的最前面的一个元素。类似地，我们也可以设队头指针指向队列最前面一个元素的前一个位置，即队头指针加 1 才是队列的最前面一个元素所在的存储地址，队尾指针指向队列的最后面一个元素。这样的设计旨在方便进行某些队列的操作，使算法能够方便简洁。

2. 顺序队列的操作

（1）front 为队头元素的当前位置，rear 为队尾元素的下一位置。图 3.7 是顺序队列（front 为队头元素的当前位置，rear 为队尾元素的下一位置）的各种操作示意图。此时，队列置空操作指令为：

```
sq->front=sq->rear=0;
```

在不考虑队列溢出问题的前提下，入队操作可以分为两步来进行，首先将插入元素放进队尾指针所指向的空间，其次将队尾指针 rear++指向新的队尾位置，完成入队操作即可。具体代码实现如下：

```
sq->data[sq->rear++]=e;          /*将新元素 e 入队*/
```

在不考虑队列为空的前提下，出队操作可以分两步完成，即首先将队头指针所指向的元素取出，其次将队头指针 front++，即完成队头元素出队操作。具体代码实现如下：

```
*e=sq->data[sq->front++];          /*将队头元素出队，赋给变量 e*/
```

队列中元素个数的计算方法是 n=(sq->rear)-(sq->front)，当队列真满时，n=MaxSize；当队列为空时，n=0，即 sq->front==sq->rear。

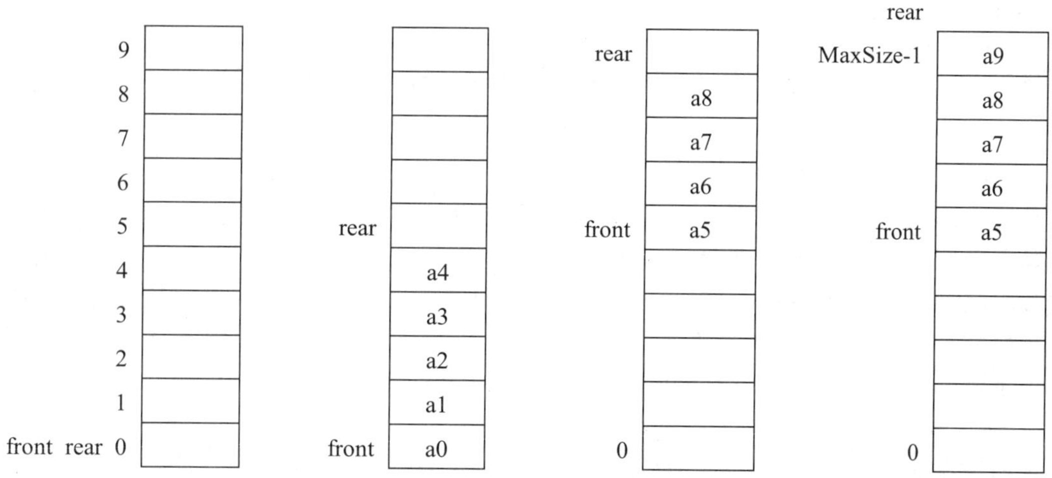

（a）空队列 sq->front==sq->rear　（b）5 个元素入队 sq->data[sq->rear++]=e　（c）出队入队 *e =sq->data[sq->front++]　（d）假溢出情况 sq->rear>=MaxSize

图 3.7　顺序队列操作示意图

（2）front 为队头元素的前一个位置，rear 为队尾元素的当前位置。图 3.8 是顺序队列（front 为队头元素的前一个位置，rear 为队尾元素的当前位置）的各种操作示意图。此时，队列置空的操作指令为：

```
sq->front=sq->rear=-1;
```

在不考虑队列溢出问题的前提下，入队操作可以分为两步来进行，首先将插入元素放进队尾指针所指向的空间，其次将队尾指针 rear++指向新的队尾位置，完成入队操作即可。具体代码实现如下：

```
sq->data[++sq->rear]=e;          /*将新元素 e 入队*/
```

在不考虑队列为空的前提下，出队操作可以分两步完成，即首先将队头指针所指向的元素取出，其次将队头指针 front++，即完成队头元素出队。具体代码实现如下：

```
*e=sq->data[++sq->front];          /*将队头元素出队，赋给变量 e*/
```

队列中元素个数的计算方法是 n=(sq->rear)-(sq->front)，当队列真满时，n=MaxSize；当队列为空时，n=0，即 sq->front==sq->rear。

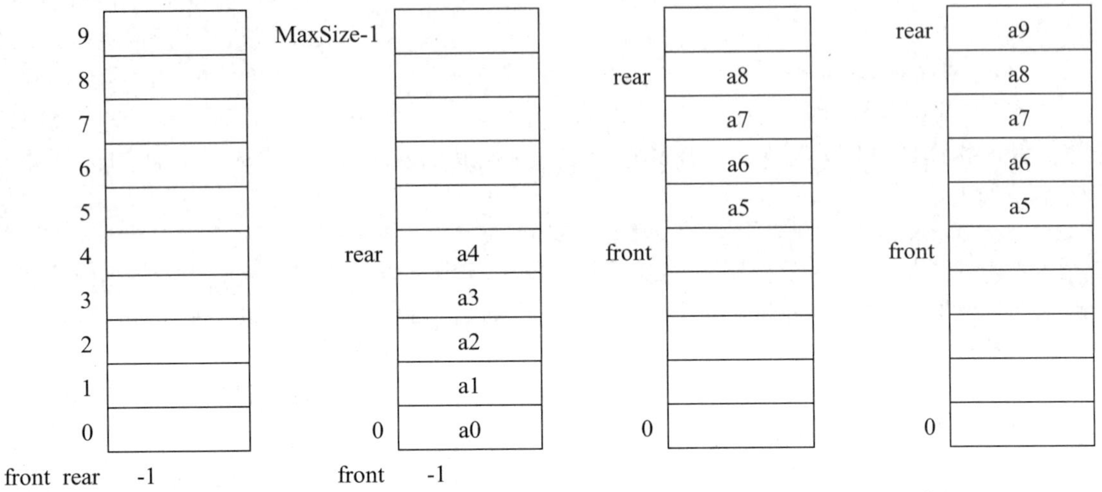

（a）空队列 sq->front==sq->rear　（b）5 个元素入队 sq->data[++sq->rear]=e　（c）出队入队 *e =sq->data[++sq->front]　（d）假溢出情况 sq->rear>=MaxSize-1

图 3.8　顺序队列操作示意图

3. 顺序队列存在的假溢出现象

从图 3.7 和图 3.8 中可以看到不管是入队操作还是出队操作，都会执行++操作，整个队列都会随着操作的进行向数组中下标较大的位置方向移动，也就出现了图 3.7（d）和图 3.8（d）的情况，此时队尾指针 rear 已经不能再移动了，即不能再入队了，但此时所分配的存储空间的下半部分几乎完全空闲，并没有元素存储进来。这种现象我们称为“假溢出”。出现假溢出现象的主要原因是队列本身“队尾进入，队头出”的特性所导致的。

4. 循环队列

如何解决这种假溢出现象，使存储空间能得到充分利用呢？很明显的一点是，我们必须想方设法地让第 MaxSize 个元素进入时，能够进入到 0 开始的地址中去。也就是说，我们需要设计一种方法，使队列的数据区 data[0],…,data[MaxSize-1]能够形成一个循环关系，头尾指针 front、rear 的指示特性不变（front 为队头元素的前一个位置，rear 为队尾元素的当前位置），这种结构称为循环队列。循环队列的存储结构示意图如图 3.9 所示。

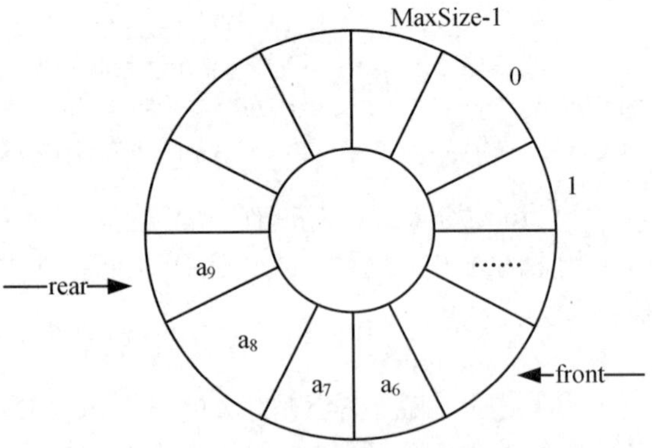

图 3.9　循环队列存储结构示意图

线性表的顺序结构变成头尾相接的循环结构，显然，空间存储结构不可能发生变化，它仍然是由低到高的线性内存空间，所以我们只能通过算法来改变。这里通过灵活利用逻辑运算中的%（取余数）运算来达到我们的目的。

入队时，将队尾的自加 1 操作修改为：sq->rear=(sq->rear+1)% MaxSize。

出队时，将队头指针的自加 1 操作修改为：sq->front=(sq->front+1)% MaxSize。

假设 MaxSize 定义的时候赋值为 10，那么图 3.8 的存储结构就会变成了图 3.10 所示的存储结构。

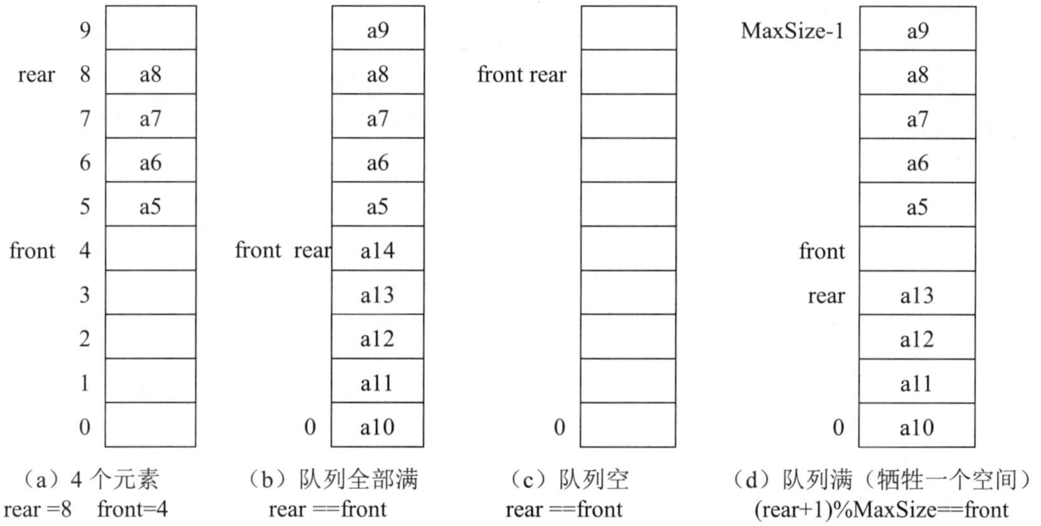

图 3.10　循环队列操作示意图

从图 3.10 所示的循环队列可以看出，图 3.10（a）队列中共有 a_5,a_6,a_7,a_8 4 个元素，此时头指针 front=4，尾指针 rear=8；随着 a_9 到 a_{14} 的依次入队，队列中逐渐有了 10 个元素，队列变满，此时 front=rear=4，如图 3.10（b）所示，可见队列在满的时候 front==rear，即头指针和尾指针重合。若在图 3.10（a）的情况下，a_5 到 a_8 依次出队，则会得到一个空的队列，如图 3.10（c）所示，此时头指针 front=8，尾指针 rear=8，即队列为空的情况下也会有 front==rear 的情况发生。所以在“满队列”和“空队列”两种情况下判定条件是相同的，即 front==rear，但是这种具有歧义的判定条件在算法实现中是不允许出现的，因此我们考虑牺牲一个空间，让(rear+1)%MaxSize==front 表示队满，如图 3.10（d）所示。

3.2.3　队列的链式存储与操作

链队列和链表的存储结构完全相同，与链栈类似，我们一般是用单链表来实现链队列。因为对于链队列来说，除了队头（即链头）指针 front 外，还要使用队尾（即链尾）指针 rear（假定 front 为队头元素的前一个位置，rear 为队尾元素的当前位置）。

1．链队列的数据类型定义

```
typedef  int  QElemType;
typedef  struct  QNode
{    /*链队列*/
     QElemType data;
```

```
        struct QNode *next;
    }QNode, *QueuePtr;
    typedef struct
    {   QueuePtr front;          /*队头指针*/
        QueuePtr rear;           /*队尾指针*/
    }LinkQueue;
```

2. 链队列的操作

和顺序队列一样，链队列也可以有如下操作：

（1）建立一个空队列。利用已经定义的链表节点指针类型声明一个队头和队尾指针，并将指针置为空即可，这里不再像顺序存储的数据结构中那样需要一个队列长度，因为在链队列中不需要做队满判断，只要内存空间还存在可用的位置，就可以不停地完成入队操作；而在进行队空判定时也只需要查验队头指针是否为空即可，也不再需要借助队列中元素的个数来判断。所以建立一个空链队列的算法如下：

```
void InitQueue(LinkQueue *Q)
{/*初始化一个队列*/
    Q->front=Q->rear=(QueuePtr)malloc(sizeof(QNode));
    if(!Q->front) exit(OVERFLOW);          /*生成头节点失败*/
    Q->front->next=NULL;
}
```

（2）判断一个队列是否为空，算法如下：

```
Status QueueEmpty(LinkQueue Q)
{ /*判断队列是否为空*/
    if(Q.front->next==NULL)     return TRUE;
    else return FALSE;
}
```

（3）入队操作。让数据元素 e 进入队列，首先要建立一个新节点 e，然后判断队列是否为空，若是空队列，则此 e 进入队列后既是队头又是队尾，否则就将节点 e 直接链接到队尾，并将队尾指针后移一个节点即可。

```
void EnQueue(LinkQueue *Q,QElemType e)
{ /*所插入的元素 e 为队列 Q 的新队尾元素*/
    QueuePtr p;
    p=(QueuePtr)malloc(sizeof(QNode));
  /*动态生成新节点*/
    if(!p)  exit(OVERFLOW);
    p->data=e;                    /*将 e 的值赋给新节点*/
    p->next=NULL;                 /*新节点的指针为空*/
    Q->rear->next=p;              /*原队尾节点的指针指向新节点*/
    Q->rear=p;                    /*尾指针指向新节点*/
}
```

（4）出队操作。出队操作的结果是获取队列的队头数据元素，同时队头节点出队。首先判断队列是否为空，如果为空，则无法完成出队操作；如果不为空，则获取队头节点数据元素值，并将队头指针向后移动一个位置。

```
Status DeQueue(LinkQueue *Q,QElemType *e)
{ /*若队列不为空，删除 Q 的队头元素，用 e 返回其值*/
```

```
    QueuePtr p;
    if(Q->front==Q->rear) return ERROR;     /*队列为空*/
    p=Q->front->next;                       /*p 指向队头节点*/
    *e=p->data;                             /*队头元素赋给 e*/
    Q->front->next=p->next;                 /*头节点指向下一个节点*/
    if(Q->rear==p)                          /*如果删除的是队尾节点*/
        Q->rear=Q->front;                   /*修改队尾指针使其指向头节点*/
    free(p);
    return OK;
}
```

（5）获取队头元素值。

```
Status GetHead(LinkQueue Q,QElemType *e)
{  /*若队列不空，则用 e 返回队头元素*/
    QueuePtr p;
    if(Q.front==Q.rear) return ERROR;
    p=Q.front->next;                        /*p 指向队头节点*/
    *e=p->data;                             /*将队头元素的值赋给 e*/
    return OK;
}
```

3.3　本章实战练习

3.3.1　top 为指针且指向栈顶元素的下一个位置

top 为指针实现顺序栈的基本操作

下面介绍以 top 为指针且指向栈顶元素的下一个位置的动态顺序栈存储基本操作的实现代码。

1．实现代码

```
#include<stdlib.h>
#include<stdio.h>
#define STACK_INIT_SIZE 10          /*存储空间初始化分配量*/
#define STACK_INCREMENT 2           /*存储空间分配增量*/
typedef int SElemType;
typedef struct SqStack
{   SElemType *base;                /*栈底指针，始终指向栈底的位置*/
    int *top;                       /*栈顶指针，在此实例中指向栈顶元素的下一位置*/
    int StackSize;                  /*当前分配的栈可使用的以元素为单位的最大存储容量*/
}SqStack;                           /*顺序栈*/
/*【算法 3.1  构造一个空栈】*/
int InitStack(SqStack *S)
/*构造空栈，如果成功，返回 1；如果失败，返回 0*/
{   S->base=(SElemType *)malloc (STACK_INIT_SIZE*sizeof(SElemType));
    if (!S->base)       return 0;   /*存储分配失败*/
    S->top=S->base;
    S->StackSize=STACK_INIT_SIZE;
```

```
        return 1;
    }
/*【算法 3.2  销毁栈】*/
void DestroyStack(SqStack *S)
{    if(S != NULL)
     {    free(S->base);              /*释放栈*/
          S->top = S->base = NULL;
          S->StackSize=0;
     }
}
/*【算法 3.3  清空栈】*/
void ClearStack(SqStack *S)
{    S->top=S->base;
}
/*【算法 3.4  判断栈是否空】*/
int StackEmpty(SqStack S)
/* 若栈 S 为空栈，则返回 1，否则返回 0 */
{    if(S.top==S.base) return 1;
     else return 0;
}
/*【算法 3.5  求栈的长度】*/
int StackLength(SqStack S)
{    if((S.base != NULL) && (S.top != NULL))   return(S.top-S.base);
     else return 0;
}
/*【算法 3.6  取栈顶元素】*/
int GetTop(SqStack S,SElemType *e)
/* 若栈不空，则用 e 返回 S 的栈顶元素，并返回 1；否则返回 0 */
{    if(S.top>S.base){ *e=*(S.top-1); return 1; }
     else return 0;
}
/*【算法 3.7  入栈】*/
int Push(SqStack *S,SElemType e)
/* 所插入的元素 e 为新的栈顶元素，如果插入成功，返回 1，否则返回 0*/
{    if(S->top-S->base>=S->StackSize)          /*栈满，追加存储空间*/
     {    S->base= (SElemType*) realloc (S->base,(S->StackSize+STACK_INCREMENT)*sizeof
            (SElemType));
          if(!S->base) return 0;                /*存储分配失败*/
          S->top=S->base+S->StackSize;          /*修改栈底指针*/
          S->StackSize+=STACK_INCREMENT;
     }
     *(S->top)++=e;                             /*将 e 入栈，成为新的栈顶元素*/
     return 1;
}
```

```
/*【算法 3.8  出栈】*/
int Pop(SqStack *S,SElemType *e)
/* 若栈不空，则删除 S 的栈顶元素，用 e 返回其值，并返回 1；否则返回 0 */
{   if(S->top==S->base) return 0;          /*栈空*/
    *e=*--S->top;                          /*将栈底元素赋给 e，栈顶指针下移*/
    return 1;
}
/*【算法 3.9  遍历栈】*/
void StackTraverse(SqStack S,void(*visit)(SElemType))
{   while(S.top>S.base) visit(*S.base++);
}
void print(SElemType e)
{   printf("%2d",e);
}
/*主函数*/
void main()
{   int j;
    SqStack s;
    SElemType e,k;
    InitStack(&s);                         /*初始化*/
    for(j=1;j<=5;j++) Push(&s,j);
    printf("栈中元素为:");
    StackTraverse(s,print);
    k=StackEmpty(s);
    printf("\n 判断栈是否为空:k=%d(1,是;0,否)",k);
    Pop(&s,&e);
    printf("\n 弹出的栈顶元素为:e=%d\n",e);
    GetTop(s,&e);                          /*将新的栈顶元素赋给 e*/
    printf("新栈顶元素为 e=%d,栈的长度为%d\n",e,StackLength(s));
    ClearStack(&s);
    k=StackEmpty(s);
    printf("\n 再次判断栈是否为空:k=%d(1,是;0,否)",k);
    DestroyStack(&s);                      /*销毁栈*/
    printf("\n 销毁栈后 s.top=%u,s.base=%u,s.stacksize=%d\n",s.top,s.base,s.StackSize);
}
```

2. 实现结果

顺序栈操作的实现结果如图 3.11 所示。

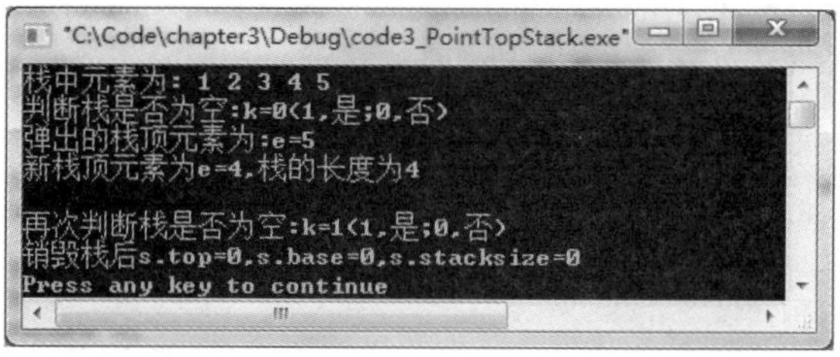

图 3.11　顺序栈操作的实现结果

3.3.2 top 为整数且指向栈顶元素的当前位置

top 为整数实现顺序栈的基本操作

下面我们简单介绍 top 为整数且指向栈顶元素当前位置的动态顺序栈存储的基本操作。

1. 实现代码

```
#include<stdlib.h>
#include<stdio.h>
#define TRUE 1
#define FALSE 0
#define OVERFLOW 0
#define OK 1
#define ERROR 0
#define STACK_INIT_SIZE 10                /*存储空间初始化分配量*/
#define STACK_INCREMENT 2                 /*存储空间分配增量*/
typedef int Status;
typedef int SElemType;
typedef struct SqStack
{   SElemType *base;
    int top;                              /*栈底指针*/
}SqStack;
void InitStack(SqStack *S)
{   /*构造空栈*/
    S->base=(SElemType *)malloc(STACK_INIT_SIZE*sizeof(SElemType));
    if(!S->base)   exit(OVERFLOW);
    S->top=-1;
}
void DestoryStack(SqStack *S)
{   free(S->base);                        /*释放栈*/
    S->top=-1;
    S->base=0;
}
void ClearStack(SqStack *S)
{   S->top=-1;
}
Status StackEmpty(SqStack S)
{   if(S.top==-1) return TRUE;
    else return FALSE;
}
int StackLength(SqStack S)
{   return S.top+1;
}
Status GetTop(SqStack S,SElemType *e)     /*返回栈底元素的值*/
{   if(S.top>-1) { *e=S.base[S.top]; return OK; }
    else return ERROR;
}
```

```
void Push(SqStack *S,SElemType e)
{   if(S->top>=STACK_INIT_SIZE)            /*栈满*/
    {   S->base=(SElemType*)realloc(S->base,(STACK_INIT_SIZE+STACK_INCREMENT)*sizeof
        (SElemType));
        if(!S->base) exit(OVERFLOW);
        S->top=STACK_INIT_SIZE;            /*修改栈底指针*/
    }
S->base[++S->top]=e;                       /*将 e 入栈，成为新的栈顶元素*/
}
Status Pop(SqStack *S,SElemType *e)
{   if(S->top==-1)
    return ERROR;
    *e=S->base[S->top--];                  /*将栈底元素赋给 e，栈顶指针下移*/
    return OK;
}
void StackTraverse(SqStack S,void(*visit)(SElemType))
{
    int i=0;
    while(i<=S.top) visit(S.base[i++]);
}
void print(SElemType e)
{ printf("%2d",e);
}
/*主程序*/
void main()
{   int j;
    SqStack s;
    SElemType e,k;
    InitStack(&s);                         /*初始化*/
    for(j=1;j<=5;j++) Push(&s,j);
    printf("栈中元素为:");
    StackTraverse(s,print);
    k=StackEmpty(s);
    printf("\n 判断栈是否为空:k=%d(1,是;0,否)",k);
    Pop(&s,&e);
    printf("\n 弹出的栈顶元素为:e=%d\n",e);
    GetTop(s,&e);                          /*将新的栈顶元素赋给 e*/
    printf("新栈顶元素为 e=%d,栈的长度为%d\n",e,StackLength(s));
    ClearStack(&s);
    k=StackEmpty(s);
    printf("\n 再次判断栈是否为空:k=%d(1,是;0,否)",k);
    DestoryStack(&s);                      /*销毁栈*/
    printf("\n 销毁栈后 s.top=%d,s.base=%d\n",s.top,s.base);
}
```

2. 实现结果

实现结果如图 3.11 所示。

3.3.3 栈的应用——数制转换

将十进制整数转换成 N 进制整数的方法是“除基逆取余，商为零止”，即用十进制的整数去除以要转换成 N 进制的基数 N，除到商为零时停下来，然后将每次得到的余数按逆序写出来，即为该十进制整数转换得到的 N 进制整数。

栈的应用——数制转换

1. 数制转换代码

代码如下：

```
#include<stdlib.h>
#include<stdio.h>
#define TRUE 1
#define FALSE 0
#define OVERFLOW 0
#define OK 1
#define ERROR 0
#define STACK_INIT_SIZE 10          /*存储空间初始化分配量*/
#define STACK_INCREMENT 2           /*存储空间分配增量*/
typedef int Status;
typedef int SElemType;
typedef struct SqStack
{   SElemType *base;
    SElemType *top;                 /*top 为指针且指向栈顶元素的下一个位置*/
    int stacksize;
}SqStack;
void InitStack(SqStack *S)
{  /*构造空栈*/
    S->base=(SElemType *)malloc(STACK_INIT_SIZE*sizeof(SElemType));
    if(!S->base) exit(OVERFLOW);
    S->top=S->base;
    S->stacksize=STACK_INIT_SIZE;
}
Status StackEmpty(SqStack S)
{   if(S.top==S.base) return TRUE;
    else return FALSE;
}
void Push(SqStack *S,SElemType e)
{   if(S->top-S->base==S->stacksize)        /*栈满*/
    {   S->base=(SElemType*)realloc(S->base,(S->stacksize+STACK_INCREMENT)*
            sizeof(SElemType));
        if(!S->base) exit(OVERFLOW);
        S->top=S->base+S->stacksize;        /*修改栈顶指针*/
        S->stacksize+=STACK_INCREMENT;
    }
    *(S->top)++=e;                          /*将 e 入栈，成为新的栈顶元素*/
}
```

```
Status Pop(SqStack *S,SElemType *e)
{    if(S->top==S->base) return ERROR;
     *e=*--S->top;                          /*将栈底元素赋给 e，栈顶指针前移*/
     return OK;
}
void conversion(int N,int r)
{
     SqStack S;
     SElemType x;
     InitStack(&S);
     while(N){ Push(&S,N%r); N=N/r; }
     while(!StackEmpty(S)){ Pop(&S,&x); printf("%d\t",x);}
}
/*主函数*/
void main()
{    int N,r;
     printf("请输入要转换的十进制整数:");
     scanf("%d",&N);
     printf("请输入要转换到的数制:");
     scanf("%d",&r);
     conversion(N,r);
}
```

2. 实现结果

数制转换的实现结果如图 3.12 所示。

图 3.12 数制转换的实现结果

3.3.4 顺序队列的基本操作

顺序队列的基本操作

front 为队头元素的当前位置，rear 为队尾元素的下一个位置。

1. 实现代码

```
#include<stdio.h>
#include<stdlib.h>
#define TRUE 1
#define FALSE 0
#define OK 1
#define OVERFLOW 0
#define ERROR 0
#define MaxSize 10
typedef int ElemType;
typedef int Status;
typedef struct
{    ElemType *data;                        /*初始化的动态存储空间*/
```

```
        int front;                          /*头指针*/
        int rear;                           /*尾指针*/
    }SqQueue;
    void InitQueue(SqQueue *Q)
    {   /*构造一个空队列*/
        Q->data=(ElemType*)malloc(MaxSize *sizeof(ElemType));
        if(!Q->data) exit(OVERFLOW);        /*存储分配失败*/
        Q->front=Q->rear=0;
    }
    void DestoryQueue(SqQueue *Q)
    {   /*销毁队列*/
        if(Q->data) free(Q->data);          /*队列 Q 存在*/
        Q->data=NULL;
        Q->front=Q->rear=0;
    }
    void ClearQueue(SqQueue *Q)
    {   /*将队列 Q 清空*/
        Q->front=Q->rear=0;
    }
    Status QueueEmpty(SqQueue Q)
    {   /*判断队列是否为空*/
        if(Q.front==Q.rear) return TRUE;
        else return FALSE;
    }
    Status GetHead(SqQueue Q,ElemType *e)
    {   /*如果队列不空，用 e 返回 Q 的队头元素*/
        if(Q.front==Q.rear) return ERROR;
        *e=Q.data[Q.front];                 /*将队头元素的值赋给 e*/
        return OK;
    }
    Status EnQueue(SqQueue *Q,ElemType e)
    {   /*插入元素 e 为队列新的队尾元素*/
        if(Q->rear==MAXSIZE)                /*队列满*/
        return ERROR;
        Q->data[Q->rear]=e;                 /*将 e 插在队尾*/
        Q->rear=Q->rear+1;                  /*队尾指针加 1*/
        return OK;
    }
    int QueueLength(SqQueue Q)
    {   /*返回队列元素的个数*/
    return(Q.rear-Q.front);
    }
    Status DeQueue(SqQueue *Q,ElemType *e)
    {  /*若队列不空，则删除 Q 的队头元素，由 e 返回其值*/
        if(Q->front==Q->rear)return ERROR;
        *e=Q->data[Q->front];               /*将队头元素的值赋给 e*/
```

```
        Q->front=Q->front+1;
        return OK;
    }
    void QueueTraverse(SqQueue Q,void(*visit)(ElemType))
    {   /*从队头到队尾对队列 Q 中的每个元素调用函数 visit()*/
        int i=Q.front;                          /*i 最初指向队头元素*/
        while(i!=Q.rear){ visit(Q.data[i]); i=i+1;}
        printf("\n");
    }
    void print(ElemType e)
    {   printf("%2d ",e);
    }
    /*主函数*/
    void main()
    {   int i,m,k,n;
        ElemType d;
        SqQueue Q;
        InitQueue(&Q);
        printf("输入队列中的%d 个元素\n", MaxSize);
        for(i=1;i<= MaxSize;i++)
        {   scanf("%d",&d);
            if(d==0)break;
            EnQueue(&Q,d);
        }
        printf("队列为:");
        QueueTraverse(Q,print);
        printf("判断队列长度:%d\n",QueueLength(Q));
        k=QueueLength(Q);
        printf("连续%d 次由队头删除元素，由队尾插入元素:\n",k/2);
        for(m=1;m<=k/2;m++)
        {   DeQueue(&Q,&d);                 /*删除队头元素，其值赋给 d*/
            printf("删除的元素是%d，请输入要插入的元素:",d);
            scanf("%d",&d);
            EnQueue(&Q,d);                  /*将 d 插入队列*/
        }
        printf("新队列为:");
        QueueTraverse(Q,print);
        n=GetHead(Q,&d);
        if(n)
        printf("提取队头元素的值%d\n",d);
        printf("清空队列\n");
        ClearQueue(&Q);
        printf("清空队列后，队列是否为空 n=%d(1,为空;0,不为空)\n",QueueEmpty(Q));
    }
```

2. 实现结果

实现结果如图 3.13 所示。

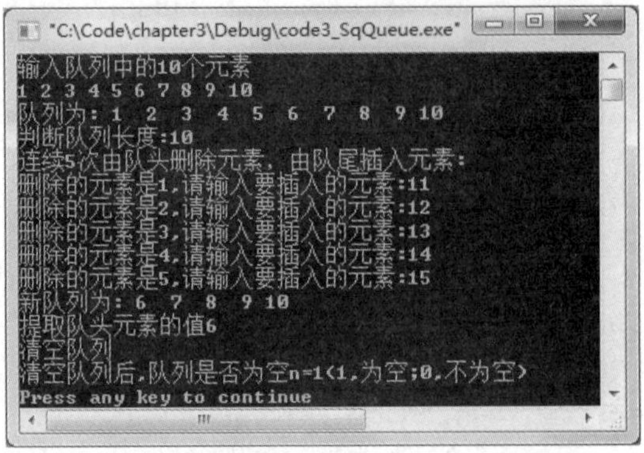

图 3.13　顺序队列操作的实现结果

循环队列的基本操作

3.3.5　循环队列设置不同队空与队满条件的解决方案

解决假溢出问题有许多解决方案，这里采用的方案是少用一个元素空间，即把图 3.10（d）所示的存储结构视为队列已满，此时的指针状态是队尾指针加 1 才与队头指针重合，于是此时队满的判定条件就变成(rear+1)%MAXSIZE==front，队空的判定条件依然还是 front==rear，这样就能区分出来队满和队空状态。

下面分别给出使用该方案的循环队列及操作的实现算法（front 为队头元素的当前位置，rear 为队尾元素的下一个位置）。

1. 实现代码

```
#include<stdio.h>
#include<stdlib.h>
#define TRUE 1
#define FALSE 0
#define OK 1
#define OVERFLOW 0
#define ERROR 0
#define MaxSize 10
typedef int ElemType;
typedef int Status;
typedef struct
{    ElemType *data;                          /*初始化的动态存储空间*/
     int front;                               /*头指针*/
     int rear;                                /*尾指针*/
}SqQueue;
void InitQueue(SqQueue *Q)
{    /*构造一个空队列*/
     Q->data=(ElemType*)malloc(MaxSize *sizeof(ElemType));
     if(!Q->data) exit(OVERFLOW);             /*存储分配失败*/
     Q->front=Q->rear=0;
}
void DestoryQueue(SqQueue *Q)
{    /*销毁队列*/
```

```
    if(Q->data) free(Q->data);              /*队列 Q 存在*/
    Q->data=NULL;
    Q->front=Q->rear=0;
}
void ClearQueue(SqQueue *Q)
{   /*将队列 Q 清空*/
    Q->front=Q->rear=0;
}
Status QueueEmpty(SqQueue Q)
{   /*判断队列是否为空*/
    if(Q.front==Q.rear)return TRUE;         /*队列 Q 为空*/
    else return FALSE;
}
Status GetHead(SqQueue Q,ElemType *e)
{   /*如果队列不空，用 e 返回 Q 的队头元素*/
    if(Q.front==Q.rear)return ERROR;        /*队列 Q 为空*/
    *e=Q.data[Q.front];                     /*将队头元素的值赋给 e*/
    return OK;
}
Status EnQueue(SqQueue *Q,ElemType e)
{   /*所插入的元素 e 为队列的新队尾元素*/
    if((Q->rear+1)% MaxSize ==Q->front) return ERROR;
    /*循环队列满，牺牲一个空间，rear 指向队尾元素的下一个位置*/
    Q->data[Q->rear]=e;                     /*将 e 插在队尾*/
    Q->rear=(Q->rear+1)% MaxSize;           /*队尾指针加 1*/
    return OK;
}
int QueueLength(SqQueue Q)
{   /*返回队列元素的个数*/
    return (Q.rear-Q.front+ MaxSize)% MaxSize;
}
Status DeQueue(SqQueue *Q,ElemType *e)
{  /*若队列不空，则删除 Q 的队头元素，由 e 返回其值*/
    if(Q->front==Q->rear) return ERROR;     /*队列 Q 为空*/
    *e=Q->data[Q->front];                   /*将队头元素的值赋给 e*/
    Q->front=(Q->front+1)% MaxSize;
    return OK;
}
void QueueTraverse(SqQueue Q,void(*visit)(ElemType))
{   /*从队头到队尾对队列 Q 中的每个元素调用函数 visit()*/
    int i=Q.front;                          /*i 最初指向队头元素*/
    while(i!=Q.rear){ visit(Q.data[i]); i=(i+1)% MaxSize; }
    printf("\n");
}
void print(ElemType e)
{   printf("%4d ",e);
```

```
}
/*主函数*/
void main()
{    int i,m,k,n;
     ElemType d;
     SqQueue Q;
     InitQueue(&Q);
     printf("输入队列中的%d 元素\n", MaxSize);
     for(i=1;i<= MaxSize;i++)
    {    scanf("%d",&d);
         if(d==0)break;
         EnQueue(&Q,d);
    }
    printf("队列为:");
    QueueTraverse(Q,print);
    printf("判断队列长度:%d\n",QueueLength(Q));
    k=QueueLength(Q);
    printf("连续%d 次由队头删除元素，由队尾插入元素:\n",k/2);
    for(m=1;m<=k/2;m++)
    {    DeQueue(&Q,&d);                    /*删除队头元素，将其值赋给 d*/
         printf("删除的元素是%d,请输入要插入的元素:",d);
         scanf("%d",&d);
         EnQueue(&Q,d);                     /*将 d 插入队列*/
    }
    printf("新队列为:");
    QueueTraverse(Q,print);
    n=GetHead(Q,&d);
    if(n)
    printf("提取队头元素的值%d\n",d);
    printf("清空队列\n");
    ClearQueue(&Q);
    printf("清空队列后，队列是否为空 n=%d(1,为空;0,不为空)\n",QueueEmpty(Q));
}
```

2. 实现结果

front 为队头元素的当前位置，rear 为队尾元素的下一个位置，该循环队列操作的实现结果如图 3.14 所示。

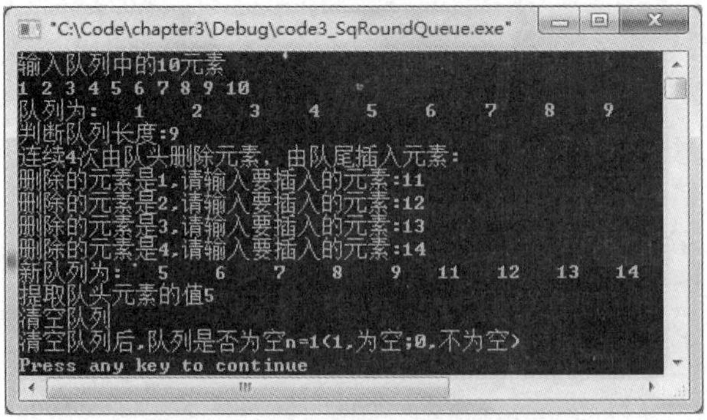

图 3.14 循环队列操作的实现结果

3.3.6 链队列的基本操作

链队列的基本操作

1. 实现代码

```
#include<stdio.h>
#include<stdlib.h>
#define TRUE 1
#define FALSE 0
#define OK 1
#define OVERFLOW 0
#define ERROR 0
typedef int QElemType;
typedef int Status;
typedef struct QNode
{    /*链队列*/
     QElemType data;
     struct QNode *next;
}QNode, *QueuePtr;
typedef struct
{    QueuePtr front;                 /*队头指针*/
     QueuePtr rear;                  /*队尾指针*/
}LinkQueue;
/*函数定义*/
void InitQueue(LinkQueue *Q)
{    /*初始化一个队列*/
     Q->front=Q->rear=(QueuePtr)malloc(sizeof(QNode));
     if(!Q->front) exit(OVERFLOW);            /*生成头节点失败*/
     Q->front->next=NULL;
}
Status DestroyQueue(LinkQueue *Q)
{    /*销毁队列 Q*/
     while (Q->front)
     {    Q->rear=Q->front->next;        /*Q->rear 指向 Q->front 的下一个节点*/
          free(Q->front);                /*释放 Q->front 所指向的节点*/
          Q->front=Q->rear;              /*Q->front 指向 Q->front 的下一个节点*/
     }
     return OK;
}
void EnQueue(LinkQueue *Q,QElemType e)
{    /*所插入的元素 e 为队列 Q 的新队尾元素*/
     QueuePtr p;
     p=(QueuePtr)malloc(sizeof(QNode));
     /*动态生成新节点*/
     if(!p) exit(OVERFLOW);
     p->data=e;                         /*将 e 的值赋给新节点*/
     p->next=NULL;                      /*新节点的指针为空*/
     Q->rear->next=p;                   /*原队尾节点的指针指向新节点*/
     Q->rear=p;                         /*尾指针指向新节点*/
}
```

```
Status DeQueue(LinkQueue *Q,QElemType *e)
{    /*若队列不为空，删除 Q 的队头元素，用 e 返回其值*/
     QueuePtr p;
     if(Q->front==Q->rear) return ERROR;     /*队列为空*/
     p=Q->front->next;                       /*p 指向队头节点*/
     *e=p->data;                             /*将队头元素赋给 e*/
     Q->front->next=p->next;                 /*头节点指向下一个节点*/
     if(Q->rear==p)                          /*如果删除的是队尾节点*/
          Q->rear=Q->front;                  /*修改队尾指针指向头节点*/
     free(p);
     return OK;
}
Status QueueEmpty(LinkQueue Q)
{    /*判断队列是否为空*/
     if(Q.front->next==NULL) return TRUE;
     else return FALSE;
}
void ClearQueue(LinkQueue *Q)
{    /*将队列清空*/
     Q->front->next=NULL;
}
int QueueLength(LinkQueue Q)
{    /*求队列的长度*/
     int i=0;                                /*计数器清 0*/
     QueuePtr p=Q.front;                     /*p 指向队头节点*/
     while(p!=Q.rear)                        /*p 所指向的不是队尾节点*/
     {    i++;                               /*计数器加 1*/
          p=p->next;
     }
     return i;
}
Status GetHead(LinkQueue Q,QElemType *e)
{    /*若队列不空，则用 e 返回队头元素*/
     QueuePtr p;
     if(Q.front==Q.rear) return ERROR;
     p=Q.front->next;                        /*p 指向队头节点*/
     *e=p->data;                             /*将队头元素的值赋给 e*/
     return OK;
}
void QueueTraverse(LinkQueue Q,void(*visit)(QElemType))
{    /*从队头到队尾依次对队列中每个元素调用函数 visit()*/
     QueuePtr p=Q.front->next;
     while(p)
     {    visit(p->data);                    /*对 p 所指向的元素调用 visit()*/
          p=p->next;
     }
```

```
    printf("\n");
}
void print(QElemType e)
{   printf("%2d ",e);
}
/*主函数*/
void main()
{   int k;
    QElemType d=1;
    LinkQueue q;
    InitQueue(&q);                          /*构造一个空队列*/
    printf("请输入队列的初始数据(按 0 结束)：\n");
    while(d)
    {   scanf("%d",&d);
        if(!d)break;
        EnQueue(&q,d);
    }
    printf("队列的元素为:");
    QueueTraverse(q,print);
    k=QueueEmpty(q);
    printf("判断队列是否为空，k=%d(1:为空;0:不为空)\n",k);
    printf("将队头元素赋给 d\n");
    k=GetHead(q,&d);
    printf("队头元素为 d=%d\n",d);
    printf("删除队头元素:\n");
    DeQueue(&q,&d);
    k=GetHead(q,&d);
    printf("删除后新的队头元素为 d=%d\n",d);
    printf("此时队列的长度为%d\n",QueueLength(q));
    ClearQueue(&q);                         /*清空队列*/
    printf("清空队列后 q.front=%u,q.rear=%u,q.front->next=%u\n",q.front,q.rear,q.front->next);
    DestroyQueue(&q);
    printf("销毁队列后 q.front=%u,q.rear=%u\n",q.front,q.rear);
}
```

2. 实现结果

链队列操作的实现结果如图 3.15 所示。

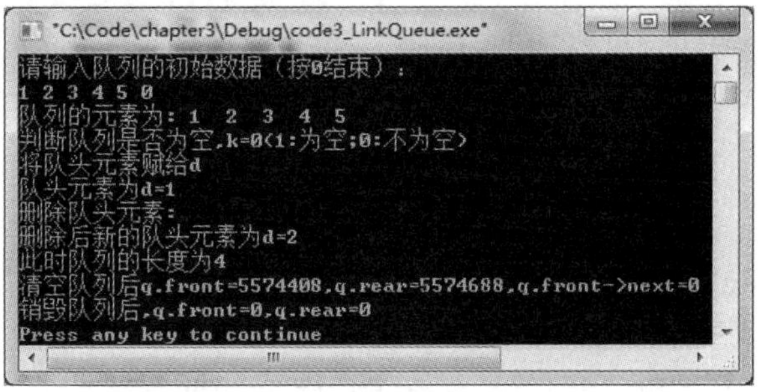

图 3.15　链队列操作的实现结果

3.4 本章小结

本章介绍了两种操作受限的线性表：栈和队列。

栈是一种只允许在一端进行插入和删除的线性表，它是一种操作受限的线性表。在栈中允许进行插入和删除的一端称为栈顶，另一端称为栈底。栈顶元素总是最后入栈的，因而也总是最先出栈的；栈底元素总是最先入栈的，也总是最后出栈的，因此栈也称为“后进先出”的线性表。栈可以采用顺序存储结构，也可以采用链式存储结构，这要根据具体的情况来灵活应用。

队列是一种只允许在一端进行插入，在另外一端进行删除的线性表。在表中只允许进行插入的一端称为队尾，只允许进行删除的一端称为队头。队头元素总是最先进入队列，也总是最先出队列的；队尾元素总是最后进入队列，也是最后出队列的。因此队列也称为“先进先出”的线性表。

队列采用顺序存储结构时，为了解决假溢出问题，常设计成首尾相连的循环队列。

队列也可以采用一组任意的存储单元来存储数据元素，这组存储单元可以在内存中不连续，此时这种结构的队列被称为链队列。

栈和队列的基本概念和术语：栈、顺序栈、链栈等；队列、循环队列、链队列等。栈和队列的逻辑结构和两种常用的存储方法：顺序存储和链式存储。栈和队列的操作和应用：入栈、出栈、入队、出队等。

3.5 习题 3

一、选择题

1．判定一个栈 ST（最多元素为 m，且 top 指向栈顶元素当前位置）为空的条件是（　　）。

A．ST->top<0　　B．ST->top=0

C．ST->top!=m　　D．ST->top=m

2．一个栈的输入序列为{1,2,3}，则下列序列中不可能是栈输出序列的是（　　）。

A．2，3，1　　B．3，2，1　　C．3，1，2　　D．1，2，3

3．队列的插入操作是在（　　）进行。

A．队首　　B．队尾　　C．队前　　D．队后

4．设栈 S 的初始状态为空，元素{a,b,c,d,e,f,g}依次入栈，以下出栈序列不可能出现的是（　　）。

A．a,b,c,e,d,f,g　　B．g,e,f,d,c,b,a

C．a,e,d,c,b,f,g　　D．d,c,f,e,b,a,g

5．用数组 A 存放循环队列的元素值，若其头指针为 front，尾指针为 rear，则循环队列中当前元素的个数为（　　）。

A．(rear-front+m) % m　　B．(rear-front+1) % m

C．(rear-front-1+m) % m　　D．(rear-front) % m

6．线性表 L 在（　　）情况下适用于使用链式结构实现。

A．需经常修改 L 中的节点值　　B．需不断对 L 进行删除、插入

C．L 中含有大量的节点　　D．L 中节点的结构复杂

7．设输入序列为{1,2,3,4,5}，顺序进栈，以下不可能得到的输出序列是（　　）。

A．1,2,3,4,5　　B．5,4,3,2,1

C．4,3,1,2,5　　D．1,3,2,5,4

8．有 6 个元素{6,5,4,3,2,1}，顺序进栈，（　　）不是合法的出栈序列。

A．5,4,3,6,1,2　　B．4,5,3,1,2,6

C．3,4,6,5,2,1　　D．2,3,4,1,5,6

9．最大容量为 n 的循环队列，队尾指针是 rear，队头指针是 front，则队空的条件是（　　）。

A．(rear+1) % n==front　　B．rear==front

C．rear+1==front　　D．(rear-l) % n==front

10．若一个栈的输入序列为{1,2,3,…,n}，输出序列的第一个元素是 i，则第 j 个输出元素是（　　）。

A．i-j-1　　B．i-j　　C．j-i+1　　D．不确定的

11．一个栈的输入序列为{1,2,3,…,n}，若输出序列的第一个元素是 n，则输出的第 i(0≤i<n)个元素是（　　）。

A．n-i　　B．n-i+1　　C．i　　D．不确定的

12．数组 Q[n]用来表示一个循环队列，f 为当前队列头元素的前一位置，r 为队尾元素的位置，假定队列中元素的个数小于 n，计算队列中元素个数的公式为（　　）。

A．r-f　　B．(n+f-r)% n　　C．n+r-f　　D．(n+r-f)% n

13．带表头节点的空循环双向链表的长度等于（　　）。

A．1　　B．0　　C．2　　D．3

14．若已知一个栈的入栈序列是{0,1,2,…,n-1}，其输出序列为{p_0,p_1,p_2,…,p_{n-1}}，若 p_{n-1} 是 n-1，则 p_i 是（　　）。

A．i　　B．n-i　　C．n-i+1　　D．不确定

15．判定一个队列 QU（最多元素为 m）为真满队列的条件是（　　）。

A．QU->rear-QU->front==m　　B．QU->rear-QU->front-1==m

C．QU->front==QU->rear　　D．QU->front==QU->rear+1

16．已知队列{13,2,11,34,41,77,5,7,18,26,15}，第 1 个进入队列的元素是 13，则第 5 个出队列的元素是（　　）。

A．5　　B．41　　C．77　　D．13

17．某车站呈狭长形，宽度只能容下一辆车，并且只有一个出入口。已知某时该车站站台为空，从这一时刻开始车辆出入记录为：“进出进进出进进进出出进出”。假设车辆入站的顺序为{1,2,3,…}，则车辆出站的顺序为（　　）。

A．1,2,3,4,5　　B．1,2,4,5,7

C．1,3,5,4,6　　D．1,3,6,5,7

18．设栈 S 和队列 Q 的初始状态为空，元素{1,2,3,4,5,6}依次通过栈 S，一个元素出栈后

即进队列 Q，若 6 个元素出队的序列是{2,4,3,6,5,1}，则栈 S 的容量至少应该是（　　）。

A．6　　B．4　　C．3　　D．2

19．若已知一个栈的入栈序列是{0,1,2,…,n-1}，其输出序列为{p_0,p_1,p_2,…,p_{n-1}}，若 p_0=n-1，则 p_i 为（　　）。

A．n-i　　B．n-i+1　　C．n-(i+1)　　D．不确定

20．若栈采用顺序存储方式存储，现两栈共享由元素 V[0]到 V[m-1]构成的数组 V，top[i]代表第 i（i=0,1）个栈栈顶，栈 0 的底在 v[0]，栈 1 的底在 V[m-1]，则栈满的条件是（　　）。

A．top[1]-top[0]!=0　　B．top[0]+1==top[1]

C．top[0]+top[1]==m　　D．top[0]==top[1]

21．以下程序段的输出结果是（　　）（队列中的元素类型 QElem Type 为 char）。

```
void main( )
{   Queue Q; Init Queue(Q);
    Char x='e'; y='c';
    EnQueue(Q,'h'); EnQueue(Q,'r'); EnQueue(Q,y);
    DeQueue(Q,x); EnQueue(Q,x);
    DeQueue(Q,x); EnQueue(Q,'a');
    while(!QueueEmpty(Q)){ DeQueue(Q,y);printf(y); };
    Printf(x);
}
```

A．stack　　B．char　　C．sackt　　D．shtck

二、填空题

1．被限定为只能在表的一端进行插入操作，在表的另一端进行删除操作的是________。

2．栈的插入和删除只能在栈的栈顶进行，后进栈的元素必定先出栈，所以又把栈称为________表；队列的插入和删除操作分别在队列的两端进行，先进队列的元素必定先出队列，所以又把队列称为________表。

3．栈是一种特殊的线性表，允许插入和删除操作的一端称为________，不允许插入和删除操作的一端称为________。

4．用具有 n 个元素的一维数组存储一个循环队列，则其队首指针总是指向队首元素的________，该循环队列的最大长度为________。

5．队列的插入操作是在________进行，删除操作是在________进行。

6．队列是一种特殊的线性表，允许插入的一端称为________，允许删除的一端称为________，所以队列又称为先进先出表。

7．栈是一种特殊的________，又称为________。

8．设有一栈，节点结构为 data next，栈顶指针为 h，则执行*s 节点的入栈操作是________和________。

9．带有头节点的链队列 q，队头指针为 front，队尾指针为 rear，则置空队列的算法描述为：

q->front=malloc(sizeof(linklist));

____________________;

____________________;

10．下列程序段的输出结果是________，这里栈的元素类型 SElem Type 为 char。

```
void main( )
{   Stack S;
    char x,y;
    InitStack(S);
    x='c';y='k';
    push(S,x); push(S, 'a'); push(S,y);
    pop(S,x); push(S, 't'); push(S,x);
    pop(S,x); push(S, 's');
    while(!StackEmpty(S)){ pop(S,y);printf(y); };
    printf(x);
}
```

三、判断题

1．队列只能采用链式存储结构。（　）

2．不论是入队列操作还是入栈操作，在顺序存储结构上都需要考虑“溢出”情况。（　）

3．栈和队列的存储方式既可以是顺序方式，也可以是链接方式。（　）

4．队列是一种插入与删除操作分别在表两端进行的线性表，是一种先进后出型结构。（　）

5．栈和队列都是线性表。（　）

6．栈和链表是两种不同的数据结构。（　）

7．假定有三个元素 abc 进栈，进栈次序为 abc，则可能出栈序列为 abc，acb，bac，bca，cba。（　）

8．对于不同的使用者，一个表结构既可以是栈，也可以是队列，也可以是线性表。（　）

9．一个栈的输入序列是{1,2,3,4,5}，则栈的输出序列不可能是{1,2,3,4,5}。（　）

10．顺序队列和循环队列的队满及队空的判断条件是一样的。（　）

四、简答题

1．用代码实现队列的顺序存储结构（顺序队列）的类型定义。

2．链栈中为何不设置头节点？

3．设将整数{1,2,3,4}依次进栈，但只要出栈时栈非空，则可将出栈操作按任何次序加入其中，请回答下述问题：

（1）若入栈、出栈次序为 Push(1)，Pop( )，Push(2)，Push(3)，Pop( )，Pop( )，Push(4)，Pop( )，请给出出栈的数字序列，这里 Push(i)表示 i 进栈，Pop( )表示出栈。

（2）能否得到出栈序列{1,4,2,3}和{1,4,3,2}？并说明为什么不能得到或者如何得到。

4．设循环队列的容量为 40（序号从 0 到 39），现经过一系列的入队和出队操作后，有下述两种情况：

（1）front=11，rear=19；　　（2）front=19，rear=11。

请回答在这两种情况下，循环队列中各有多少个元素？

5．简述以下算法的功能，这里栈和队列的元素类型均为 int。

```
void algo3(Queue &Q)
{    Stack S; int d;
     InitStack(S);
     while(!QueueEmpty(Q))
     {    DeQueue(Q,d); Push(S,d); };
     while(!StackEmpty(S))
     { Pop(S,d); EnQueue(Q,d); }
}
```

6．栈和队列都是操作受到限制的特殊线性表，那么二者有何区别？

7．写出栈的顺序存储结构（即顺序栈）的类型定义。

8．循环队列的优点是什么？如何判别它是空还是满？

9．设循环队列 Q 的头指针为 front，尾指针为 rear，队列的最大容量为 M，写出循环队列队满和队空的判定条件。

10．利用栈的基本操作，写一个将栈 S 置空的算法 void ClearStack(SeqStack *S)，并说明 S 为何要作为指针参数？

五、编程题

1．设 HS 为一个链栈的栈顶指针，试写出退栈的算法（回收被删除的节点）。

2．给出循环队列的入队算法。

3．给出循环队列的出队算法。

4．假设循环队列中只设 rear 和 quelen 来分别指示队尾元素的位置和队中元素的个数，试给出判别此循环队列的队满条件，并写出相应的入队和出队算法，要求出队时需返回队头元素。

第 4 章　特殊矩阵和广义表

矩阵被广泛地应用在科学计算和工程应用中（例如，线性方程组的稀疏矩阵），但是在数值分析中经常出现一些阶数很高的矩阵，同时在矩阵中有许多值相同的元素或零元素，为了节省内存资源，可以对这类矩阵进行压缩存储，本章将讨论这类矩阵。

广义表可以看成是线性表的推广，线性表是广义表的特例。广义表的结构相当灵活，在某种前提下，它可以兼容线性表、数组、树和有向图等各种常用的数据结构。当把二维数组的每行（每列）作为子表处理时，二维数组即为一个广义表。另外，树和有向图也可以用广义表来表示。由于广义表不仅集中了线性表、数组、树和有向图等常见数据结构的特点，而且可有效地利用存储空间，因此在计算机的许多应用领域都有成功使用广义表的实例。

相关知识点

相关术语：稀疏矩阵，广义表的表头、表尾。

学习重点

稀疏矩阵的存储，对广义表的操作。

4.1　特殊矩阵的压缩存储

矩阵是在很多科学与工程计算中遇到的数学对象。在数据结构中，我们关心的不是矩阵本身的内容，而是如何存储矩阵的元素，以便能更好地提高矩阵的运算性能。

通常在用高级语言编写程序时，都是用二维数组来存储矩阵元素，但是在数值分析中经常会出现一些阶数很高的矩阵，同时在矩阵中有许多值相同的元素或是零元素，有时为了节省内存资源，可以对这类矩阵进行压缩存储。压缩存储的基本思想是为多个值相同的元素只分配一个存储空间，对零元素不分配空间。

若值相同的元素或者零元素在矩阵中的分布有一定的规律，则称此类矩阵为特殊矩阵；若其零元素的个数远远多于非零元素的个数，但非零元素的分布却没有规律，这样的矩阵称为稀疏矩阵。下面分别讨论它们的压缩存储。

4.1.1　特殊矩阵及其压缩存储

本小节将介绍两种特殊矩阵：对称矩阵和三角矩阵的压缩存储。对于这些特殊矩阵，应该充分利用元素值的分布规律，将其进行压缩存储。选择压缩存储的方法应遵循两条原则：一是尽可能地压缩数据量，二是压缩后仍然可以比较容易地进行各项基本操作。

1．对称矩阵及其压缩存储

在一个 n 阶方阵 A 中，若元素满足下述性质：

$$a_{ij}=a_{ji} \qquad 0 \leqslant i，j \leqslant n-1$$

则称 A 为 n 阶对称矩阵。如图 4.1（a）就是一个 4 阶对称矩阵。

$$\begin{pmatrix} 10 & 5 & 3 & 17 \\ 5 & 7 & 12 & 4 \\ 3 & 12 & 20 & 23 \\ 17 & 4 & 23 & 14 \end{pmatrix}$$

（a）4 阶对称矩阵

0	1	2	3	4	5	6	7	8	9
10	5	7	3	12	20	17	4	23	14

（b）对称矩阵元素顺序存储分配

图 4.1　对称矩阵压缩存储

对称矩阵中的元素关于主对角线对称，如图 4.1（a）中所标的位于上三角区、下三角区里的元素值是对称相等的。可以看出，若将对称矩阵中的所有数据元素都进行存储，则所需的存储空间将会随着矩阵阶数 n 的增大而急剧上升。因此，对于顺序存储而言，最好的做法是为每一对对称元素分配一个存储空间，如图 4.1（b）所示，即只存放主对角线和下三角（上三角）区的元素。这样一来，原来需要为矩阵 A 的 16 个元素分配存储区，现在只需要为它的 10 个元素分配存储区就可以，大大节省了存储量。

为讨论方便，假定为每一对对称元素只分配一个存储空间，且按行优先的次序顺序存储主对角线和下三角区的元素，那么对于 n 阶对称矩阵来说，只需要存放第 0 行的 1 个元素 a_{00}，第 1 行的两个元素 a_{10}、a_{11}，第 2 行的 3 个元素 a_{20}，a_{21}，a_{22}，直到第 n-1 行的 n 个元素 $a_{n-1,0}$，$a_{n-1,1}$，…，$a_{n-1,n-1}$，如图 4.2 所示。

$$\begin{pmatrix} a_{00} & & & \\ a_{10} & a_{11} & & \\ \cdots & \cdots & \cdots & \\ a_{n-1,0} & a_{n-1,1} & \cdots & a_{n-1,n-1} \end{pmatrix}$$

图 4.2　对称矩阵存储的节点个数

现在，矩阵中每行要存储的元素个数恰好形成一个等差数列，该数列的首项是 1，末项是 n，项数是 n，公差是 1。因此，对称矩阵要存储的元素个数为：n(n+1)/2。

这样，原先存储整个矩阵需要给 n^2 个元素分配存储区，现在由于矩阵的对称性只需要给 n(n+1)/2 个元素分配存储区，所需存储区几乎节省了一半，这就是对对称矩阵进行压缩存储的意义所在。

对对称矩阵进行压缩存储后，访问该矩阵元素的位置计算公式为：

$$k=\begin{cases} i(i+1)/2+j, i \geqslant j \\ j(j+1)/2+i, i<j \end{cases} \tag{4.1}$$

其中，k=0,1,2,⋯,n(n+1)/2-1，它是对称矩阵第 i 行 j 列的元素在一维数组中的存储序号。

以下 C 语言函数实现的功能是将一维数组 a 中压缩存储的下三角 4×4 阶对称矩阵按矩阵格式输出。

```
print(int a[])
{    int i,j;
     for(i=0;i<4;i++)
     {    for(j=0;j<4;j++)
          if(i>=j) printf("%4d",a[i*(i+1)/2+j]);
          else printf("%4d",a[j*(j+1)/2+i]);
          printf("\n");
     }
```

2. 三角矩阵及其压缩存储

三角矩阵分为上三角矩阵和下三角矩阵，下三角矩阵的特点是以主对角线为界的上半部分是一个固定的值，下半部分的元素值没有任何规律；上三角矩阵的特点是以主对角线为界的下半部分是一个固定的值，上半部分的元素值没有任何规律，如图 4.3 所示。

$$\begin{pmatrix} 29 & C & C & C \\ 6 & 12 & C & C \\ 8 & 10 & 30 & C \\ 13 & 26 & 9 & 20 \end{pmatrix} \qquad \begin{pmatrix} 29 & 6 & 8 & 13 \\ C & 12 & 10 & 26 \\ C & C & 30 & 9 \\ C & C & C & 20 \end{pmatrix}$$

（a）下三角矩阵　　（b）上三角矩阵

图 4.3　三角矩阵

其中，C 表示某个常数，当然也可以为 0。

三角矩阵的存储除了和上面讲述的对称矩阵的压缩存储一样只存储其上（下）三角中的元素之外，还要加一个存储常数 C 的存储空间，也就是说，一个 n 阶方阵中只需要为 n(n+1)/2+1 个元素分配存储空间。例如，图 4.3（a）的下三角矩阵压缩存储可将上三角部分的常量值存储在第 0 个单元，下三角和主对角上的元素从第 1 个存储单元以行优先的方式开始存放，如图 4.4 所示。

0	1	2	3	4	5	6	7	8	9	10
C	29	6	12	8	10	30	13	26	9	20

图 4.4　下三角矩阵的顺序存储分配

对下三角矩阵进行压缩存储后，访问该矩阵元素的位置计算公式为：

$$k=\begin{cases} i(i+1)/2+j+1,\ i \geqslant j \\ 0,\ i<j \end{cases} \tag{4.2}$$

其中，k=0,1,2,⋯,n(n+1)/2，它是下三角矩阵第 i 行 j 列的元素在一维数组中的存储序号。

同理，图 4.3（b）的上三角矩阵压缩存储可将下三角部分的常量值存储在第 0 个单元，上三角和主对角上的元素从第 1 个存储单元以行优先的方式开始存放，如图 4.5 所示。

0	1	2	3	4	5	6	7	8	9	10
C	29	6	8	13	12	10	26	30	9	20

图 4.5　上三角矩阵的顺序存储分配

对上三角矩阵进行压缩存储后，访问该矩阵元素的位置计算公式为：

$$k=\begin{cases}0, & i>j \\ j(j+1)/2+i+1, & i\leqslant j\end{cases} \tag{4.3}$$

其中，k=0,1,2,⋯,(n+1)/2，它是上三角矩阵第 i 行 j 列的元素在一维数组中的存储序号。

4.1.2 稀疏矩阵及其压缩存储

在实际应用中我们还经常会遇到另一类矩阵，该类矩阵其非零元素较零元素少，且分布没有一定的规律，称为稀疏矩阵。对稀疏矩阵人们无法给出确切的定义，它只是一个凭人们的直觉了解的概念。若一个 m×n 的矩阵含有 t 个非零元素，且 t 远远小于 m×n，则我们将这个矩阵称为稀疏矩阵。令 δ=t/(m*n)，则称 δ 为矩阵的稀疏因子。如图 4.6 所示为一个 5 阶方阵，共有 25 个元素，其中非零元素 6 个，零元素 19 个，零元素占整个元素个数的 76%，可以说该矩阵是一个稀疏矩阵。

$$\begin{pmatrix} 3 & 0 & 0 & 0 & 7 \\ 0 & 0 & -1 & 0 & 0 \\ -1 & -2 & 0 & 0 & 0 \\ 0 & 0 & 0 & 0 & 0 \\ 0 & 0 & 0 & 2 & 0 \end{pmatrix}$$

图 4.6　稀疏矩阵

由于稀疏矩阵的零元素很多，非零元素很少，因此完全可以对其进行压缩存储。通常采用三元组表示法来对稀疏矩阵进行压缩存储：矩阵中的每个元素都由行序号和列序号唯一确定，需要用 3 项内容表示稀疏矩阵中的每个非零元素，形式为(i,j,value)。其中，i 表示行序号，j 表示列序号，value 表示非零元素的值。将稀疏矩阵中的所有非零元素用这种三元组的形式表示，并将它们按以行为主的顺序存放在一维数组中，形成一个三元组表。

图 4.6 的稀疏矩阵的三元组表如图 4.7 所示。

	i	j	value
0	0	0	3
1	0	4	7
2	1	2	-1
3	2	0	-1
4	2	1	-2
5	4	3	2

图 4.7　稀疏矩阵的三元组表

对于稀疏矩阵的三元组表，既可以采用顺序存储结构来实现，也可以采用链式存储结构来实现。下面将介绍这两种压缩存储的具体实现。

1. 三元组表的顺序存储及实现

定义如下结构：

```
typedef int ElemType;          /*稀疏矩阵的三元组表的顺序存储*/
#define MAXSIZE 100            /*非零元素个数的最大值*/
typedef struct
```

```
{    int i,j;                      /*行下标，列下标*/
     ElemType e;                   /*非零元素值*/
}Triple;
typedef struct
{    Triple data[MAXSIZE+1];       /*非零元素三元组表，data[0]未用*/
     int mu,nu,tu;                 /*矩阵的行数、列数和非零元素的个数*/
}TSMatrix;
```

用一个 m×n 的二维数组来存放稀疏矩阵 A；用变量 tu 记录非零元素的个数；用变量 mu 记录稀疏矩阵的行数；用变量 nu 记录非零元素的列数；用 Triple 结构体来存放稀疏矩阵 A 的非零元素的三元组，其中的 i 表示行下标，j 表示列下标；用 data 来存放非零三元组表。

（1）创建稀疏矩阵 M。创建由 row 行 col 列组成的二维数组中非零元素对应的稀疏矩阵 M。

算法 4.1 创建稀疏矩阵。

```
int CreateM(TSMatrix *M,int a[],int row,int col)
{    int i,k=0;
     for(i=0;i<row*col;i++)
          if(a[i]!=0)
          {
               M->data[k].i=i/col;
               M->data[k].j=i%col;
               M->data[k].e=a[i];
               ++k;
          }
     if(k)
     {    M->tu=k;
          M->mu=row;
          M->nu=col;
          return TRUE;
     }
     else return FALSE;
}
```

（2）求稀疏矩阵 M 的转置矩阵 T。

算法 4.2 求稀疏矩阵的转置。

```
int TransposeSMatrix(TSMatrix M,TSMatrix *T)
{    int p,q,col;
     T->mu=M.nu;
     T->nu=M.mu;
     T->tu=M.tu;
     if(T->tu)
     {    q=0;
          for(col=0;col<M.nu;++col)            /*先将列转换成行*/
               for(p=0;p<M.tu;++p)             /*再将行转换成列*/
                    if(M.data[p].j==col)
                    {    T->data[q].i=M.data[p].j;
                         T->data[q].j=M.data[p].i;
                         T->data[q].e=M.data[p].e;
```

```
                        ++q;
                    }
            }
            return 1;
        }
```

M 为 m×n 的矩阵，首先创建一个 n×m 的 T 矩阵，然后将 M 矩阵的非零元素的行值逐个赋给 T 矩阵的非零元素的列值，同时相应地将非零元素的值赋给 T 矩阵。

2. 三元组表的链式存储

用带行指针的单链表存储法实现三元组表。该方法是把稀疏矩阵每行非零元素的三元组连接成一个单链表，并为每行的三元组链表设置一个表头指针。为此，要在每一个非零元素的三元组中增添一个指针域，指向本行下一个非零元素的三元组。若仍以图 4.6 所示的稀疏矩阵为例，则它相应的带行指针的单链表存储法如图 4.8（a）所示。

由于相同的行的三元组节点中，都包含有相同的行号域，因此也可以把三元组里的行号域提取出来含在表头节点里，这时的单链表存储法如图 4.8（b）所示。

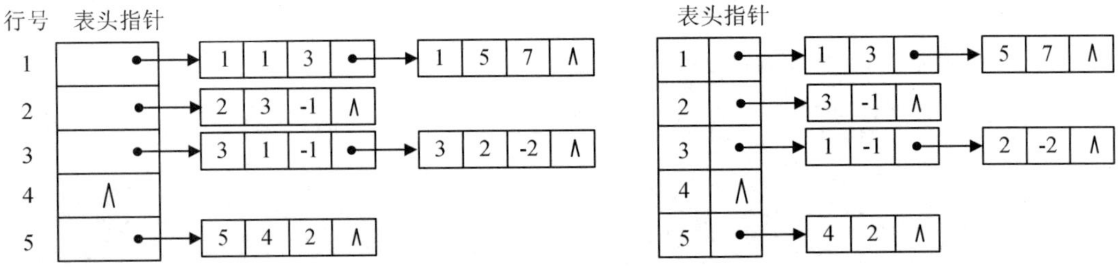

（a）带行指针的单链表存储法　　（b）行指针集中的单链表存储法

图 4.8　带行指针的单链表存储法

4.2 广义表

广义表（List），又称列表，它是一种非线性的数据结构，是线性表的一种推广。广义表放松了对表元素的原子限制，容许它们具有其自身结构，被广泛地应用于人工智能等领域的表处理语言 LISP 中。在 LISP 语言中，广义表是一种最基本的数据结构，就连用 LISP 语言编写的程序也表示为一系列的广义表。

4.2.1 广义表的定义

广义表是 n（n≥0）个数据元素的有限序列，一般记作：$LS=(a_0,a_1,\cdots,a_{n-1})$。

其中，LS 是广义表的名称，a_i（$0\leq i\leq n-1$）是 LS 的成员（也称直接元素），它可以是单个数据元素，也可以是一个广义表，分别称为 LS 的单元素和子表。

为了区分原子和广义表，书写时用大写字母表示广义表，用小写字母表示原子。广义表通常用圆括号括起来，用逗号分隔其中的元素。

广义表是采用递归方法定义的。当广义表 LS 为非空时，称第一个元素 a_0 为 LS 的表头（Head），称其余元素组成的表$(a_1,\cdots,a_{n-1})$为 LS 的表尾（Tail）。n 是广义表的长度，即广义表最外层包含的元素个数。

广义表的深度定义为所含括弧的层数，“原子”的深度为 0，“空表”的深度为 1。

广义表具有下述特性：

（1）广义表中的元素是有次序性的。广义表中的元素的位置不可以随意调换，调换后表示的是一个不同的广义表。通过取表头、表尾两个操作可以看出表中元素相同，但位置不同的广义表得到的结果是不同的，所以是两个不同的广义表。

（2）广义表有长度。广义表最外层包含的元素的个数是它的长度（不管这个元素是单元素还是列表），空表的长度为 0。

（3）广义表有深度。深度为所含括弧的层数，即如果表中的元素是列表，要把列表用单元素表示出来，这样再来计算广义表的深度。

（4）广义表是一种多层次的数据结构。广义表的元素可以是单元素，也可以是子表，而子表的元素还可以是子表。

（5）广义表中的元素可共享。列表可以为其他列表所共享。

（6）广义表中的元素可递归。即广义表中的列表可以是其本身的一个子表。这时，广义表的深度是个无限值，长度是个有限值。

（7）任何一个非空广义表 LS＝$(a_0,a_1,\cdots,a_{n-1})$均可分解为表头 Head(LS) = a_0 和表尾 Tail(LS)=$(a_1,a_2,\cdots,a_{n-1})$两部分。

4.2.2 广义表的表示及运算

1. 广义表的表示

（1）广义表的常用表示。

1）E=( )

E 是一个空表，其长度为 0。

2）L=(a,b)

L 是长度为 2 的广义表，它的两个元素都是原子，因此它是一个线性表。

3）A=(x,L)=(x,(a,b))

A 是长度为 2 的广义表，第一个元素是原子 x，第二个元素是子表 L。

4）B=(A,y)=((x,(a,b)),y)

B 是长度为 2 的广义表，第一个元素是子表 A，第二个元素是原子 y。

5）C=(A,B)=((x,(a,b)),((x,(a,b)),y))

C 的长度为 2，两个元素都是子表。

6）D=(a,D)=(a,(a,(a,(⋯))))

D 的长度为 2，第一个元素是原子，第二个元素是 D 自身，展开是一个无限的广义表。

（2）广义表的深度。一个表的“深度”是指表展开后所含括号的层数。

表 L、A、B、C 的深度分别为 1、2、3、4，表 D 的深度为∞。

（3）带名称广义表的表示。如果规定任何表都是有名称的，为了既表明每个表的名称，又说明它的组成，则可以在每个表的前面冠以该表的名称，于是上例中的各表又可以写成：

1）E( )

2）L(a,b)

3）A(x,L(a,b))

4）B(A(x,L(a,b)),y)

5）C(A(x,L(a,b)),B(A(x,L(a,b)),y))

6）D(a,D(a,D(···)))

2. 广义表的运算

由于广义表是对线性表和树的推广，并且具有共享和递归特性的广义表可以和有向图（见第 6 章）建立对应关系，因此广义表的大部分运算与这些数据结构上的运算类似。

这里只讨论广义表的两种特殊的基本运算：取表头 Head(LS)和取表尾 Tail(LS)。

根据表头、表尾的定义可知：任何一个非空广义表的表头是表中的第一个元素，它可以是原子，也可以是子表，而其表尾必定是子表。

【例 4.1】取广义表的表头及表尾。

假设广义表 L=(a, (b)), B=(A, (y))，则有：

head(L)=a，tail(L)=((b))

head(B)=A，tail(B)=((y))

由于 tail(L)是非空表，可继续分解得到：

head(tail(L))=(b)，tail(tail(L))=( )

对非空表 A 和((y))，也可继续分解。

注意：广义表( )和(( ))是不同的。前者是长度为 0 的空表，对其不能做求表头和表尾的运算；而后者是长度为 1 的非空表（只不过该表中唯一的一个元素是空表），对其可进行分解，得到的表头和表尾均是空表( )。

4.3　本章实战练习

三元组实现两个稀疏矩阵相加

本节用稀疏矩阵三元组顺序存储方式实现两个数组相加的操作。

1. 实现功能

假设 n×n 的稀疏矩阵 A 采用三元组表示，设计一个程序实现如下功能：

（1）生成如下两个稀疏矩阵的三元组 a 和 b：

$$a=\begin{pmatrix}1&0&3&0\\0&1&0&0\\0&0&1&0\\0&0&1&1\end{pmatrix}\quad b=\begin{pmatrix}3&0&0&0\\0&4&0&0\\0&0&1&0\\0&0&0&2\end{pmatrix}$$

（2）对上述 a 和 b 两个三元组进行相加计算，并输出 a+b 的三元组。

2. 算法思想

（1）三元组结构类型为 Triple，用 i 表示元素的行，j 表示元素的列，e 表示元素值。稀疏矩阵的结构类型为 TSMatrix，用数组 data[ ]表示三元组，mu 表示行数，nu 表示列数，tu 表示非零元素的个数。

（2）稀疏矩阵相加：比较满足条件（行数及列数都相同的两个矩阵）的两个稀疏矩阵中不为 0 的元素的行数及列数（即 i 与 j），将 i 与 j 都相等的前后两个元素值 e 相加，保持 i、j

不变，存储在新的三元组中，不等的元素则分别存储在此新的三元组中。最后得到的这个新三元组表就是两个矩阵的和矩阵的三元组表。

3. 模块划分

（1）Status CreateM(TSMatrix *M, int a[]，int row, int col)：创建三元组。

（2）void PrintM(TSMatrix M)：按数组方式输出。

（3）void PrintM3(TSMatrix M)：按三元组方式输出。

（4）Status AddMatrix(TSMatrix M,TSMatrix N,TSMatrix*Q)：稀疏矩阵加法。

（5）Status MultSMatrix(TSMatrix M,TSMatrix N,TSMatrix*Q)：稀疏矩阵相乘。

（6）main()：主函数。

4. 数据结构

（1）三元组结构类型。

```
typedef struct
{    int i,j;
     ElemType e;
}Triple;
```

（2）稀疏矩阵。

```
typedef struct
{    Triple data[MAXSIZE+1];
     int mu,nu,tu;
}TSMatrix;
```

5. 实现代码

```
#include"stdio.h"
#define OK 1
#define TRUE 1
#define FALSE 0
typedef int Status;
typedef int ElemType;
/*三元组顺序表的类型定义*/
#define MAXSIZE 1000
#define MAXRC 1000
typedef struct
{    int i,j;
     ElemType e;
}Triple;
typedef struct
{    Triple data[MAXSIZE+1];
     int mu,nu,tu;
}TSMatrix;
/*建立三元组表*/
Status CreateM(TSMatrix *M,int a[],int row,int col)
{    int i,k=0;
     for(i=0;i<row*col;i++)
         if(a[i]!=0)
         {
             M->data[k].i=i/col;
             M->data[k].j=i%col;
```

```
                M->data[k].e=a[i];
                ++k;
            }
        if(k)
        {   M->tu=k;
            M->mu=row;
            M->nu=col;
            return TRUE;
        }
        else return FALSE;
}
/*按三元组方式输出三元组表*/
void PrintM3(TSMatrix M)
{   int k;
    printf("\nM3:");
    printf("\n   i   j   e");
    for(k=0;k<M.tu;k++)
        printf("\n%3d%3d%3d",M.data[k].i,M.data[k].j,M.data[k].e);
}
/*矩阵加法*/
void ContactM(TSMatrix M,TSMatrix N,TSMatrix *Q)
{   int k1,k2,k3=0,m,n;
    (*Q).mu=M.mu;
    (*Q).nu=M.nu;
    (*Q).tu=0;
    if(M.mu==N.mu&&M.nu==N.nu)
    {   for(k1=0;k1<M.tu;k1++)
            for(k2=0;k2<N.tu;k2++)
            {   if(M.data[k1].i==N.data[k2].i&&M.data[k1].j==N.data[k2].j)
                {   (*Q).data[k3].e=M.data[k1].e+N.data[k2].e;
                    (*Q).data[k3].i=M.data[k1].i;
                    (*Q).data[k3].j=M.data[k1].j;
                    M.data[k1].e=0;
                    N.data[k2].e=0;
                    ++k3;
                }
            }
        for(k1=0;k1<M.tu;k1++)
            if(M.data[k1].e)
            {   (*Q).data[k3].e=M.data[k1].e;
                (*Q).data[k3].i=M.data[k1].i;
                (*Q).data[k3].j=M.data[k1].j;
                k3++;
            }
        for(k2=0;k2<N.tu;k2++)
            if(N.data[k2].e)
            {
                (*Q).data[k3].e=N.data[k2].e;
                (*Q).data[k3].i=N.data[k2].i;
                (*Q).data[k3].j=N.data[k2].j;
```

```
                    k3++;
                }
        }
        (*Q).tu=k3;
}
/*主函数*/
main()
{       int a[4][4]={1,0,3,0,
                     0,1,0,0,
                     0,0,1,0,
                     0,0,1,1};
        int b[4][4]={3,0,0,0,
                     0,4,0,0,
                     0,0,1,0,
                     0,0,0,2};
        TSMatrix H,A,B;
        CreateM(&A,*a,4,4);
        CreateM(&B,*b,4,4);
        printf("\n 矩阵相加的第一个矩阵:");
        PrintM3(A);
        printf("\n 矩阵相加的第二个矩阵:");
        PrintM3(B);
        ContactM(A,B,&H);
        printf("\n 两个矩阵的和矩阵为:");
        PrintM3(H);
        printf("\n");
}
```

6. 程序的运行结果

矩阵相加程序的运行结果如图 4.9 所示。

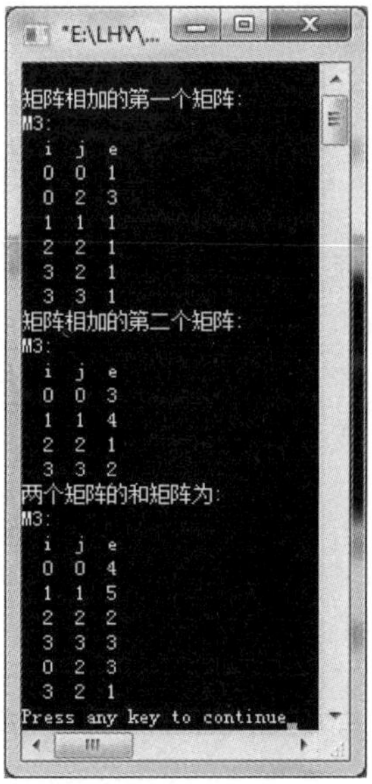

图 4.9　矩阵相加程序的运行结果

4.4 本章小结

本章的内容涉及稀疏矩阵和广义表两方面的内容，应该重点掌握如下知识点：

（1）矩阵通常是以二维数组来存储的。本章介绍了两种特殊矩阵：对称矩阵和三角矩阵，重点介绍了它们压缩顺序存储的实现；同时还介绍了稀疏矩阵的压缩存储实现，包括顺序存储及链式存储的实现。

（2）稀疏矩阵和广义表的基本概念和术语：对称矩阵、三角矩阵、稀疏矩阵和广义表等；特殊矩阵的逻辑结构、存储结构；广义表的存储结构。

（3）广义表的相关运算：广义表取表头、取表尾操作。

4.5 习题 4

一、选择题

1．在稀疏矩阵的带行指针向量的链接存储中，每个单链表中的节点都具有相同的（　　）。

A．行号　　B．列号

C．元素值　　D．非零元素个数

2．设矩阵A是一个对称矩阵，为了节省存储空间，将其下三角部分按行序存放在由元素B[0]至B[n*(n+1)/2-1]构成的一维数组B中，对于下三角部分中的任一元素$a_{i,j}(i \geqslant j)$在一维数组B中下标k的值是（　　）。

$$A = \begin{bmatrix} a_{0,0} & & & \\ a_{1,0} & a_{1,1} & & \\ \cdots & & & \\ a_{n-1,0} & a_{n-1,1} & \cdots & a_{n-1,n-1} \end{bmatrix}$$

A．i(i-1)/2+j-1　　B．i(i-1)/2+j

C．i(i+1)/2+j-1　　D．i(i+1)/2+j

3．一个非空广义表的表头（　　）。

A．不可能是子表　　B．只能是子表

C．只能是原子　　D．可以是子表或原子

4．一个非空广义表的表尾（　　）。

A．不可能是子表　　B．只能是子表

C．只能是原子　　D．可以是子表或原子

二、填空题

1．三元组表中的每个节点对应于稀疏矩阵的一个非零元素，它包含有三个数据项，分别表示该元素的行下标、列下标和________。

2．广义表A=(a,(a,b),((a,b),c))，则它的深度为________，长度为________。

3．求下列广义表运算的结果：head((p,h,w))= _______; tail((b,k,p,h))= _______。

4．求下列广义表运算的结果：head(tail(((x,y),(a,b))))= _______; tail(head(((a,b,c),(x,y),(e,f))))= _______。

5．求下列广义表运算的结果：head((x,y,z))= _______; tail(((a,b),(x,y)))= _______。

6．求下列广义表运算的结果：tail(((a,b),(c,d)))= _______;tail(head(((a,b),(c,d))))= _______。

7．求下列广义表操作的结果：head(((a,b),(c,d)))= _______;head(tail(((a,b),(c,d))))= _______。

8．求下列广义表操作的结果：head(tail(head(((a,b),(c,d)))))=_______; tail(head(tail(((a,b),(c,d)))))= _______。

第5章　树

在前面几章中，我们讨论了线性表、栈、队列等线性数据结构，但是在现实生活中，我们会发现有很多问题不能或者很难用线性结构来表示，例如企事业单位的组织结构、书目的章节划分等，这些问题对应的都是一种层次构架形式，而非线性结构，树形结构就对应这类问题。

相关知识点

树的常用术语：树、二叉树、完全二叉树、满二叉树、节点、节点的度、树的高度、有序树、无序树、哈夫曼（Huffman）树等；树及二叉树的存储结构；二叉树的遍历；树及二叉树之间的转换。

学习重点

本章的重点是树和二叉树的定义、性质、存储结构、遍历算法，线索二叉树的实现与遍历，哈夫曼树的定义与应用。本章的难点是对特殊二叉树性质的理解和遍历算法的实现。

5.1　树的概念

树形结构是一种应用十分广泛的非线性结构，因此它为计算机应用中出现的具有层次关系或分支关系的数组提供了一种全新的表示方法。本节将介绍树的定义及其基本术语。

5.1.1　树的定义

1. 树的定义

树（Tree）是指 n（n≥0）个有限数据元素的集合 D，并且在 D 中的各节点同时满足数据关系 R。

数据对象 D：D 是具有相同特性的数据元素的集合。

数据关系 R：若 D 为空集（n=0）时，则称这棵树为空树；当树不为空，有且仅有一个特殊的数据元素时，称该元素为树的根节点（root），根节点没有前驱节点；若 n>1，除根节点之外的其余数据元素被分成 m（m>0）个互不相交的集合（$T_0,T_1,T_2,\cdots,T_{m-1}$），其中每一个集合 T_i（0≤i≤m-1）本身又是一棵树，即每一个子集本身又是一棵符合本定义的树，称为根 root 的子树。

2. 树的特点

树的定义是一个递归的定义，而且从上述树的定义可以看出树有下述两个特点：

（1）树的根节点没有前驱，且除了根节点外所有的节点有且只有一个前驱。

（2）树中的所有节点有零个或多个后继。

5.1.2　树的基本术语

我们可以参考图 5.1 直观地理解树的基本术语。

1. 节点

树的节点表示树中的元素，包括数据项及若干指向其子树的分支。如图 5.1 中的 A、B、C、D、E、F、G、H、I、J、K、L、M 均为节点。

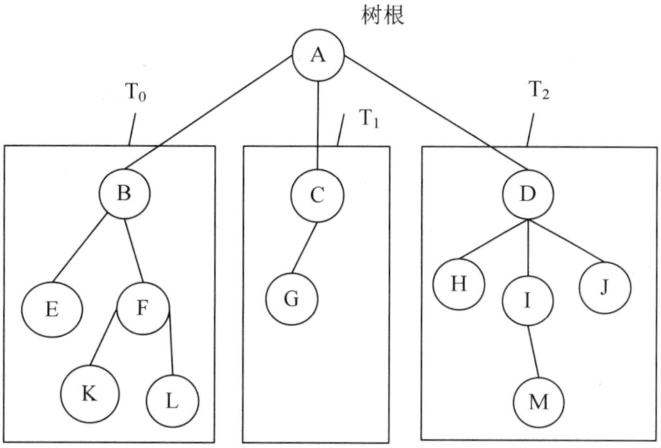

图 5.1　树的示意图

2. 节点的宽度

一个节点拥有的子树的个数称为该节点的宽度。如图 5.1 中 A 的宽度为 3，B 的宽度为 2，C 的宽度为 1，D 的宽度为 3，E 的宽度为 0。

3. 叶节点或终端节点

度为 0 的节点称为叶节点或终端节点。如图 5.1 中的 E、K、L、G、H、M、J 为叶节点。

4. 分支节点或非终端节点

这类节点是指度不为 0 的节点。一棵树的节点除叶节点外，其余的都是分支节点。如图 5.1 中的 A、B、C、D、F、I 都为分支节点。

5. 树的宽度

树的宽度是指在一棵树中各节点宽度的最大值，如图 5.1 中的树的宽度为 3。

6. 孩子节点或子节点

一个节点含有的子树的根节点称为该节点的孩子节点或子节点。图 5.1 中的 A 节点含有的子树 T_0 的根节点 B 就为 A 节点的一个孩子节点。

7. 双亲节点或父节点

若一个节点含有子节点，则这个节点称为其子节点的双亲节点或父节点。图 5.1 中的 A 节点含有子节点 B，则 A 节点称为 B 节点的父节点。

8. 兄弟节点

具有相同父节点的节点互称为兄弟节点。如图 5.1 中的 B、C、D 为兄弟节点，它们有相同的父节点 A。

9. 节点的祖先

节点的祖先是指从根到该节点所经分支上的所有节点。如图 5.1 中 K 节点的祖先为 A、B、F。

10. 子孙

以某节点为根的子树中的任一节点都称为该节点的子孙。如图 5.1 中 B 节点的子孙为 E、F、K、L。

11. 节点的层数

从根开始，根为第 1 层，根的孩子节点为第 2 层，依此类推。如图 5.1 中 A 节点的层次为 1，B、C、D 节点的层次为 2，依此类推。

12. 堂兄弟节点

双亲节点在同一层且双亲节点不相同的节点互为堂兄弟。如图 5.1 中的 E 与 G 为堂兄弟，其双亲节点 B 与 C 在同一层但不相同。

13. 树的度（高度或深度）

树中所有节点的最大层数称为树的度，如图 5.1 中树的度为 4。

14. 路径、路径长度

如果一棵树的一串节点 $n_0,n_1,\cdots,n_{k-1}$ 有如下关系：节点 n_i 是 n_{i+1} 的父节点（$0\leqslant i<k-1$），就把 $n_0,n_1,\cdots,n_{k-1}$ 称为一条由 n_0 至 n_{k-1} 的路径，这条路径的长度是 k-1。

15. 有序树和无序树

如果一棵树中节点的各子树从左到右是有次序的，即若交换了某节点各子树的相对位置，则构成不同的树，称这棵树为有序树；反之，则称为无序树。

16. 森林

零棵或有限棵不相交的树的集合称为森林。自然界中树和森林是不同的概念，但在数据结构中，树和森林只有很小的差别。任何一棵树，删去根节点就变成了森林。森林是 m（m≥0）棵互不相交的树的集合，如图 5.2 所示。任何一棵非空树是一个二元组：Tree=(root,F)，其中，root 被称为根节点，F 被称为子树森林。

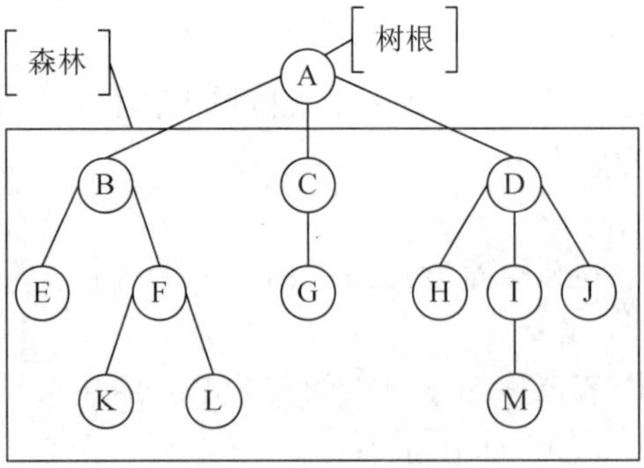

图 5.2　根节点和子树森林

5.2　二叉树

二叉树（Binary Tree）是一个有限元素的集合，该集合或者为空或者由一个称为根的元素及两个不相交的被分别称为左子树和右子树的二叉树组成。当集合为空时，称该二叉树为空二叉树。在二叉树中，一个元素也称作一个节点。

二叉树又称二分树，它区别于树，它的结构在实际应用中十分广泛。二叉树有很多优秀的特征，比如处理方便、存储简单、容易转换等，这些特征大大简化了树在运算中的复杂程度。本小节将详细阐述二叉树的定义及其性质。

5.2.1 二叉树的定义

二叉树是一种特殊的树形结构，在二叉树中，所有节点的度都小于等于 2。

1. 二叉树以递归形式定义

二叉树是由 n（n≥0）个节点组成的有限集，当集合为空时称该树为空二叉树；当集合不为空时，有且仅有一个节点是二叉树的根，其余节点被分成两个互不相交的子树，其中一个作为左子树，另一个作为右子树，每个子树均是一个二叉树。可以结合图 5.3 来理解二叉树的定义。

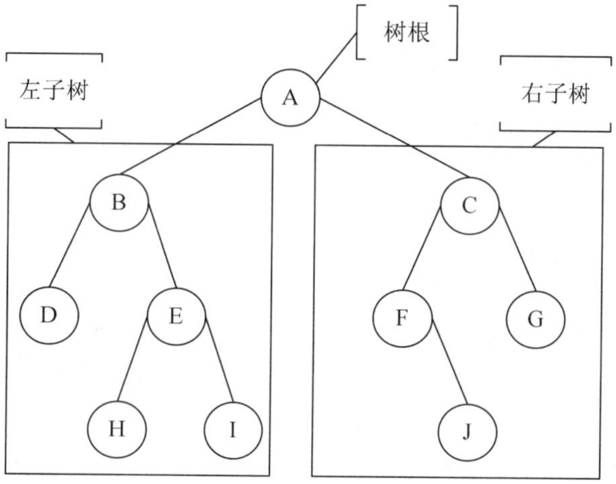

图 5.3 二叉树

2. 二叉树的 5 种基本形态

二叉树的 5 种基本形态如下，可以结合图 5.4 来理解。

（1）空二叉树——（a）；

（2）只有一个根节点的二叉树——（b）；

（3）只有左子树的二叉树——（c）；

（4）只有右子树的二叉树——（d）；

（5）完全二叉树——（e）。

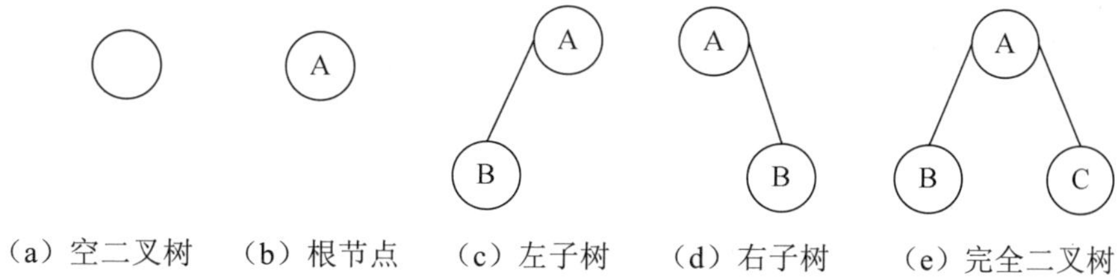

图 5.4 二叉树的 5 种基本形态

注意：尽管二叉树与树有许多相似之处，但二叉树不是树的特殊情形。

另外，二叉树与度为 2 的有序树有下述两点区别：

（1）二叉树可以为空，而度为 2 的有序树至少有 3 个节点。

（2）二叉树必须区分孩子节点的左右次序，而有序树无须区分，即如果只有一个孩子节点，度为 2 的有序树无须区分其左右次序，但二叉树仍需确定其左右次序，也就是说二叉树的节点次序不是相对于另一节点而言的，而是确定的。

3. 两类特殊的二叉树

下面介绍两类特殊的二叉树。

（1）满二叉树。在一棵二叉树中，如果所有分支节点都存在左子树和右子树，并且所有叶节点都在同一层上，称这样的二叉树为满二叉树。即满二叉树指的是深度为 k 且含有 2^k-1 个节点的二叉树，如图 5.5 所示。

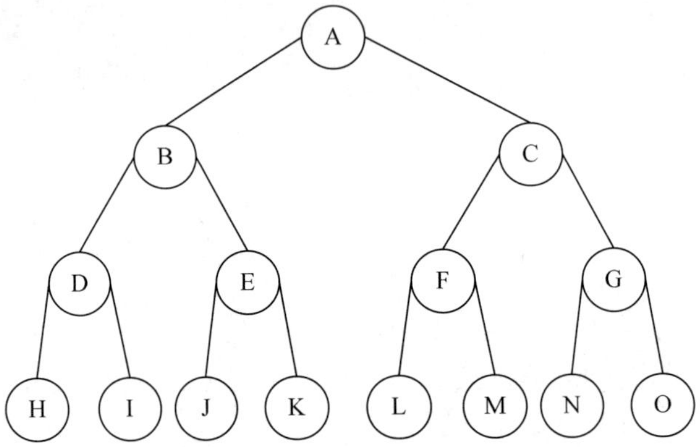

图 5.5 满二叉树

（2）完全二叉树。对一棵深度为 k 且有 n 个节点的二叉树中的节点按从上至下、从左到右的顺序进行编号，如果编号为 i（0≤i≤n-1）的节点与满二叉树中编号为 i 的节点在二叉树中的位置相同，则称这棵二叉树为完全二叉树。

完全二叉树的特点是：叶节点只能出现在最下层和次下层，且最下层的叶节点集中在树的左部。即除最后一层外，其余各层都是满的；最后一层或者是满的，或者是右边缺少连续的若干节点，如图 5.6 所示。

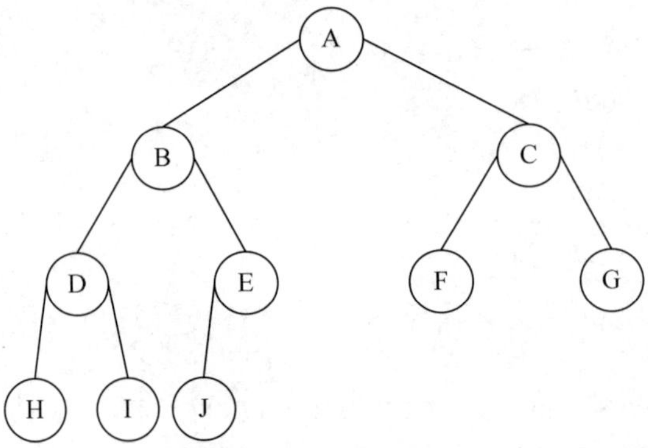

图 5.6 完全二叉树

5.2.2 二叉树的性质

二叉树具有一些非常重要的性质，下面主要介绍其中的 5 个性质。

性质 1：一棵非空二叉树的第 i 层上的节点总数不超过 2^{i-1}（i≥1）。

证明：利用归纳法。

归纳：当 i=1 时，只有一个根节点，$2^{i-1}=2^0=1$。

归纳假设：假设对所有的 j（1≤j≤i-1），命题成立，即第 j 层上至多有 2^{j-1} 个节点。

归纳证明：二叉树上每个节点至多有两棵子树，则第 i 层的节点数=第 i-1 层节点数×2=$2^{i-2}\times2=2^{i-1}$。

性质 2：一棵深度为 k 的二叉树最多有 2^k-1（k≥1）个节点，最少有 k 个节点。

证明：基于上一条性质，深度为 k 的二叉树上的节点数至多为 $2^0+2^1+2^2+\cdots+2^{k-1}=(1-2^k)/(1-2)=2^k-1$。当二叉树中的每一个节点都只有一个子节点（即每层只有一个节点）时，则达到最少节点状态，此时深度为 k 的二叉树有 k 个节点。

性质 3：对于一棵非空的二叉树，如果其叶节点数为 n_0，而度数为 2 的节点数为 n_2，则 $n_0=n_2+1$。

证明：设二叉树中度为 1 的节点数为 n_1，则二叉树上节点总数为 $n=n_0+n_1+n_2$，二叉树中的分支都是由度为 1 和度为 2 的节点射出，所以可得二叉树的分支数为 $b=n_1+2n_2$，又因为 $b=n-1=n_0+n_1+n_2-1$，所以 $n_0=n_2+1$。

下面接着介绍完全二叉树的两个性质。

性质 4：具有 n 个节点的完全二叉树的深度为$\lfloor \log_2^n \rfloor+1$。

证明：设完全二叉树的深度为 k，则根据性质 2 知深度为 k 的二叉树的节点个数大于深度为 k-1 的二叉树的最大节点个数，小于等于深度为 k 的最大节点个数。结合完全二叉树的定义可得 $2^{k-1}-1<n\leqslant2^k-1\rightarrow2^{k-1}\leqslant n<2^k\rightarrow k-1\leqslant\log_2{}^n<k$。

因为 k 只能是整数，因此，$k=\lfloor \log_2^n \rfloor+1$。

性质 5：对于具有 n 个节点的完全二叉树，如果按照从上至下和从左到右的顺序对二叉树中的所有节点从 1 至 n 顺序编号，则对于任意一个编号为 i 的节点有下述性质：

（1）若 i=1，则该节点是二叉树的根节点，无双亲节点，否则编号为$\lfloor i/2 \rfloor$的节点为其双亲节点。

（2）如果 2i≤n，则序号为 i 的节点的左孩子节点的序号为 2i；如果 2i>n，则序号为 i 的节点无左孩子节点。

（3）如果 2i+1≤n，则序号为 i 的节点的右孩子节点的序号为 2i+1；如果 2i+1>n，则序号为 i 的节点无右孩子节点。

证明：先证明（2）和（3）。

用数学归纳法证明：

- 当 i=1 时，左孩子节点编号是 2，右孩子节点编号是 3。
- 当 i>1 时，设第 i 号节点的左孩子节点编号为 2i；右孩子节点编号为 2i+1。

接下来可分两种情况讨论。

- 第一种情况：第 i 号节点和第 i+1 号在同一层，此时第 i+1 号节点的孩子与第 i 号节点的孩子相邻，所以第 i+1 号节点的左孩子节点编号为 2i+2，第 i+1 号节点的右孩子节点编号为 2i+3，即第 i+1 号节点左右孩子节点编号分别为 2(i+1)和 2(i+1)+1。

- 第二种情况：第 i 号节点和第 i+1 号不在同一层，此时第 i 号节点的孩子节点与第 i+1 号节点的孩子节点不同层，但编号隔行仍相连，所以第 i+1 号节点的左右孩子节点编号同上一种情况。

综上，i≥1 时，第 i 号节点的左孩子节点编号和右孩子节点编号分别为 2i 和 2i+1。

所以，当 2(i+1)+1>n 且 2(i+1)=n 时，节点 i+1 没有右孩子节点，只有左孩子节点。而当 2(i+1)>n 时，节点 i+1 既没有左孩子节点也没有右孩子节点。

由此得到（2）和（3）均成立。

接下来利用上述的结论证明（1）。对于任意一个节点，若 2i≤n，则节点 i 的左孩子节点编号为 2i，反之节点 2i 的父节点就是 i，而$\lfloor 2i/2 \rfloor$=i。若 2i+1≤n，则节点 i 的右孩子节点编号为 2i+1，反之节点 2i+1 的父节点就是 i，而$\lfloor (2i+1)/2 \rfloor$=i。由此可得（1）成立。

5.3 二叉树的存储结构

二叉树的存储结构和线性结构类似，大部分也采取链式存储方式和顺序存储方式。其中，链式存储方式又分为二叉链表和三叉链表。

5.3.1 二叉树的顺序存储

所谓二叉树的顺序存储就是用一组连续的存储单元存放二叉树中的节点。一般是按照二叉树节点从上至下、从左到右的顺序存储。增添一些并不存在的空节点，使之成为一棵完全二叉树的形式，然后用一维数组顺序存储。

（1）对于完全二叉树可用一维数组即一组地址连续的存储单元来存储。将完全二叉树按照自上而下，由左至右的顺序存放在一维数组的相应分量中。对于满二叉树和完全二叉树来说，这样既能够最大程度地节省存储空间，又可以利用数组元素的下标来确定节点在二叉树中所处的位置及节点间的关系。图 5.7 说明了完全二叉树与存储单元的对应关系。

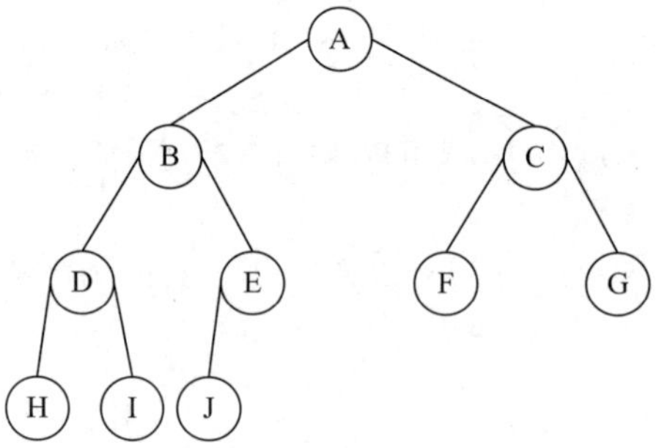

0	1	2	3	4	5	6	7	8	9	10
A	B	C	D	E	F	G	H	I	J	

图 5.7 完全二叉树的顺序存储

（2）对于一般二叉树则必须将其“完全化”之后再存储。因为直接按照从上到下、从左到右的顺序存储不能反映二叉树中节点的逻辑关系，所以必须添加一些虚拟的空节点，使之成为一棵完全二叉树的形式，再用一维数组顺序存储更为合理。图 5.8 显示了一般二叉树的存储形式。

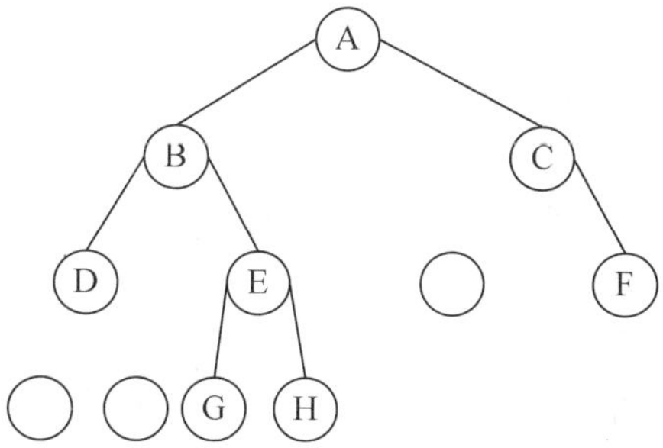

0	1	2	3	4	5	6	7	8	9	10	11
A	B	C	D	E	#	F	#	#	G	H	

图 5.8 一般二叉树的顺序存储

顺序存储的优点是直接利用元素在数组中的位置（下标）表示其逻辑关系，缺点是若不是完全二叉树则会浪费空间。因此，顺序存储适合于完全二叉树。

二叉树的顺序存储表示可描述为：

```
#define MAXNODE 10                          /*二叉树的最大节点数*/
typedef ElemType SqBiTree[MAXNODE]          /*0 号单元存放根节点*/
SqBiTree bt;
```

5.3.2 二叉树的链式存储与操作

链式存储可以有不同形式的结构，如二叉链表、三叉链表、双亲链表等。其中二叉链表最为常用。

1. 二叉链表存储

二叉树上每个节点的存储节点由三个域组成，如图 5.9 所示，其中 data 域存储的是元素的值；lchild 域作为指针指向该节点的左孩子节点；rchild 域作为指针指向该节点的右孩子节点。

lchild	data	rchild

图 5.9 二叉树的二叉链表节点结构

用 C 语言的类型描述二叉链表结构如下：

```
typedef int ElemType;
typedef struct BiTNode
{   ElemType data;
    struct BiTNode *lchild,*rchild;      /*左右孩子指针*/
}BiTNode,*BiTree;
```

由于二叉树的存储结构比较简单，处理起来也比较方便，因此有时需要把复杂的树转换为简单的二叉树后再进行处理。二叉链表的存储特点是寻找孩子节点比较容易，但是寻找双亲节点比较困难。尽管二叉链表有它的不足之处，但是由于它操作的方便性和灵活性，使得二叉链表结构成了二叉树最常用的存储方式。

2. 三叉链表存储

三叉链表存储的每个节点是由 4 个域组成，其中，data、lchild 以及 rchild 三个域的意义同二叉链表结构；parent 域为指向该节点双亲节点的指针，如图 5.10 所示。

lchild	data	rchild	parent

图 5.10　二叉树的三叉链表节点结构

这种存储结构既便于查找孩子节点，又便于查找双亲节点；但是，相对于二叉链表存储结构而言，它增加了空间开销。

3. 二叉树的基本操作

（1）Initiate(bt)。建立一棵空二叉树。

算法 5.1　建立一棵空二叉树。

```
int Initiate (BiTree bt)
/*初始化建立二叉树 bt 的头节点，0 表示建立失败，1 表示成功*/
{    if((bt=(BiTNode *)malloc(sizeof(BiTNode)))==NULL)    return 0;
     bt->lchild=NULL;
     bt->rchild=NULL;
     return 1;
}
```

（2）Create(x)。生成以 x 为根节点的数据域信息的二叉树。

算法 5.2　生成一棵二叉树。

```
BiTree Create(ElemType x)
/*生成一棵以 x 为根节点的数据域信息的二叉树*/
{       BiTree p;
        if ((p=(BiTNode *)malloc(sizeof(BiTNode)))==NULL) return NULL;
        p->data=x;
        p->lchild=NULL;
        p->rchild=NULL;
        return p;
}
```

（3）InsertL(bt,x,parent)。将数据域为 x 的节点插入到二叉树 bt 中作为节点 parent 的左孩子节点。如果节点 parent 原来有左孩子节点，则将节点 parent 原来的左孩子节点作为节点 x 的左孩子节点。

算法 5.3　二叉树中插入一个节点。

```
BiTree InsertL(BiTree bt,ElemType x,BiTree parent)
/*在二叉树 bt 的节点 parent 的左子树中插入节点数据元素 x*/
{       BiTree p;
        if (parent==NULL) { printf("\n 插入出错"); return NULL;}
        if ((p=(BiTNode *)malloc(sizeof(BiTNode)))==NULL) return NULL;
        p->data=x;
        p->lchild=NULL;
        p->rchild=NULL;
        if (parent->lchild==NULL) parent->lchild=p;
        else { p->lchild=parent->lchild; parent->lchild=p; }
        return bt;
}
```

（4）InsertR(bt,x,parent)。将数据域为 x 的节点插入到二叉树 bt 中作为节点 parent 的右孩子节点。如果节点 parent 原来有右孩子节点，则将节点 parent 原来的右孩子节点作为节点 x 的右孩子节点。

（5）DeleteL(bt,parent)。在二叉树 bt 中删除节点 parent 的左子树。

算法 5.4　在二叉树中删除节点。

```
BiTree DeleteL(BiTree bt,BiTree parent)
/*在二叉树 bt 中删除节点 parent 的左子树*/
{       BiTree p;
        if (parent==NULL||parent->lchild==NULL)
          { printf("\n 删除出错"); return NULL;}
        p=parent->lchild;
        parent->lchild=NULL;
        /*当 p 为非叶节点时，这样删除仅释放了所删子树根节点的空间*/
        free(p);
        /*若要删除子树分支中的节点，需用后面介绍的遍历操作来实现*/
        return br;
}
```

（6）DeleteR(bt,parent)。在二叉树 bt 中删除节点 parent 的右子树。

（7）Search(bt,x)。在二叉树 bt 中查找数据元素 x。

（8）Traverse(bt)。按某种方式遍历二叉树 bt 的全部节点。

5.4　二叉树的遍历

二叉树的遍历是指按照某种顺序访问二叉树中的每个节点，使每个节点被访问一次且仅被访问一次。“遍历”是任何数据结构均有的操作，对线性结构而言，只有一条搜索路径（因为每个节点均只有一个后继），故不需要另加讨论。而二叉树是非线性结构，每个节点有两个后继，则存在如何遍历，即按什么样的搜索路径进行遍历的问题。

5.4.1　遍历算法

二叉树的遍历方式可以分为两种类型，即深度优先遍历和广度优先遍历。深度优先遍历是指从根节点开始，以递归的形式一棵子树一棵子树地遍历。而广度优先遍历是指将树按照从上到下、从左到右的顺序遍历，通常需要借助队列来存储。

由二叉树的定义可知，每一棵非空二叉树都由根节点（D）、根节点的左子树（L）和根节点的右子树（R）三部分组成。若以 D、L、R 分别表示访问根节点、遍历根节点的左子树、遍历根节点的右子树，则二叉树的遍历方式可以有以下 6 种：DLR、LDR、LRD、DRL、RDL 和 RLD。如果限定总是先访问左子树后访问右子树，则只剩下 3 种不同的访问方式：DLR（称为先序遍历）、LDR（称为中序遍历）、LRD（称为后序遍历）。

1. *深度优先遍历*

下面详细介绍一下基于深度优先遍历的上述 3 种遍历方式。

（1）DLR 先序（根）遍历。先序（根）遍历的算法思想为若二叉树为空树，则空操作；否则进行如下操作：

1）访问根节点。

2）先序遍历根节点的左子树。

3）先序遍历根节点的右子树。

算法 5.5 DLR 先序（根）遍历。

```
int PreOrder(BiTree bt)
/*先序遍历二叉树 bt*/
{ if (bt==NULL) return 0;          /*递归调用的结束条件*/
  Visit(bt->data);                 /*访问节点的数据域*/
  PreOrder(bt->lchild);            /*先序递归遍历 bt 的左子树*/
  PreOrder(bt->rchild);            /*先序递归遍历 bt 的右子树*/
  return 1;
}
```

【例 5.1】对如图 5.11 所示的二叉树进行先序遍历。

解答：

第一步：先访问根节点 A。

第二步：发现 A 节点有左右子树，遵循先左后右的原则进入 A 的左子树，访问左子树的根 B。以 B 为根的子树只有右子树 D，所以访问 D。

第三步：至此，A 的左子树已经访问完成，接着进入 A 的右子树，访问 C。

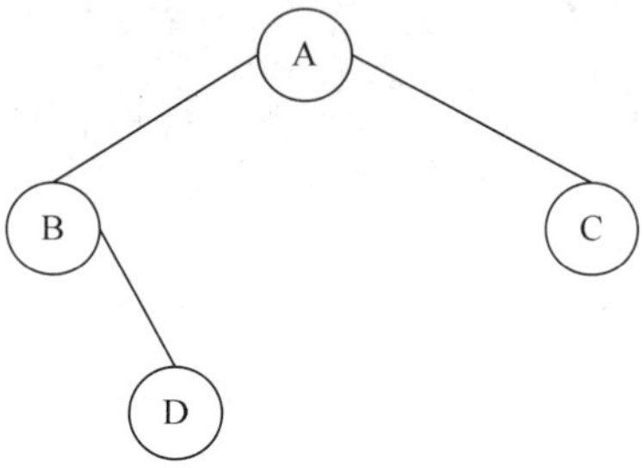

图 5.11　例 5.1 二叉树

所以，先序遍历上述二叉树的顺序为 ABDC。

（2）LDR 中序（根）遍历。中序（根）的遍历算法思想为若二叉树为空树，则空操作；否则进行如下操作：

1）中序遍历根节点的左子树。

2）访问根节点。

3）中序遍历根节点的右子树。

算法 5.6 LDR 中序（根）遍历。

```
int MidOrder(BiTree bt)
/*中序遍历二叉树 bt*/
{   if (bt==NULL) return 0;            /*递归调用的结束条件*/
    MidOrder(bt->lchild);              /*中序递归遍历 bt 的左子树*/
    Visit(bt->data);                   /*访问节点的数据域*/
    MidOrder(bt->rchild);              /*中序递归遍历 bt 的右子树*/
    return 1;
}
```

【例 5.2】对图 5.11 所示的二叉树进行中序遍历。

解答：

第一步：发现 A 节点有左右子树，遵循先左后右的原则进入 A 的左子树，由于 A 的左子树无左子树，所以访问左子树的根 B。再访问以 B 为根的子树的右子树，所以访问 D。

第二步：再访问根节点 A。

第三步：至此，A 的左子树已经访问完成，接着进入 A 的右子树，访问 C。

所以，中序遍历图 5.11 所示的二叉树的顺序为 BDAC。

（3）LRD 后（根）序遍历。后（根）序的遍历算法思想为若二叉树为空树，则空操作；否则，进行如下操作：

1）后序遍历根节点的左子树。

2）后序遍历根节点的右子树。

3）访问根节点。

算法 5.7　LRD 后（根）序遍历。

```
int PostOrder(BiTree bt)
/*后序遍历二叉树 bt*/
{   if (bt==NULL) return 0;              /*递归调用的结束条件*/
    PostOrder(bt->lchild);               /*后序递归遍历 bt 的左子树*/
    PostOrder(bt->rchild);               /*后序递归遍历 bt 的右子树*/
    Visit(bt->data);                     /*访问节点的数据域*/
    return 1;
}
```

【例 5.3】对如图 5.11 所示的二叉树进行后序遍历。

解答：

第一步：发现 A 节点有左右子树，遵循先左后右的原则进入 A 的左子树，由于 A 的左子树无左子树，所以遍历 A 的左子树的右子树，即访问 D，再访问 A 的左子树的根 B。

第二步：至此，A 的左子树已经访问完成，接着进入 A 的右子树，访问 C。

第三步：最后访问根节点 A。

所以，后序遍历图 5.11 所示的二叉树的顺序为 DBCA。

【例 5.4】对如图 5.12 所示的二叉树分别进行先序遍历、中序遍历、后序遍历。

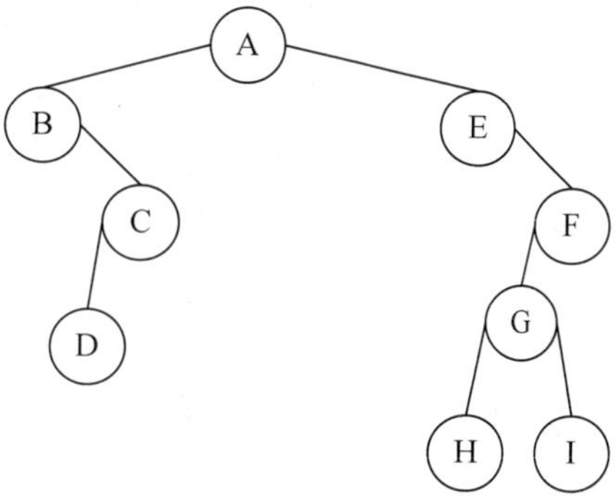

图 5.12　例 5.4 二叉树示意图

解答：

先序遍历结果：ABCDEFGHI

中序遍历结果：BDCAEHGIF

后序遍历结果：DCBHIGFEA

2. *广度优先的层次遍历*

下面再简单介绍一下基于广度优先的层次遍历方法。

所谓二叉树的层次遍历是指从二叉树的第一层（根节点）开始，从上至下逐层遍历，在同一层中，则按从左到右的顺序逐个对节点进行访问。在这种算法中，按照“先进先出”的原则进行，因此遍历过程需要借助一个队列。

遍历算法如下：

（1）访问根节点，将根节点进队列。

（2）按顺序取出队列中的一个节点（取出时访问），并将其左右孩子节点按照先左后右的顺序分别进队列。

（3）若队列为空，则结束；否则继续执行上一步骤。

算法 5.8 层次遍历二叉树。

```
int LevelOrder(BiTree bt)
{   BiTree Queue[MAXNODE];
    int front,rear;
    if(bt==NULL) return 0;
    front= rear=-1;        /*front 为队头元素前一个位置，rear 为队尾当前位置，初始值为-1*/
    Queue[++rear]=bt;      /*树根入队（先修改 rear 再入队）*/
    while(front!=rear)     /*队不空*/
    {
        /*访问队首节点的数据域*/
        Visit(Queue[++front]->data); /*相当于访问队头元素并出队（先修改 front 再访问）*/
        /*将队首节点的左孩子节点入队（先修改 rear 再入队）*/
        if(Queue[front]->lchild!=NULL)
        {   Queue[++rear]=Queue[front]->lchild; }
        /*将队首节点的右孩子节点入队（先修改 rear 再入队）*/
        if(Queue[front]->rchild!=NULL)
        {   Queue[++rear]=Queue[front]->rchild; }
    }
    return 1;
}
```

【例 5.5】对图 5.12 所示的二叉树进行层次遍历。

解答：层次遍历结果为 ABECFDGHI。

5.4.2 线索二叉树

从上一小节的遍历算法可知，遍历二叉树的结果是将二叉树的节点按照线性序列进行排序，包括先序、中序、后序。这就决定了在这样一个线性序列中，除了第一个和最后一个节点，其余节点都有且只有一个直接前驱和一个直接后继。那么，在以二叉链表作为存储结构的情况下，除了将所有节点遍历外，还有没有其他方法能快速地找到某个节点的前驱和后继呢？

1. 线索二叉树节点结构

为了解决上述问题，我们设想给普通的二叉链表再加两个域分别指向遍历序列中的前驱和后继，但这样做增加了空间开销。由此，我们引入线索二叉树，即给二叉链表的左右孩子链表域赋予新的含义并增加两个标志域使得结构如图 5.13 所示。

lchild	ltag	data	rtag	rchild

图 5.13 线索二叉树节点结构

我们做如下规定：

- 当节点有左子树，即 lchild 域不为空时，ltag 为 0。
- 当节点没有左子树，即 lchild 为空时，令 lchild 域指向该节点的前驱，ltag 为 1。
- 当节点有右子树，即 rchild 域不为空时，rtag 为 0。
- 当节点没有右子树，即 rchild 为空时，令 rchild 域指向该节点的后继，rtag 为 1。

2. 线索二叉树的结构体描述

线索二叉树的结构体描述如下：

```
typedef int ElemType;
typedef struct BiThrNode
{    ElemType data;
     struct BiThrNode *lchild;
     struct BiThrNode *rchild;
     unsigned ltag:1;
     unsigned rtag:1;
}BiThrNodeType,*BiThrTree;
```

以这种节点构成的二叉链表作为二叉树的存储结构，称为线索链表，其中指向节点前驱和后继的指针称为线索，加上线索的二叉树叫线索二叉树。对二叉树以某种次序遍历使其变为线索二叉树的过程称作线索化。

3. 线索二叉树的实现

线索二叉树的表示方法：当节点有左右子树时，用实线箭头指向其左右孩子节点；当节点没有左右子树时，用虚线箭头指向该节点的前驱或后继。序列中最后一个节点的右指针可以为空。

【例 5.6】分别画出如图 5.14 所示的二叉树先序、中序、后序线索化后的线索二叉树。

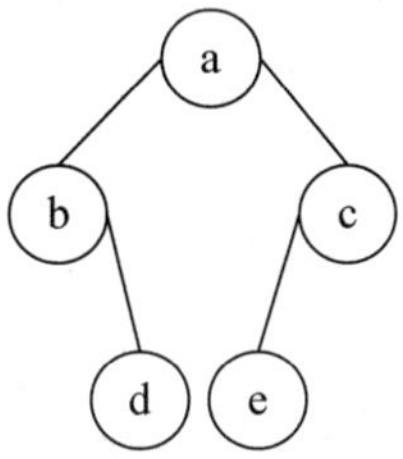

图 5.14 例 5.6 二叉树示意图

（1）该二叉树的先序遍历的结果是 abdce。先序线索二叉树如图 5.15 所示。

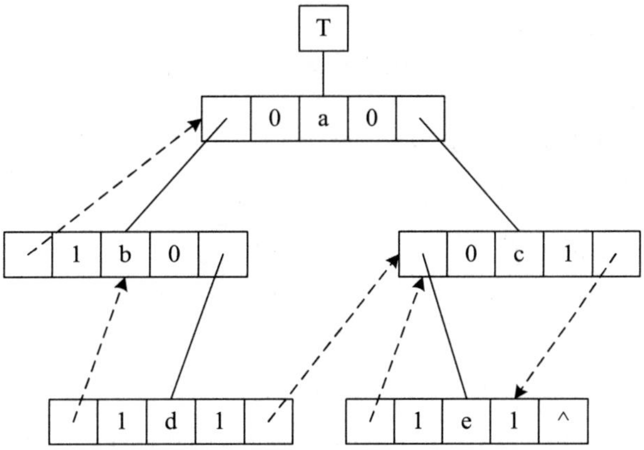

图 5.15 先序线索二叉树

（2）该二叉树中序遍历的结果是 bdaec。中序线索二叉树如图 5.16 所示。

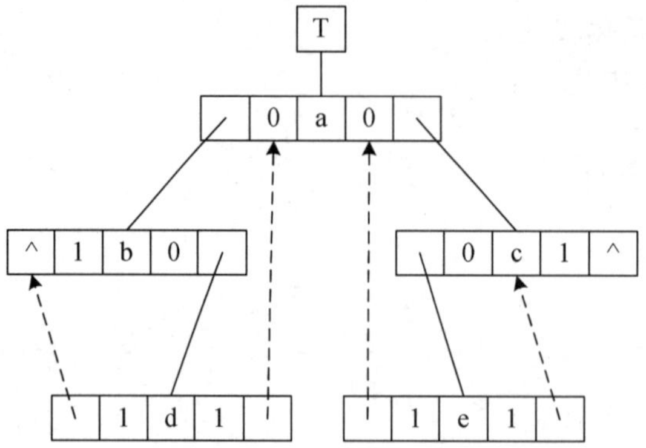

图 5.16　中序线索二叉树

（3）该二叉树后序遍历的结果是 dbeca。后序线索二叉树如图 5.17 所示。

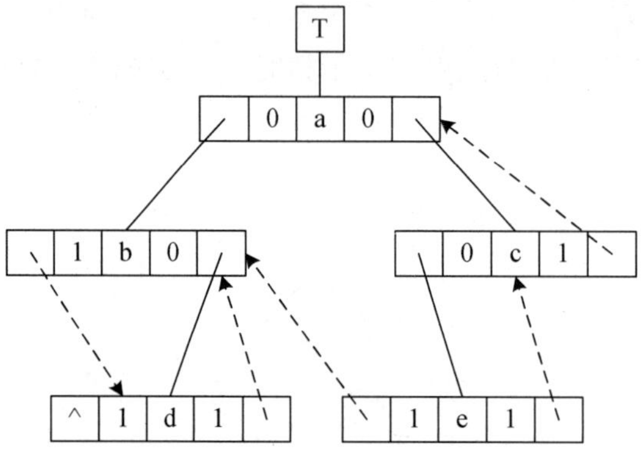

图 5.17　后序线索二叉树

为了方便操作，有时候需要在线索二叉树上增设一个头节点。下面介绍如何建立带头节点的线索二叉树。

（1）中序线索二叉树的建立。

算法 5.9　中序线索二叉树的建立。

```
BiThrTree InOrderThr(BiThrTree T)
/*中序遍历二叉树 T，并将其中序线索化，*head 指向头节点*/
{    BiThrTree head;
     if (!(head=(BiThrNodeType*)malloc(sizeof(BiThrNodeType)))) return NULL;
     head->ltag=0;
     head->rtag=1;                          /*建立头节点*/
     head->rchild=head;                     /*右指针回指*/
     if (!T) head->lchild=head;             /*若二叉树为空，则左指针回指*/
     else
     {    head->lchild=T;
          pre=head;
          InThreading(T);                   /*中序遍历进行中序线索化*/
          pre->rchild=head;
          pre->rtag=1;                      /*最后一个节点线索化*/
          head->rchild=pre;
```

```
        }
        return head;
    }
```

（2）中序线索二叉树的遍历。

算法 5.10 中序线索二叉树的遍历。

```
void InThreading(BiThrTree p)
/*中序遍历进行中序线索化*/
{   if (p)
    {   InThreading(p->lchild);            /*左子树线索化*/
        if (!p->lchild)                    /*对无左孩子的节点 p 进行前驱线索化到节点 pre*/
        {   p->ltag=1; p->lchild=pre;   }
      if (!pre->rchild)                    /*对无右孩子的节点 pre 进行后继线索化到节点 p */
        {   pre->rtag=1; pre->rchild=p;   }
        pre=p;                             /*pre 保存刚访问过的节点，p 为下一个要访问的节点*/
        InThreading(p->rchild);            /*右子树线索化*/
    }
}
```

（3）在中序线索二叉树上查找中序前驱节点。

算法 5.11 在中序线索二叉树上查找中序前驱节点。

```
BiThrTree InPreNode(BiThrTree p)
/*在中序线索二叉树上查找节点 p 的中序前驱节点*/
{   BiThrTree pre;
    pre=p->lchild;
    if (p->ltag!=1)     /*中序线索 p 节点若有左孩子，则其前驱一定是其左孩子的最深层的右孩
                          子节点*/
        while (pre->rtag==0)
            pre=pre->rchild;
    return(pre);
}
```

（4）在中序线索二叉树上查找中序后继节点。

算法 5.12 中序线索二叉树上查找中序后继节点。

```
BiThrTree InPostNode(BiThrTree p)
/*在中序线索二叉树上查找节点 p 的中序后继节点*/
{   BiThrTree post;
    post=p->rchild;
    if (p->rtag!=1)     /*中序线索 p 节点若有右孩子，则其后继一定是其右孩子的最深层的左孩子
                          节点*/
        while (post->ltag==0)
            post=post->lchild;
    return(post);
}
```

5.5 树与森林

前面几节主要讨论了二叉树，但在现实生活中许多数据关系都是以树和森林的形式存储

的。接下来我们要研究一下树与森林的常用存储方法、树与森林的遍历及其与二叉树相互转换的问题。

5.5.1 树和森林的存储

与二叉树类似，不同的定义相应有不同的建树算法。下面介绍常用的 4 种树的存储结构。

1. 双亲存储法

用一组连续的存储空间（一维数组）存储树中的各个节点，数组中的一个元素表示树中的一个节点，数组元素为结构体类型，其中包括节点本身的信息以及节点的双亲节点在数组中的序号，树的这种存储方法称为双亲存储法。

双亲存储法的实现如下：

定义数组结构存放树的节点，每个节点含有两个域，分别为数据域和双亲域。数据域存放节点本身的信息，双亲域存放该节点的父节点的位置。

```
typedef struct node
{    ElemType data;
     int parent;
}TreeNode;
TreeNode tree[M];
```

图 5.18 所示的树对应的双亲存储法的存储结构如图 5.19 所示。

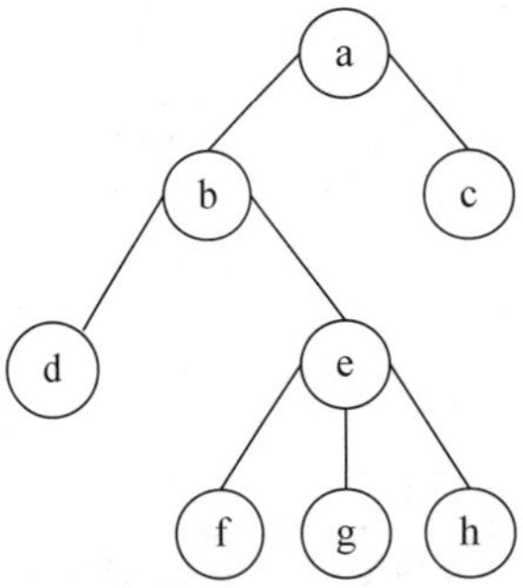

图 5.18 树

	data	parent
0		
1	a	0
2	b	1
3	c	1
4	d	2
5	e	2
6	f	5
7	g	5
8	h	5

图 5.19 树的双亲存储法

2. 孩子链表存储法

孩子链表存储法的主体是一个与节点个数一样大小的一维数组，数组的每一个元素由两个域组成，一个域用来存放节点信息，另一个用来存放指针，该指针指向由该节点的孩子节点组成的单链表的首位置。单链表的结构也由两个域组成，一个存放孩子节点在一维数组中的序号，另一个是指针域，指向下一个孩子节点，即用一组连续的空间存储树的所有节点，然后给每个节点后面加上一个单链表，单链表是由其孩子节点组成的。存储结构如下：

每个节点的孩子节点用单链表存储，再用含 M 个元素的结构数组指向每个孩子链表。

（1）孩子节点。

```
typedef struct ChildNode
{    int Child;                    /*节点在表头数组中的下标*/
```

```
    struct ChildNode *next;          /*指向下一个孩子节点在表头数组中的下标位置*/
};
```

（2）表头节点。

```
typedef struct HeadNode
{   ElemType data;                   /*数据域*/
    struct ChildNode *firstchild;    /*指向第一个孩子节点*/
}
HeadNode t[M];
```

图 5.18 所示的树对应的孩子链表存储法的存储结构如图 5.20 所示。

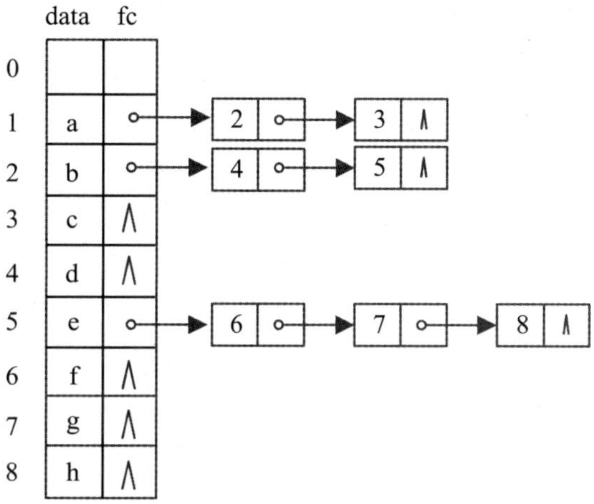

图 5.20 树的孩子链表存储法

通过这种存储方法查找孩子节点比较容易，但是查找某一节点的双亲节点就比较困难。为了克服双亲存储法和孩子链表存储法的缺陷，可以用双亲孩子存储法来改善。

3. *双亲孩子存储法*

双亲孩子存储法是将双亲存储法和孩子链表存储法相结合，其仍将各节点的孩子节点分别组成单链表，同时用一维数组顺序存储树中的各节点，数组元素除了包括节点本身的信息和该节点的孩子节点链表的头指针之外，还增设一个域用来存储该节点双亲节点在数组中的序号。存储结构如下：

每个节点的孩子节点用单链表存储，再用含 M 个元素的结构数组指向每个孩子链表。结构数组存放树的节点，每个节点有 3 个域，分别为数据域、双亲域和第一个孩子节点的地址。

（1）孩子节点。

```
typedef struct ChildNode
{   int Child;                       /*节点在表头数组中的下标*/
    struct ChildNode *next;          /*指向下一个孩子节点在表头数组中的下标位置*/
};
```

（2）表头节点。

```
typedef struct HeadNode
{   ElemType data;                   /*数据域*/
    int parent;                      /*双亲域*/
    struct ChildNode *firstchild;    /*指向第一个孩子节点*/
```

```
}
HeadNode t[M];
```

图 5.18 所示的树对应的双亲孩子存储法的存储结构如图 5.21 所示。

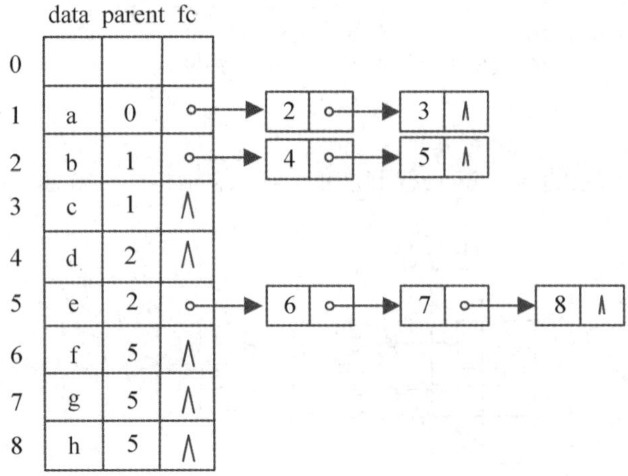

图 5.21　树的双亲孩子存储法

双亲孩子存储法克服了上述两种存储法的缺点，运行时间较快，但这种时间效率的提高是用空间代价换来的，其占用的空间较大。

4. *孩子兄弟存储法*

这是一种用二叉链表来存储树和森林的结构，在树中，每个节点除其信息域外，还增加了两个指针，分别指向该节点的第一个孩子节点和下一个兄弟节点的指针。这种存储法虽然破坏了树的层次，但是更容易操作。

树中节点的存储表示可描述为：

```
typedef struct TreeNode
{    ElemType data;
     struct Node *firstchild;
     struct Node *nextsibling;
} TreeNode;
```

图 5.18 所示的树对应的孩子兄弟存储法的存储结构如图 5.22 所示。

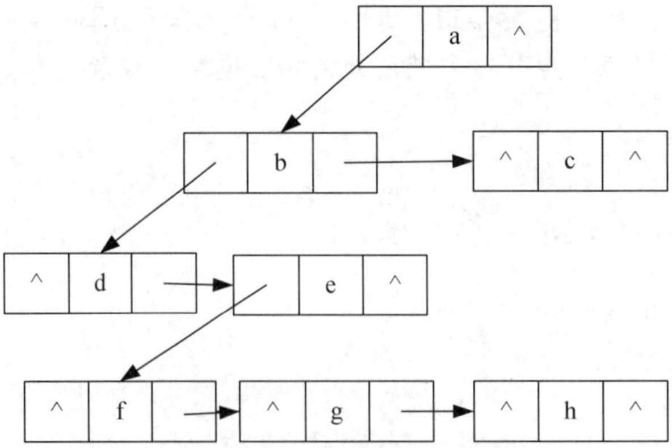

图 5.22　树的孩子兄弟存储法

5.5.2 二叉树、树和森林的转换

使用二叉链表作为存储结构的二叉树的二叉链表存储法和树的孩子兄弟链表存储法从结构上看没有区别，但是它们的指针指向节点的含义不同。对于二叉树而言，二叉树的二叉链表存储结构的左右指针分别指向当前节点的左孩子和右孩子，而树的孩子兄弟链表存储法的左指针指向该节点的第一个孩子节点，右指针指向该节点的下一个兄弟节点。

若把森林中第二棵树的根节点看成是第一棵树根节点的兄弟，就可以用孩子兄弟存储法存储森林，由此可导出树、森林和二叉树的关系。

1. 树转换为二叉树

在树中的所有相邻兄弟之间加一条连线，对树中的每个节点只保留它与第一个孩子节点之间的连线，删去它与其他孩子节点之间的连线，再以树的根节点为轴心，将整棵树顺时针转动一定的角度使之结构层次分明。

2. 森林转换为二叉树

将森林中的每棵树转换成相应的二叉树；保持森林中第一棵二叉树不动，第一棵树的根节点作为二叉树的根节点；将森林中第一棵树的子孙节点作为二叉树的左子树；从第二棵二叉树开始，依次把后一棵二叉树的根节点作为前一棵二叉树根节点的右孩子，当所有二叉树连起来后，此时所得到的二叉树就是由森林转换得到的二叉树。

【例 5.7】将如图 5.23 所示的森林转换为对应的二叉树。

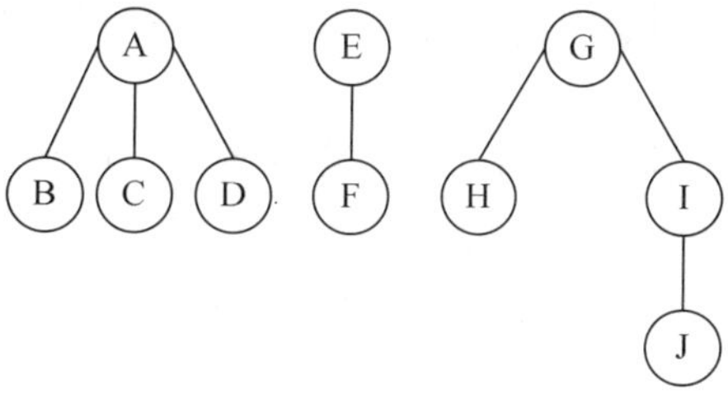

图 5.23 森林

图 5.23 所示的森林转换的二叉树如图 5.24 所示。

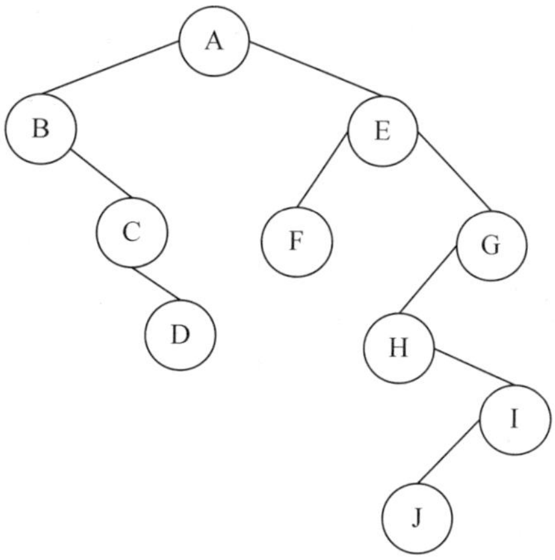

图 5.24 森林与二叉树的转换

3. 二叉树转换为树和森林

由二叉树的根节点作为森林中第一棵树的根节点；二叉树的左子树作为森林中第一棵树的子孙；二叉树的右子树作为森林中第一棵树的兄弟。

可以依据二叉树的根节点有无右分支，将一棵二叉树还原为树或森林，具体方法如下：

（1）若某节点是其双亲的左孩子，则把该节点的右孩子、右孩子的右孩子……都与该节点的双亲节点用线连起来。

（2）删去原二叉树中所有的双亲节点与右孩子节点的连线。

（3）整理由前两步所得到的树或森林，使之结构层次分明。

至此，树和森林的各种操作均可与二叉树的各种操作相对应。应当注意的是与树对应的二叉树，其左、右子树的概念已改变，即左是孩子，右是兄弟。

5.5.3 树和森林的遍历

1. 树的遍历

（1）先根遍历。访问根节点；按照从左到右的顺序先根遍历根节点的每一棵子树。

（2）后根遍历。按照从左到右的顺序后根遍历根节点的每一棵子树；访问根节点。

树的先根遍历与其转换的相应二叉树的先序遍历的结果序列相同；树的后根遍历与其转换的相应二叉树的中序遍历的结果序列相同。

2. 森林的遍历

（1）先序遍历。访问森林中第一棵树的根节点；先序遍历第一棵树的根节点的子树；先序遍历去掉第一棵树后的子森林。

（2）中序遍历。中序遍历第一棵树的根节点的子树；访问森林中第一棵树的根节点；中序遍历去掉第一棵树后的子森林。

森林的先序遍历和中序遍历与所转换的二叉树的先序和中序遍历的结果序列相同。

5.6 哈夫曼树

树可以用来表示实际生活中的许多逻辑关系，在一些特定的应用中，树具有特殊的作用，可以解决许多工程问题，比如通信编码等。基于这些应用的需求，哈夫曼树应运而生，它是由哈夫曼本人提出的经典结构。

5.6.1 哈夫曼树的定义

构造一棵二叉树，若带权路径长度达到最小，称这样的二叉树为最优二叉树，也称为哈夫曼树（Huffman tree）。哈夫曼树是带权路径长度最短的树，权值较大的节点离根较近。

节点的路径长度：从根节点到该节点的路径上分支的数目。

节点权值：附加在节点上的信息。

节点带权路径：节点上权值与该节点到根之间的路径长度的乘积。

二叉树的路径长度：指由根节点到所有叶节点的路径长度之和。

二叉树的带权路径长度：设二叉树具有 n 个带权值的叶节点，那么从根节点到各个叶节点的路径长度与相应节点权值的乘积之和称作二叉树的带权路径长度，记为：$WPL(T) = \Sigma w_k l_k$（w_k 为权重，l_k 为路径）

【例 5.8】 计算如图 5.25 所示二叉树的 WPL。

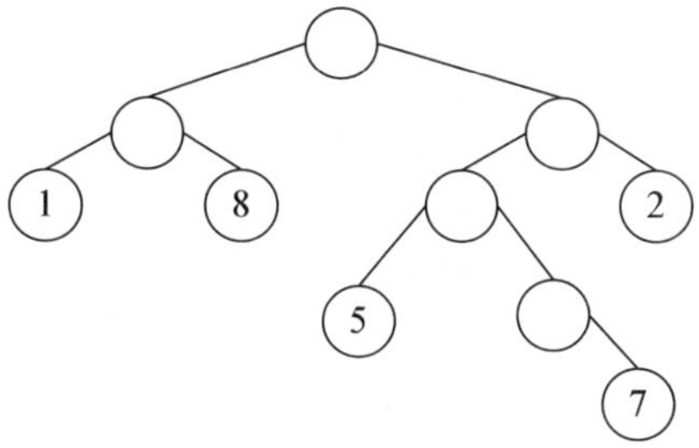

图 5.25 二叉树

解答：WPL(T)=1×2 + 8×2 + 5×3 + 7×4 + 2×2=65

哈夫曼树的存储定义如下。

```
typedef struct
{    int weight;
     int parent;
     int lchild;
     int rchild;
}HNodeType;
```

5.6.2 哈夫曼树的构造算法

哈夫曼最早提出了带有一般规律的哈夫曼树的构造算法，也叫哈夫曼算法。哈夫曼算法如下：

（1）根据给定的 n 个权值$\{w_0,w_1,\cdots,w_{n-1}\}$构成 n 棵只有一个节点的二叉树的集合 $F=\{T_0,T_1,\cdots,T_{n-1}\}$，即每棵二叉树 T_i 只有一个权值为 W_i 的根节点，其左右子树均空。

（2）在 F 中选两棵根节点的权值最小和次小的二叉树作为左右子树构成一棵新的二叉树，且根节点的权值为其左右子树根节点的权值之和。

（3）在集合 F 中删除刚刚作为左、右子树的两棵二叉树，并将新建立的二叉树加入到集合 F 中。

（4）重复步骤（2）和（3），直到 F 只含一棵二叉树，这棵二叉树便是所要构造的哈夫曼树。

【例 5.9】 已知权值 W={5,6,3,10,7}，请构造一棵哈夫曼树。

解答：

第 1 步：根据给定的 5 个权值构成 5 棵只有一个节点的二叉树，如图 5.26（a）所示。

第 2 步：分别选择最小和次小权值为 3、5 的节点构成一棵新二叉树，如图 5.26（b）所示。

第 3 步：在 F 中分别删除权值为 3、5 的两棵二叉树，并将新二叉树权 8 加入到 F 中，得 F={7,6,10,8}。

第 4 步：在 F={7,6,10,8}中选择最小和次小权值为 6、7 的节点作为左右子树构成一棵新的二叉树，如图 5.26（c）所示。

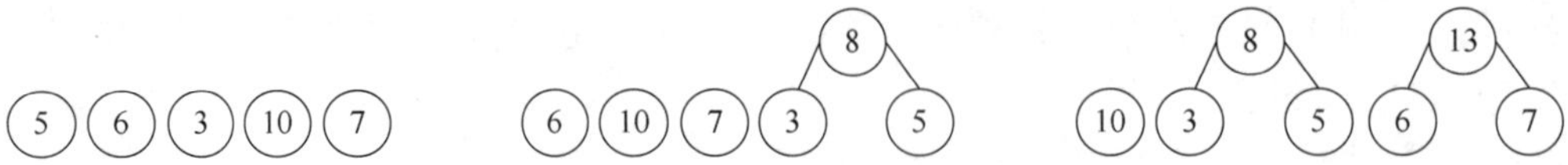

（a）5 棵二叉树　　（b）4 棵二叉树　　（c）3 棵二叉树

图 5.26　构造哈夫曼树的过程（1）

第 5 步：在 F 中分别删除权值为 6、7 的两棵二叉树，并将新二叉树权 13 加入到 F 中，得 F={13,10,8}。

第 6 步：在 F={13,10,8}中选择最小和次小权值为 8、10 的节点作为左右子树构成一棵新的二叉树，如图 5.27（a）所示。

第 7 步：在 F 中分别删除权值为 8、10 的两棵二叉树，并将新二叉树权 18 加入到 F 中，得 F={13,18}。

第 8 步：在 F={13,18}中只能分别选择最小和次小权值为 13、18 的节点作为左右子树构成一棵新的二叉树，如图 5.27（b）所示。

（a）两棵二叉树　　（b）一棵二叉树

图 5.27　构建哈夫曼树的过程（2）

第 9 步：在 F 中分别删除权值为 13、18 的两棵二叉树，并将新二叉树权 31 加入到 F 中，得 F={31}。

第 10 步：至此，F={31}仅含有一棵树，所以该树即为哈夫曼树。

由上述构造算法可知，哈夫曼树的形式不唯一。

已知 n 个字符的权值，生成一棵哈夫曼树。

算法 5.13　哈夫曼树的构造。

```
void HaffmanTree(HNodeType HuffNode[MAXLEAF])
/*哈夫曼树的构造算法*/
{   int i,j,m1,m2,x1,x2;
    printf("请输入叶节点个数:");
    scanf("%d",&n);                    /*输入叶节点个数*/
    for (i=0;i<2*n-1;i++)              /*数组 HuffNode[ ]初始化*/
    {   HuffNode[i].weight=0;
        HuffNode[i].parent=-1;
        HuffNode[i].lchild=-1;
        HuffNode[i].rchild=-1;
    }
    /*输入 n 个叶节点的权值*/
    for (i=0;i<n;i++)
```

```
    {   printf("输入第%d 个叶节点的权值:",i+1);
        scanf("%d",&HuffNode[i].weight);
    }
    for (i=0;i<n-1;i++)                                      /*构造哈夫曼树*/
    {   m1=m2=MAXVALUE;
        x1=x2=0;
        for (j=0;j<n+i;j++)
        {   if (HuffNode[j].weight<m1 && HuffNode[j].parent==-1)     /*m1 为叶节点最小的权值*/
            {   m2=m1;x2=x1; m1=HuffNode[j].weight;x1=j;}
            else if (HuffNode[j].weight<m2&&HuffNode[j].parent==-1)  /*m2 为叶节点第二小的
                                                                      权值*/
            {   m2=HuffNode[j].weight; x2=j;    }
        }
        /*将找出的两棵子树合并为一棵子树*/
        HuffNode[x1].parent=n+i; HuffNode[x2].parent=n+i;
        HuffNode[n+i].weight=HuffNode[x1].weight+HuffNode[x2].weight;
        HuffNode[n+i].lchild=x1;    HuffNode[n+i].rchild=x2;
    }
}
```

5.6.3　哈夫曼编码

哈夫曼编码（Huffman Coding）是可变字长编码（Variable Length Coding，VLC）的一种。哈夫曼于 1952 年提出了一种编码方法，该方法完全依据字符出现的概率来构造异字头的平均长度最短的码字，有时也称之为最佳编码，一般就称其为哈夫曼编码。哈夫曼编码是二进制编码形式，用于（网络）通信中，其作为一种最常用的无损压缩编码方法，在数据压缩程序中具有非常重要的作用。

哈夫曼树可以用来构造前缀编码，并使得该前缀编码的长度达到最短。哈夫曼编码的具体做法如下：

（1）设需要编码的字符集合为$\{d_0,d_1,\cdots,d_{n-1}\}$，它们在电文中出现的频率分别是$\{w_0,w_1,\cdots,w_{n-1}\}$；

（2）以$\{d_0,d_1,\cdots,d_{n01}\}$为叶节点，以$\{w_0,w_1,\cdots,w_{n-1}\}$分别作为前者的权值构造一棵哈夫曼树。

（3）构造成功之后，假定任意一个节点的左分支代表 0，右分支代表 1，则从根节点到每个叶节点所经过的路径分支序列就是该节点对应的哈夫曼编码。

【例 5.10】为例 5.9 中的权值为{5,6,3,10,7}的 5 个节点设计哈夫曼编码。

由例 5.9 得到的哈夫曼树做分支标记后如图 5.28 所示，所以哈夫曼编码对应为从根到相应叶节点的所有标记值如下：

5:101　6:00　3: 100　10:11　7:01

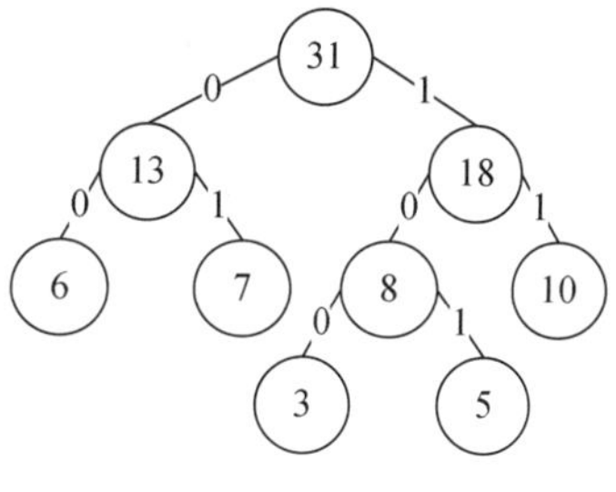

图 5.28　哈夫曼树

5.7 本章实战练习

5.7.1 二叉树的基本操作

二叉树的基本操作

1. 实现代码

```
#include<stdio.h>
#include<stdlib.h>
#define MAXNODE 10
typedef int ElemType;
typedef struct BiTNode
{     ElemType data;
      struct BiTNode *lchild,*rchild;       /*左右孩子指针*/
}BiTNode,*BiTree;
void Visit(ElemType data)
{     printf("%3d",data);
}
/*【算法 5.2  生成一棵二叉树】*/
BiTree Create(ElemType x)
/*生成一棵以 x 为根节点的数据域信息的二叉树*/
{     BiTree p;
      if ((p=(BiTNode *)malloc(sizeof(BiTNode)))==NULL) return NULL;
      p->data=x;
      p->lchild= NULL;
      p->rchild= NULL;
      return p;
}
/*【算法 5.3  在二叉树中插入一个节点】*/
BiTree InsertL(BiTree bt,ElemType x,BiTree parent)
/*在二叉树 bt 的节点 parent 的左子树中插入节点数据元素 x*/
{     BiTree p;
      if (parent==NULL)
      {     printf("\n 插入出错"); return NULL;    }
      if ((p=(BiTNode *)malloc(sizeof(BiTNode)))==NULL) return NULL;
      p->data=x;
      p->lchild=NULL;
      p->rchild=NULL;
      if (parent->lchild==NULL) parent->lchild=p;
      else {     p->lchild=parent->lchild; parent->lchild=p;    }
      return bt;
}
BiTree InsertR(BiTree bt,ElemType x,BiTree parent)
/*在二叉树 bt 的节点 parent 的右子树中插入节点数据元素 x*/
{     BiTree p;
      if (parent==NULL)
```

```
    {   printf("\n 插入出错"); return NULL;   }
    if ((p=(BiTNode *)malloc(sizeof(BiTNode)))==NULL) return NULL;
    p->data=x;
    p->lchild=NULL;
    p->rchild=NULL;
    if (parent->rchild==NULL) parent->rchild=p;
    else{   p->rchild=parent->rchild; parent->rchild=p;   }
    return bt;
}
/*【算法 5.4 在二叉树中删除节点】*/
BiTree DeleteL(BiTree bt,BiTree parent)
/*在二叉树 bt 中删除节点 parent 的左子树*/
{   BiTree p;
    if(parent==NULL||parent->lchild==NULL)
    {   printf("\n 删除出错"); return NULL;   }
    p=parent->lchild;
    parent->lchild=NULL;
    /*当 p 为非叶节点时，这样删除仅释放了所删子树根节点的空间，
     若要删除子树分支中的节点，需用后面介绍的遍历操作来实现*/
    free(p);
    return bt;
}
BiTree DeleteR(BiTree bt,BiTree parent)
/*在二叉树 bt 中删除节点 parent 的右子树*/
{   BiTree p;
    if(parent==NULL||parent->rchild==NULL)
    {   printf("\n 删除出错"); return NULL;}
    p=parent->rchild;
    parent->rchild=NULL;
    /*当 p 为非叶节点时，这样删除仅释放了所删子树根节点的空间，
     若要删除子树分支中的节点，需用后面介绍的遍历操作来实现*/
    free(p);
    return bt;
}
/*【算法 5.5 先序遍历二叉树】*/
void PreOrder(BiTree bt)
/*先序遍历二叉树 bt*/
{   if (bt==NULL) return;          /*递归调用的结束条件*/
    Visit(bt->data);               /*访问节点的数据域*/
    PreOrder(bt->lchild);          /*先序递归遍历 bt 的左子树*/
    PreOrder(bt->rchild);          /*先序递归遍历 bt 的右子树*/
}
/*【算法 5.6 中序遍历二叉树】*/
void InOrder(BiTree bt)
/*中序遍历二叉树 bt*/
{   if (bt==NULL) return;          /*递归调用的结束条件*/
    InOrder(bt->lchild);           /*中序递归遍历 bt 的左子树*/
    Visit(bt->data);               /*访问节点的数据域*/
```

```
        InOrder(bt->rchild);            /*中序递归遍历 bt 的右子树*/
}
/*【算法 5.7  后序遍历二叉树】*/
void PostOrder(BiTree bt)
/*后序遍历二叉树 bt*/
{       if (bt==NULL) return;           /*递归调用的结束条件*/
        PostOrder(bt->lchild);          /*后序递归遍历 bt 的左子树*/
        PostOrder(bt->rchild);          /*后序递归遍历 bt 的右子树*/
        Visit(bt->data);                /*访问节点的数据域*/
}
/*【算法 5.8  层次遍历二叉树】*/
void LevelOrder(BiTree bt)
{       BiTree Queue[MAMNODE];
        int front,rear;
        if(bt==NULL)
            exit(0);
        front=-1;                       /*front 为队头元素前一个位置，初始值为-1*/
        rear=-1;                        /*rear 为队尾当前位置，初始值为-1*/
        Queue[++rear]=bt;               /*树根入队（先修改 rear 再入队）*/
        while(front!=rear)
        {   /*访问队首节点的数据域，相当于访问队头元素并出队（先修改 front 再访问）*/
            Visite(Queue[++front]->data);
            /*将队首节点的左孩子节点入队*/
            if(Queue[front]->lchild!=NULL)
            {
                Queue[++rear]=Queue[front]->lchild;
            }
            /*将队首节点的右孩子节点入队*/
            if(Queue[front]->rchild!=NULL)
            {
                Queue[++rear]=Queue[front]->rchild;
            }
        }
}
/*主程序*/
void main()
{       BiTree t;
        int e;
        int n,i,k;
        printf("请输入二叉树节点个数：\n");
        scanf("%d",&n);
        printf("请输入二叉树根节点的元素值：");
        scanf("%d",&e);
        t=Create(e);
        for(i=1;i<n;i++)
        { printf("第%d 个节点插入位置为: \n1.作为根节点的左子树\n2.作为根节点的右子树\n3.作为根
          节点左子树的左子树\n4.作为根节点左子树的右子树\n5.作为根节点右子树的左子树\n6.作为
          根节点右子树的右子树\n(1～6):",i+1);
```

```
        scanf("%d",&k);
        printf("请输入二叉树第%d 个节点的元素值：",i+1);
        scanf("%d",&e);
        switch(k)
        {   case 1:t=InsertL(t,e,t);break;
            case 2:t=InsertR(t,e,t);break;
            case 3:t=InsertL(t,e,t->lchild);break;
            case 4:t=InsertR(t,e,t->lchild);break;
            case 5:t=InsertL(t,e,t->rchild);break;
            case 6:t=InsertR(t,e,t->rchild);break;
        }
    }
    printf("先序遍历二叉树的结果为：\n");
    PreOrder(t);
    printf("\n");
    printf("中序遍历二叉树的结果为：\n");
    InOrder(t);
    printf("\n");
    printf("后序遍历二叉树的结果为：\n");
    PostOrder(t);
    printf("\n");
    printf("层次遍历二叉树的结果为：\n");
    LevelOrder(t);
    printf("\n");
    printf("删除节点所在的位置为：\n1.作为根节点的左子树\n2.作为根节点的右子树\n3.作为根节
        点左子树的左子树\n4.作为根节点左子树的右子树\n5.作为根节点右子树的左子树\n6.作
        为根节点右子树的右子树\n(1～6):",i);
    scanf("%d",&k);
    switch(k)
    {   case 1:t=DeleteL(t,t);break;
        case 2:t=DeleteR(t,t);break;
        case 3:t=DeleteL(t,t->lchild);break;
        case 4:t=DeleteR(t,t->lchild);break;
        case 5:t=DeleteL(t,t->rchild);break;
        case 6:t=DeleteR(t,t->rchild);break;
    }
    printf("先序遍历二叉树的结果为：\n");
    PreOrder(t);
    printf("\n");
    printf("中序遍历二叉树的结果为：\n");
    InOrder(t);
    printf("\n");
    printf("后序遍历二叉树的结果为：\n");
    PostOrder(t);
    printf("\n");
    printf("层次遍历二叉树的结果为：\n");
```

```
        LevelOrder(t);
        printf("\n");
    }
```

2. 实现结果

二叉树基本操作的实现结果如图 5.29 所示。

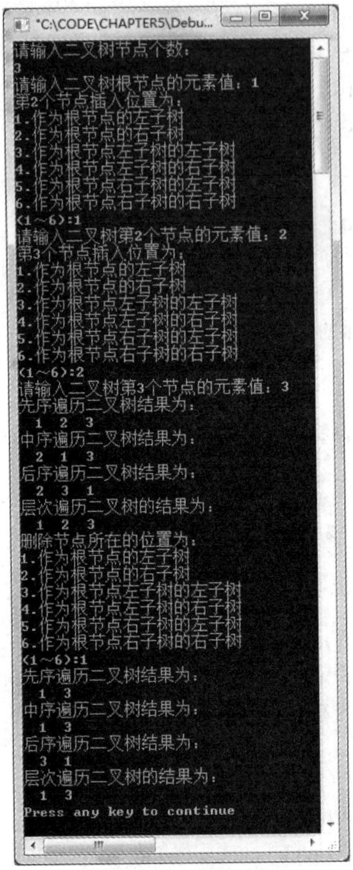

图 5.29　实现结果

5.7.2　线索二叉树的操作

线索二叉树的操作

1. 实现代码

```
#include<stdio.h>
#include<stdlib.h>
#define MAXNODE 10
typedef int ElemType;
typedef struct BiThrNode
{   ElemType data;
    struct BiThrNode *lchild;
    struct BiThrNode *rchild;
    unsigned ltag:1;
    unsigned rtag:1;
```

```
}BiThrNodeType,*BiThrTree;
BiThrTree pre;
void Visit(ElemType data)
{    printf("%3d",data);
}
/*【算法 5.2 生成一棵二叉树】*/
BiThrTree Create(ElemType x)
/*生成一棵以 x 为根节点的数据域信息的二叉树*/
{    BiThrTree p;
     if ((p=(BiThrNodeType *)malloc(sizeof(BiThrNodeType)))==NULL)
          return NULL;
     p->data=x;
     p->lchild= NULL;
     p->rchild= NULL;
     return p;
}
/*【算法 5.3 在二叉树中插入一个节点】*/
BiThrTree InsertL(BiThrTree bt,ElemType x,BiThrTree parent)
/*在二叉树 bt 的节点 parent 的左子树中插入节点数据元素 x*/
{    BiThrTree p;
     if (parent==NULL){ printf("\n 插入出错"); return NULL;}
     if ((p=(BiThrNodeType *)malloc(sizeof(BiThrNodeType)))==NULL)
          return NULL;
     p->data=x;
     p->lchild=NULL;
     p->rchild=NULL;
if (parent->lchild==NULL) { parent->lchild=p; parent->ltag=0;}
     else{ p->lchild=parent->lchild;   parent->lchild=p;   p->ltag=0;}
     return bt;
}
BiThrTree InsertR(BiThrTree bt,ElemType x,BiThrTree parent)
/*在二叉树 bt 的节点 parent 的右子树中插入节点数据元素 x*/
{    BiThrTree p;
     if (parent==NULL){ printf("\n 插入出错"); return NULL;}
     if ((p=(BiThrNodeType *)malloc(sizeof(BiThrNodeType)))==NULL)
          return NULL;
     p->data=x;
     p->lchild=NULL;
     p->rchild=NULL;
     if (parent->rchild==NULL) {   parent->rchild=p;   parent->rtag=0;}
     else{ p->rchild=parent->rchild;   parent->rchild=p;   p->rtag=0;}
     return bt;
}
/*【算法 5.6 中序遍历二叉树】*/
void InOrder(BiThrTree bt)
/*中序遍历二叉树 bt*/
```

```
{   if (bt==NULL)   return;                /*递归调用的结束条件*/
    InOrder(bt->lchild);                   /*中序递归遍历 bt 的左子树*/
    Visit(bt->data);                       /*访问节点的数据域*/
    InOrder(bt->rchild);                   /*中序递归遍历 bt 的右子树*/
}
void InThreading(BiThrTree p);
/*【算法 5.9 中序线索二叉树的建立】*/
BiThrTree InOrderThr(BiThrTree T)
/*中序遍历二叉树 T，并将其中序线索化，*head 指向头节点*/
{
    BiThrTree head;
    if (!(head=(BiThrNodeType*)malloc(sizeof(BiThrNodeType))))
        return NULL;
    head->ltag=0;
    head->rtag=1;                          /*建立头节点*/
    head->rchild=head;                     /*右指针回指*/
    if (!T) head->lchild=head;             /*若二叉树为空，则左指针回指*/
    else
    {   head->lchild=T;
        pre=head;
        InThreading(T);                    /*中序遍历进行中序线索化*/
        pre->rchild=head;
        pre->rtag=1;                       /*最后一个节点线索化*/
        head->rchild=pre;
    }
    return head;
}
/*【算法 5.10 中序线索二叉树遍历】*/
void InThreading(BiThrTree p)
/*中序遍历进行中序线索化*/
{   if (p)
    {   InThreading(p->lchild);            /*左子树线索化*/
        if (!p->lchild)                    /*对无左孩子的节点 p 进行前驱线索化到节点 pre */
        {   p->ltag=1;   p->lchild=pre;   }
        if (!pre->rchild)                  /*对无右孩子的节点 pre 进行后继线索化到节点 p */
        {   pre->rtag=1;   pre->rchild=p;   }
        pre=p;                             /*pre 保存刚访问过的节点，p 为下一个要访问的节点*/
        InThreading(p->rchild);            /*右子树线索化*/
    }
    return;
}
/*【算法 5.11 在中序线索二叉树上查找中序前驱节点】*/
BiThrTree InPreNode(BiThrTree p)
/*在中序线索二叉树上查找节点 p 的中序前驱节点*/
{   BiThrTree pre;
    pre=p->lchild;
    /*中序线索 p 节点若有左孩子，则其前驱一定是其左孩子的最深层的右孩子节点*/
```

```
    if (p->ltag!=1)
        while (pre->rtag==0) pre=pre->rchild;
    return(pre);
}
/*【算法 5.12 在中序线索二叉树上查找中序后继节点】*/
BiThrTree InPostNode(BiThrTree p)
/*在中序线索二叉树上查找节点 p 的中序后继节点*/
{   BiThrTree post;
    post=p->rchild;
    /*中序线索 p 节点若有右孩子，则其后继一定是其右孩子的最深层的左孩子节点*/
    if (p->rtag!=1)
        while (post->ltag==0) post=post->lchild;
    return(post);
}
/*主程序*/
void main()
{   int e;
    int n,i,k;
    BiThrTree t,head,p;
    printf("请输入二叉树节点个数：\n");
    scanf("%d",&n);
    printf("请输入二叉树根节点的元素值：");
    scanf("%d",&e);
    t=Create(e);
    for(i=1;i<n;i++)
    {   printf("第%d 个节点插入位置为：\n1.作为根节点的左子树\n2.作为根节点的右子树\n3.作
        为根节点左子树的左子树\n4.作为根节点左子树的右子树\n5.作为根节点右子树的左子树
        \n6.作为根节点右子树的右子树\n(1～6):",i+1);
        scanf("%d",&k);
        printf("请输入二叉树第%d 个节点的元素值：",i+1);
        scanf("%d",&e);
        switch(k)
        {   case 1:t=InsertL(t,e,t);break;
            case 2:t=InsertR(t,e,t);break;
            case 3:t=InsertL(t,e,t->lchild);break;
            case 4:t=InsertR(t,e,t->lchild);break;
            case 5:t=InsertL(t,e,t->rchild);break;
            case 6:t=InsertR(t,e,t->rchild);break;
        }
    }
    printf("中序遍历二叉树结果为：\n");
    InOrder(t);
    printf("\n");
    head=InOrderThr(t);
    p=head;
    while(p->lchild!=head) p=p->lchild;
    printf("中序线索二叉树遍历结果为：\n");
```

```
        while(p!=head) { printf("%3d",p->data);p=InPostNode(p);}
        printf("\n");
    }
```

2. 实现结果

线索二叉树上机实现的结果如图 5.30 所示。

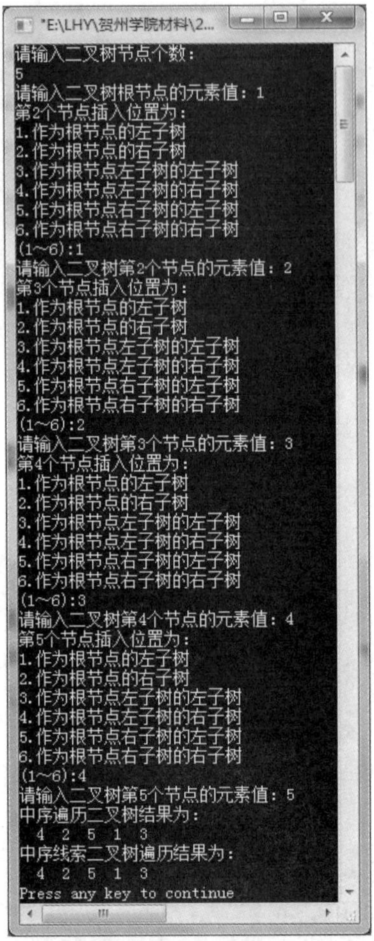

图 5.30　实现结果

5.7.3　哈夫曼树构造

哈夫曼树构造

1. 实现算法

```
#include<stdio.h>
#define MAXVALUE 10000                /*定义最大权值*/
#define MAXLEAF 30                    /*定义哈夫曼树中叶节点的最大个数*/
#define MAXNODE MAXLEAF*2-1
typedef struct
{   int weight;
    int parent;
    int lchild;
```

```
    int rchild;
}HNodeType;
int n;
void HaffmanTree(HNodeType HuffNode[MAXLEAF])
/*哈夫曼树的构造算法*/
{   int i,j,m1,m2,x1,x2;
    printf("请输入叶节点个数:");
    scanf("%d",&n);                  /*输入叶节点个数*/
    for (i=0;i<2*n-1;i++)            /*数组 HuffNode[ ]初始化*/
    {   HuffNode[i].weight=0;
        HuffNode[i].parent=-1;
        HuffNode[i].lchild=-1;
        HuffNode[i].rchild=-1;
    }
    /*输入 n 个叶节点的权值*/
    for (i=0;i<n;i++)
    {   printf("输入第%d 个叶节点的权值:",i+1);
        scanf("%d",&HuffNode[i].weight);
    }
    for (i=0;i<n-1;i++)              /*构造哈夫曼树*/
    {   m1=m2=MAXVALUE;              /*m1 为最小的权值，m2 为第二小的权值*/
        x1=x2=0;                     /*x1 为最小权值节点的序号，x2 为第二小的权值节点的序号*/
        for (j=0;j<n+i;j++)
        {   if (HuffNode[j].weight<m1 && HuffNode[j].parent==-1)
            {   m2=m1;x2=x1; m1=HuffNode[j].weight; x1=j;   }
            else if (HuffNode[j].weight<m2&&HuffNode[j].parent==-1)
            {   m2=HuffNode[j].weight; x2=j;   }
        }
        /*将找出的两棵子树合并为一棵子树*/
        HuffNode[x1].parent=n+i; HuffNode[x2].parent=n+i;
        HuffNode[n+i].weight=HuffNode[x1].weight+HuffNode[x2].weight;
        HuffNode[n+i].lchild=x1; HuffNode[n+i].rchild=x2;
    }
}
/*主程序*/
void main()
{   int i;
    HNodeType HuffNode[MAXLEAF];
    HaffmanTree(HuffNode);
    for (i=0;i<2*n-1;i++)            /*输出数组 HuffNode*/
    printf("%d    ",HuffNode[i].weight);
    printf("\n");
}
```

2. 运行结果

哈夫曼树的运行结果如图 5.31 所示。

图 5.31　哈夫曼树的运行结果

5.8 本章小结

本章主要介绍了树的逻辑结构特征、树的不同表示方法、树的常用术语及含义；对二叉树的定义、树与二叉树的区别、二叉树的性质、二叉树的遍历都进行了详细讲解；并阐述了二叉树线索化的目的、实质以及在中序线索树中查找给定的中序前驱和中序后继的方法；描述了树、森林、二叉树之间的转换方法，树的各种存储结构、特点以及树的两种遍历方法。本章重点介绍了最优二叉树的概念及特点、哈夫曼算法的思想、根据给定的叶节点及其权值构造出相应的最优二叉树以及根据最优二叉树构造对应的哈夫曼编码。

5.9 习题 5

一、选择题

1．不含任何节点的空树（　　）。

A．是一棵树　　B．是一棵二叉树

C．是一棵树也是一棵二叉树　　D．既不是树也不是二叉树

2．二叉树上的叶节点数等于（　　）。

A．分支节点数加 1　　B．单分支节点数加 1

C．双分支节点数加 1　　D．双分支节点数减 1

3．一个高度为 h 的二叉树的最少元素数目是（　　）。

A．2^h+1　　B．h　　C．2^h-1　　D．2^h

4．满二叉树的叶节点数为 N，则它的节点总数为（　　）。

A．N　　B．2N　　C．2N-1　　D．2N+1

5．二叉树是非线性数据结构，所以（　　）。

A．它不能用顺序存储结构存储

B．它不能用链式存储结构存储

C．顺序存储结构和链式存储结构都能存储

D．顺序存储结构和链式存储结构都不能使用

6．深度为 k 的二叉树，所含叶子的个数最多为（　　）。

A．2k　　B．K　　C．2^k-1　　D．2^{k-1}

7．把一棵树转换为二叉树后，这棵二叉树的形态是（　　）。

A．唯一的　　B．有多种

C．有多种，但根节点都没有左孩子　　D．有多种，但根节点都没有右孩子

8．具有 N 个节点的完全二叉树的深度为（　　）。

A．$\lfloor \log_2^{N+1} \rfloor+1$　　B．$\lfloor \log_2^{N+1} \rfloor$　　C．$\lfloor \log_2^{N} \rfloor$　　D．$\lfloor \log_2^{N} \rfloor+1$

9．树是节点的有限集合，它（　　）根节点，记为 T。

A．有 0 个或 1 个　　B．有 0 个或多个

C．有且只有 1 个　　D．有 1 个或 1 个以上

10．已知一棵二叉树的先序遍历结果为 ABCDEF，中序遍历结果为 CBAEDF，则后序遍历的结果为（　）。

A．CBEFDA　　B．FEDCBA

C．CBEDFA　　D．不定

11．在一棵度为 3 的树中，度为 3 的节点个数为 2，度为 2 的节点个数为 1，则度为 0 的节点个数为（　）。

A．4　　B．5　　C．6　　D．7

12．一棵二叉树的先序遍历序列为 ABCDEFG，它的中序遍历序列可能是（　）。

A．CABDEFG　　B．ABCDEFG

C．DACEFBG　　D．ADCFEG

13．二叉树 T，已知其先序遍历序列为 1243576，中序遍历序列为 4215736，其后序遍历序列为（　）。

A．4257631　　B．4275631　　C．4275361　　D．4723561

14．若一棵二叉树具有 10 个度为 2 的节点，5 个度为 1 的节点，则度为 0 的节点个数是（　）。

A．9　　B．11　　C．15　　D．不确定

15．完全二叉树的节点个数为 11，则它的叶节点个数为（　）。

A．4　　B．3　　C．5　　D．6

16．已知某二叉树的后序遍历序列是 dabec，中序遍历序列是 debac，则它的先序遍历是（　）。

A．acbed　　B．decab　　C．deabc　　D．cedba

17．具有 n(n>0)个节点的完全二叉树的深度为（　）。

A．$\lceil \log_2^n \rceil$　　B．$\lfloor \log_2^n \rfloor$　　C．$\lfloor \log_2^n \rfloor+1$　　D．$\lceil \log_2^n+1 \rceil$

18．由树转换成的二叉树，一个节点 N 的左孩子节点是 N 在原树中对应节点的（　）。

A．最左子节点　　B．最右子节点

C．最邻近的右兄弟　　D．最邻近的左兄弟

19．在下述结论中，正确的是（　）。

①只有一个节点的二叉树的宽度为 0

②二叉树的度为 2

③二叉树的左右子树可任意交换

④深度为 K 的完全二叉树的节点个数小于或等于深度相同的满二叉树的节点个数

A．①②③　　B．②③④　　C．②④　　D．①④

20．由权值分别为 3，8，6，2，5 的叶节点生成一棵哈夫曼树，它的带权路径长度为（　）。

A．24　　B．48　　C．72　　D．53

21．在有 N(N>0)个节点的二叉链表中，空链域的个数是（　）。

A．N-1　　B．N　　C．N+1　　D．N+2

22．已知完全二叉树有 28 个节点，则整个二叉树有（　）个度为 1 的节点。

A．0　　B．1　　C．2　　D．不确定

23．二叉树 T 的广度优先遍历序列为 ABCDEFGHI，已知 A 是 C 的父节点，D 是 G 的父节点，F 是 I 的父节点，树中所有节点的最大深度为 3（根节点深度设为 0），可知 F 的父节点是（　　）。

A．无法确定　　B．B　　C．C　　D．D

24．一个具有 1025 个节点的二叉树的高 h 为（　　）。

A．11　　B．10

C．11 至 1025 之间　　D．10 至 1024 之间

二、填空题

1．在一棵非空的树中，有且仅有一个节点没有________，这个节点称为________。

2．二叉树的子树有________之分，次序________任意颠倒。

3．节点拥有的________称为节点的度，具有 30 个节点的完全二叉树的深度为________。

4．二叉树是指度为 2 的________树。一棵节点数为 N 的二叉树，其所有节点的度的总和是________。

5．高度为 h 的完全二叉树中最少有________个节点，最多有________个节点。

6．设哈夫曼树中共有 99 个节点，则该树中有________个叶节点；若采用二叉链表作为存储结构，则该树中有________个空指针域。

7．设一棵完全二叉树中有 21 个节点，如果按照从上到下、从左到右的顺序从 1 开始顺序编号，则编号为 8 的双亲节点的编号是________，编号为 8 的左孩子节点的编号是________。

8．在树形结构中，叶节点没有________节点，其余每个节点的后继节点数可以________。

9．深度为 6 的完全二叉树至多有________个节点，至少有________个节点。

10．若对一棵完全二叉树从 0 开始进行节点的编号，并按此编号把它顺序存储到一维数组 A 中，即编号为 0 的节点存储到 A[0]中。其余类推，则 A[i]元素的左孩子元素为________，双亲元素为________。

11．对于一棵具有 n 个节点的二叉树，用二叉链表存储时，其指针总数为________个，其中________个用于指向孩子节点。

12．非空二叉树是由一个根节点和两棵分别称为左子树和右子树的________组成。

13．设一棵完全二叉树具有 1000 个节点，则此完全二叉树有________个叶节点，有________个度为 2 的节点。

14．中序遍历的递归算法平均空间复杂度为________，一棵完全二叉树有 700 个节点，则共有________个叶节点。

15．一棵含有 n 个节点的 k 叉树，可能达到的最大深度为________，最小深度为________。

16．设有 n 个节点的完全二叉树，如果按照从自上到下、从左到右从 1 开始顺序编号，则第 i 个节点的双亲节点编号为________，右孩子节点的编号为________。

17．设一棵完全二叉树具有 1000 个节点，有________个节点只有非空左子树，用 5 个权值{3,2,4,5,1}构造的哈夫曼树的带权路径长度是________。

18．一棵具有 257 个节点的完全二叉树，它的深度为________，由 3 个节点所构成的二叉树有________种形态。

19．在一棵高度为 h 的三叉树中，最多含有________个节点。

20．二叉树的基本组成部分为根（D）、左子树（L）和右子树（R）。因而二叉树的遍历次序有 6 种。最常用的有 3 种：先序法（按 DLR 次序），后序法（按________次序）和中序法（按 LDR 次序）。这 3 种方法相互之间有关联，若已知一棵二叉树的先序序列是 BEFCGDH，中序序列是 FEBGCHD，则它的后序序列必是________。

21．一棵深度为 6 的满二叉树有________个分支节点和________个叶节点。（注：满二叉树没有度为 1 的节点，所以分支节点数就是度为 2 的节点数。）

三、判断题

1．深度为 K 的二叉树至多有 $2^{k-1}-1$ 个节点。（ ）

2．二叉树的节点必须有两棵子树。（ ）

3．若二叉树用二叉链表作为存储结构，则在 n 个节点的二叉树链表中只有 n-1 个非空指针域。（ ）

4．二叉树是树。（ ）

5．对于一棵非空二叉树，它的根节点作为第一层，则它的第 i 层上最多能有 $2^{i}-1$ 个节点。（ ）

6．满二叉树是完全二叉树的特例。（ ）

7．具有 12 个节点的完全二叉树有 5 个度为 2 的节点。（ ）

8．二叉树中每个节点的两棵子树的高度差等于 1。（ ）

9．已知一棵二叉树的先序序列和后序序列，则能够唯一确定该二叉树的形状。（ ）

10．二叉树中每个节点的两棵子树都是有序的。（ ）

11．用二叉链表法存储包含 n 个节点的二叉树，那么，节点的 2n 个指针区域中有 n+1 个为空指针。（ ）

12．存在着这样的二叉树，对它采用任何次序遍历，其节点访问序列均相同。（ ）

13．二叉树中的所有节点如果不存在非空左子树，则不存在非空右子树。（ ）

14．二叉树中所有节点的个数是 $2^{k-1}-1$，其中 k 是树的深度。（ ）

15．树是一种特殊形式的图。（ ）

16．二叉树中每个节点的关键字值大于其左非空子树（若存在的话）所有节点的关键字值，且小于其右非空子树（若存在的话）所有节点的关键字值。（ ）

17．不存在有偶数个节点的完全二叉树。（ ）

18．树的度是指树内节点的度。（ ）

19．将二叉树变为线索二叉树的过程称为线索化。（ ）

20．由二叉树的先序序列和中序序列能唯一确定一棵二叉树。（ ）

21．树和二叉树都是森林。（ ）

22．设一棵树 T 可以转化成二叉树 BT，则二叉树 BT 中的根节点一定没有右子树。（ ）

23．二叉树中每个节点都有两棵非空子树或有两棵空子树。（ ）

24．设一棵完全二叉树有 128 个节点，则该完全二叉树的深度为 7。（ ）

25．哈夫曼树的带权路径长度 WPL 等于叶节点的权值之和。（ ）

26．不存在有偶数个节点的满二叉树。（ ）

四、简答题

1．已知一棵二叉树的先序遍历的结果序列是 ABECDFGHIJ，中序遍历的结果是 EBCDAFHIGJ，试写出这棵二叉树的后序遍历结果。

2．分别写出如图 5.32 所示的二叉树的先序、中序、后序三种遍历的遍历序列。

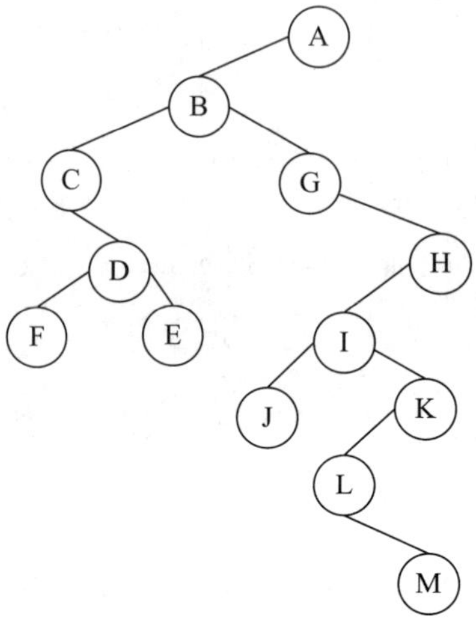

图 5.32　二叉树

3．已知一棵二叉树的中序遍历序列为{16,24,35,42,53,57,60,84,88,92}，先序遍历序列为{60,35,24,16,53,42,57,92,84,88}，试写出按后序遍历得到的节点序列。

4．高度为 h 的完全二叉树至少有多少个节点？至多有多少个节点？

5．根据二叉树的定义，二叉树有几种基本形式？并用图表示。

6．已知一棵树如图 5.33 所示，请回答下列问题：

（1）树的度为多少？节点 G 的度为多少？

（2）树的深度为多少？哪些是叶节点？

（3）节点 G 的祖先有哪些？

（4）节点 B 的兄弟有哪些？孩子有哪些？

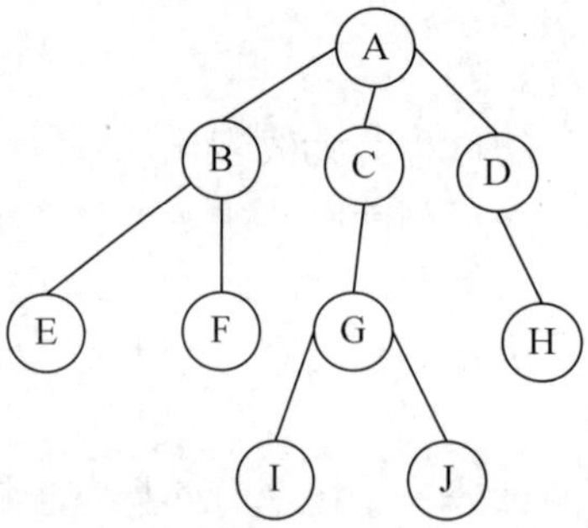

图 5.33　树

7．一棵度为 2 的树与一棵二叉树有何区别？

8. 已知一棵二叉树 B 的先序和中序遍历序列，试画出二叉树 B，并简述由任意二叉树 B 的先序遍历序列和中序遍历序列求二叉树 B 的思路。

先序遍历序列为 D,A,C,E,B,H,F,G,I。

中序遍历序列为 D,C,B,E,H,A,G,I,F。

9. 分别写出如图 5.34 所示的二叉树按先序、中序、后序遍历时得到的节点序列。

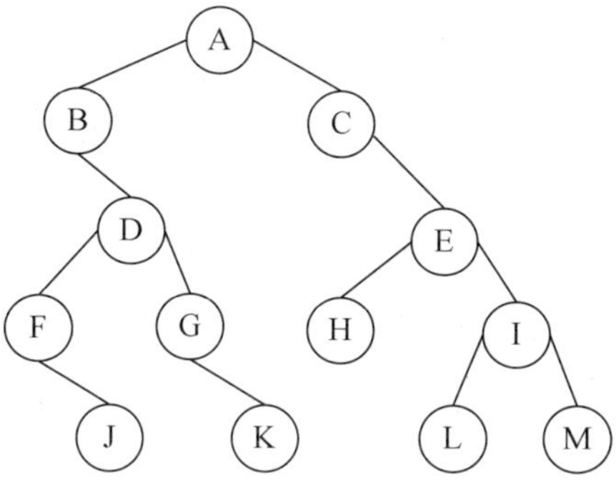

图 5.34　二叉树

10. 分别画出具有 3 个节点的树和具有 3 个节点的二叉树的所有不同形态。

11. 将如图 5.35 所示的树转换成二叉树。

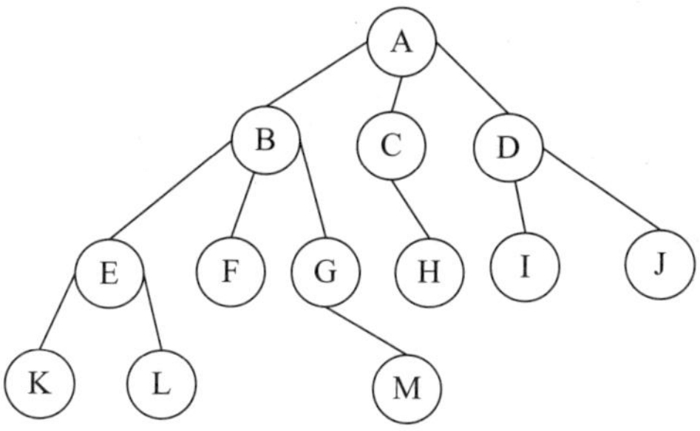

图 5.35　树

12. 将如图 5.36 所示的树转换成二叉树。

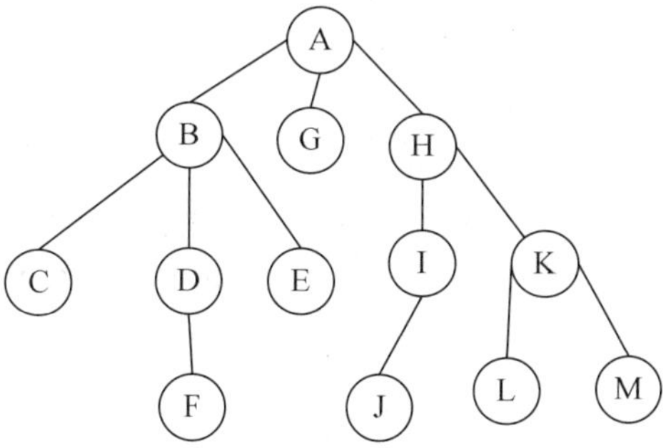

图 5.36　树

13. 将如图 5.37 所示的二叉树转换成对应的森林。

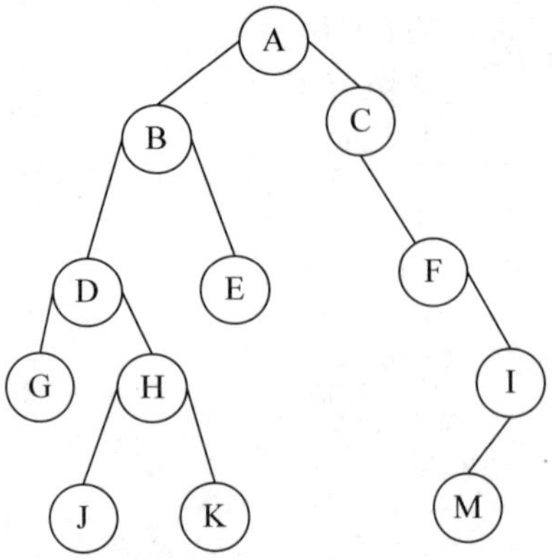

图 5.37　二叉树

14．满足下列性质之一的二叉树是否存在？若存在请举例，若无则说明原因。

（1）先序遍历和中序遍历结果相同。

（2）先序遍历和后序遍历结果相同。

（3）中序遍历和后序遍历结果相同。

15．已知二叉树的先序、中序、后序序列，但其中有一些已模糊不清，试构造出该二叉树。

（1）先序：_23_5_78

（2）中序：3_41_786

（3）后序：_42_ _651

16．假设如图 5.38 所示的二叉树 B 的存储结构为二叉链表，root 为根指针，节点结构为：(lchild,data,rchild)。其中，lchild，rchild 分别为指向左右孩子节点的指针，data 为字符型，试回答下列问题。

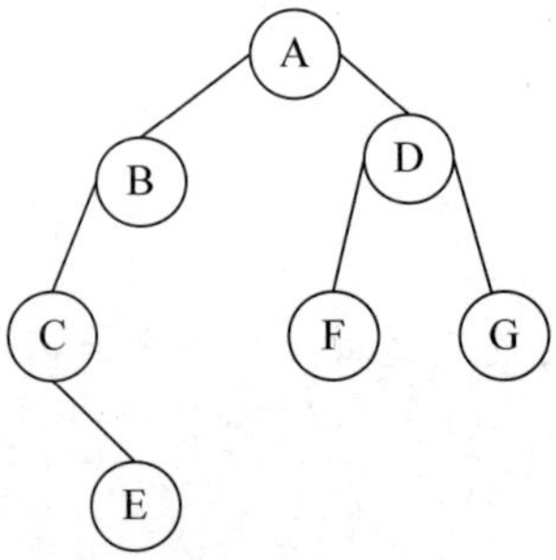

图 5.38　二叉树

（1）对下列二叉树 B，执行下列算法 traversal(root)，试指出其输出结果。

（2）假定二叉树 B 共有 n 个节点，试分析算法 traversal(root)的时间复杂度。

二叉树 B 的节点类型定义如下：

```
struct node
{   char data;
    struct node *lchild, rchild;
};
```

算法如下：

```
void traversal(struct node *root)
{   if (root)
    {   printf("%c", root->data);
        traversal(root->lchild);
        printf("%c", root->data);
        traversal(root->rchild);
    }
}
```

17. 已知二叉树的中序序列和先序序列，试构造该二叉树。

中序序列为 DEBAFCHG。

先序序列为 ABDECFGH。

18. 给定如图 5.39 所示二叉树 T，请画出与其对应的中序线索二叉树。

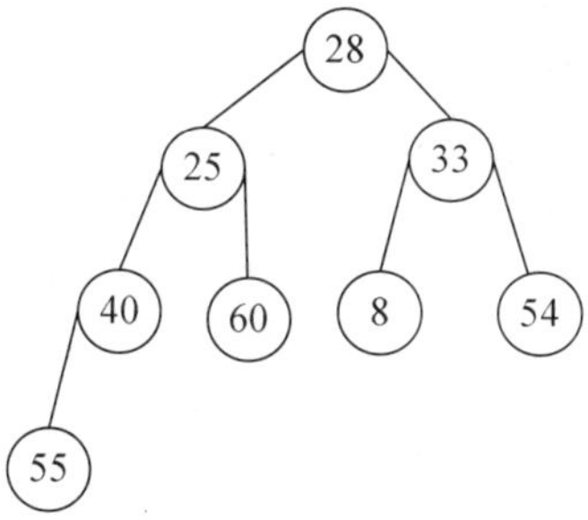

图 5.39 二叉树

19. 假设用于通信的电文由字符集{a,b,c,d,e,f,g,h}中的字母构成，这 8 个字母在电文中出现的概率分别为{0.07,0.19,0.02,0.06,0.32,0.03,0.21,0.10}。试为这 8 个字母设计哈夫曼编码。

20. 已知一棵二叉树的中序序列和后序序列分别为 BDCEAFHG 和 DECBHGFA，试画出这棵二叉树。

五、编程题

1. 以二叉链表作存储结构，试写出中序遍历二叉树的算法。
2. 算法填空，试计算二叉树的深度。

```
int BtreeDepth (BTreeNode *BT)
{   if (BT= =NULL) return 0;
    else
    {   int dep1,dep2;
        dep1=____________________;
        dep2=____________________;
        if (dep1>dep2);
            return____________________;
        else
            return____________________;
    }
}
```

3. 以二叉链表作存储结构，试编写计算二叉树高度的算法。

4. 设计判断两个二叉树是否相同的算法。

5. 编写递归算法，将二叉树所有节点的左、右子树交换。

6. 编写递归算法，计算二叉树中叶节点的数目。

7. 已知二叉树中的节点类型 BinTreeNode 的定义如下：

```
struct BinTreeNode { ElemType data; BinTreeNode *left, *right; };
```

其中，data 为节点值域，left 和 right 分别指向左、右孩子节点的指针域。下面函数实现的功能是返回二叉树 BT 中值为 X 的节点所在的层号，请将其补充完整。

```
int NodeLevel( BinTreeNode *BT, ElemType X)
{    int c1,c2;
     if( BT == NULL) return 0;
     else if( BT->data == X) return 1;
     else
     {    c1= NodeLevel(BT->left, X);
          if(c1>= 1)return c1+1;
          c2 =____________________;
          if____________________;
          else return 0;
     }
}
```

8. 试写出二叉树的按层遍历算法。

第6章　图

图是一种比线性表和树形结构更为复杂的非线性数据结构。线性结构中，数据元素之间具有单一的线性关系；树形结构中，节点间具有一对多的层次关系。在图形结构中，任意两个节点间可能有关系也可能根本不存在任何关系，节点间是多对多的复杂关系。可以说树是图的特例，线性表是树的特例。在现实中有很多问题可以抽象成为图的形式，因此借助图的结构和技术可以解决很多实际应用问题。本章重点介绍图在计算机中的存储和其基本操作的实现。

相关知识点

图的常用术语：有向图、无向图、完全图、有向完全图、稀疏图、稠密图、网、邻接点、路径、简单路径、回路或环、简单回路、连通、连通图、强连通图、生成树；图的邻接矩阵存储表示和邻接表存储表示；图的深度优先遍历（Depth-First Search，DFS）和图的广度优先遍历（Breadth-First Search，BFS）；最小生成树；拓扑排序和关键路径；最短路径。

学习重点

图的存储结构；图的遍历、最小生成树、最短路径算法。

6.1　图的定义和基本术语

6.1.1　图的定义

图（Graph）是由有穷非空顶点集合 V（Vertex）及顶点之间的关系集合（称为边或弧）E（Edge）组成的一种数据结构，记为 G=(V,E)。其中 V 是顶点的有限集合，记为 V(G)，E 是连接 V 中两个不同顶点（顶点对）的边的有限集合，记为 E(G)。

6.1.2　图的基本术语

1. 无向边

如果顶点v_i和v_j间的边没有方向，则称该边为无向边（Edge）。用无序偶对表示：(v_i,v_j)。

2. 有向边（弧）

如果顶点 v_i 和 v_j 间的边有方向，则称该边为有向边，或称为弧（Arc）。用有序偶对表示：$<v_i,v_j>$。

3. 无向图

在一个图 G 中，任意两个顶点构成的偶对$(v_i,v_j)\in E$ 都是无序的，即两点相连形成的边都是没有方向的，则称该图为无向图（Undigraph）。图 6.1（a）所示就是一个无向图 G_1。

4. 有向图

在一个图 G 中，任意两个顶点构成的偶对$(v_i,v_j)\in E$ 都是有序的，即两点相连形成的边都是有方向的，则称该图为有向图（Digraph）。如图 6.1（b）所示就是一个有向图 G_2，在该图中，存在 $G_2=(V_2,E_2)$，$V_2=\{v_1,v_2,v_3\}$，$E_2=\{<v_1,v_2>,<v_2,v_1>,<v_2,v_3>,<v_1,v_3>\}$。

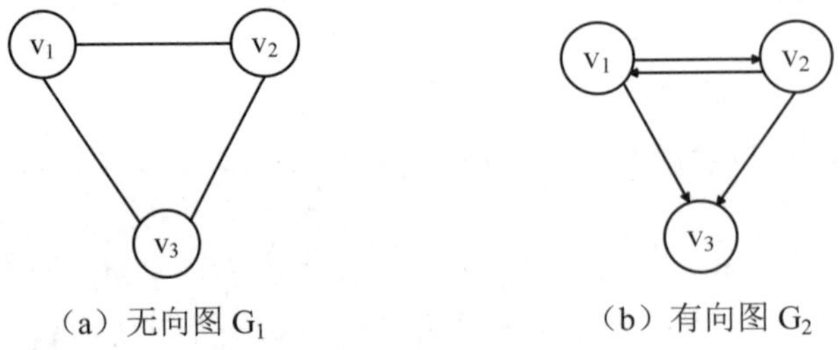

图 6.1　图

5. 弧头、弧尾

在无向图中，任意两个顶点之间的连线称为边，并且不区分首尾；在有向图中，任意两个顶点之间的连线称为弧，并且有向图的弧需区分弧头和弧尾。例如：将顶点 v_i 和 v_j 之间的连线记为有序偶对 $<v_i,v_j>$，其中顶点 v_i 称为初始点（弧尾 Tail），即弧的射出端，就是不带箭头的一端；顶点 v_j 称为终端点（弧头 Head），即弧的射入端，就是带着箭头的一端。

6. 权、网

在边或者弧上的数据信息称为边的权（Weight）。权值可以表示从一个顶点到另一个顶点的距离、时间或者价格等。带权的图称为网（Network）。图 6.2（a）所示是一个无向网 G_3，图 6.2（b）所示是一个有向网 G_4。

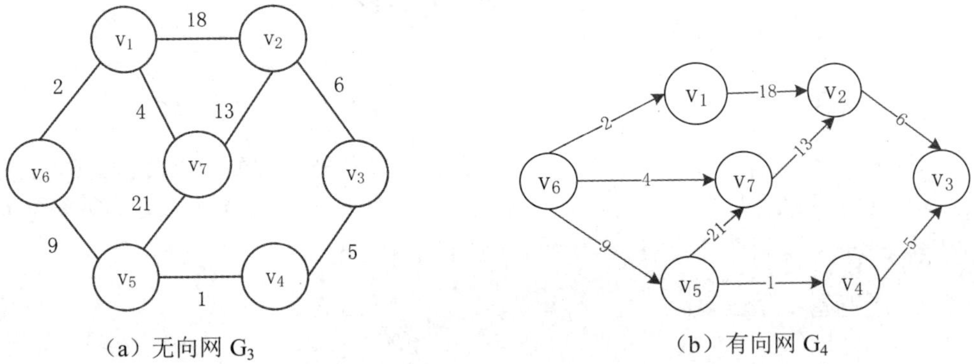

图 6.2　网

7. 完全图

如果无向图中任意两个顶点间都存在边，则称之为无向完全图（Completed Graph）。在一个含有 n 个顶点的无向完全图中，边数为 $n(n-1)/2$。如果有向图中任意两个顶点间都存在方向互为相反的两条弧，则称之为有向完全图。在一个含有 n 个顶点的有向完全图中，边数为 $n(n-1)$。

8. 稠密图、稀疏图

当一个图接近完全图时，称之为稠密图（Dense Graph）；相反地，当一个图中含有较少的边或弧时，则称之为稀疏图（Sparse Graph）。

9. 子图

若有两个图 G_1 和 G_2，其中，$G_1=(V_1,E_1)$，$G_2=(V_2,E_2)$，且满足：$V_2 \subseteq V_1$，$E_2 \subseteq E_1$，即 V_2 为 V_1 的子集，E_2 为 E_1 的子集，则称图 G_2 为图 G_1 的子图。

10. 邻接点和度

对于无向图，假如顶点 v 和顶点 w 之间存在一条边，则称顶点 v 和 w 互为邻接点；和顶点 v 关联的边的数目定义为 v 的度，记为 ID(v)。无向图不区分入度和出度。

对于有向图，由于弧有方向性，则有入度和出度之分。顶点的出度（OutDegree）是以顶点 v 为弧尾的弧的数目，记为 OD(v)；顶点的入度（InDegree）是以顶点 v 为弧头的弧的数目，记为 ID(v)。顶点的度记为 TD(v)，则有 TD(v)= OD(v)+ ID(v)。

11. 路径、路径长度

顶点 v_i 到顶点 v_j 的路径(Path)是指从顶点 v_i 到顶点 v_j 之间所经历的顶点序列 $v_i,v_{i,1},\cdots,v_{i,m},v_j$，其中，$(v_i,v_{i,1})(v_{i,m},v_j)$和$(v_{i,j},v_{i,j+1})\in E$（$1\leqslant j\leqslant m-1$）且都是图中的边。路径的长度是路径上的边或弧的数目。

12. 简单路径、回路、简单回路

顶点序列中顶点不重复出现的路径称为简单路径；若顶点序列中第一个顶点和最后一个顶点相同，则称该路径为回路或环（Cycle）；若顶点序列中除第一个顶点和最后一个顶点相同外，其余顶点都不重复，则称该回路为简单回路或者简单环。

13. 连通图、连通分量

无向图 G 中，如果从顶点 v_i 到顶点 v_j 有路径，则称顶点 v_i 和 v_j 是连通的。如果对于图中任意两个顶点 v_i、$v_j\in V$，v_i 和 v_j 都是连通的，则称图 G 为连通图（Connected Graph）。在无向图中，在满足连通条件时，尽可能多地包含原图中的顶点和这些顶点之间的边的连通子图称为该图的连通分量（Connected Component）。连通图的连通分量是它本身，非连通图的连通分量可能为多个。例如：图 6.3 中的 G_5 就是一个连通图。而图 6.4 中的 G_6 就是非连通图，但有两个连通分量。

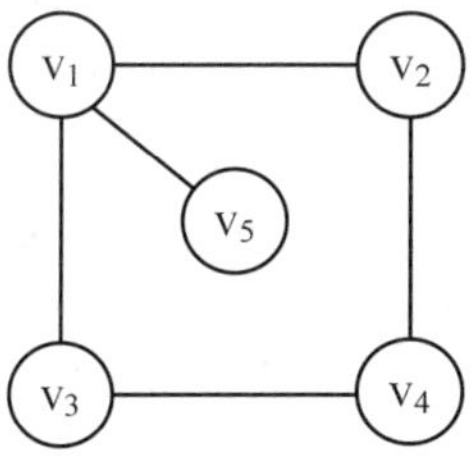

图 6.3　连通图 G_5

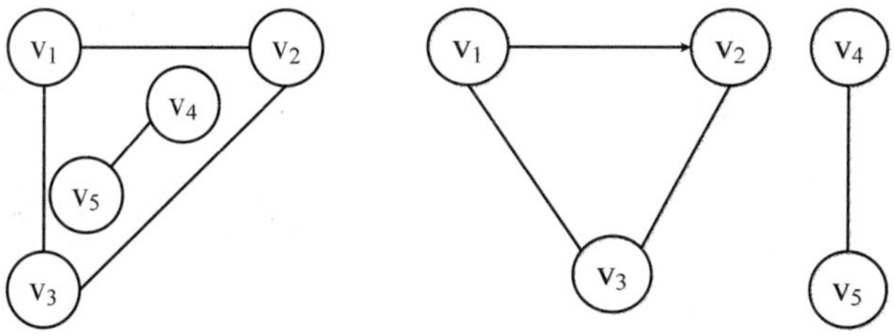

（a）非连通图 G_6　　（b）G_6 的两个连通分量

图 6.4　非连通图 G_6 及 G_6 的两个连通分量

14. 强连通图、强连通分量

有向图 G 中，如果从 v_i 到 v_j 有路径，则称顶点 v_i 和顶点 v_j 是连通的；若图中任意两个顶点之间都存在两条互为反方向的路径，即从 v_i 到 v_j 及从 v_j 到 v_i 都有路径，则称此有向图为强连通图。有向图中的极大连通子图称作该有向图的强连通分量。例如，图 6.5 中的 G_7 就是一个强连通图。而图 6.6 中的 G_8 就是非强连通图，但有两个强连通分量。

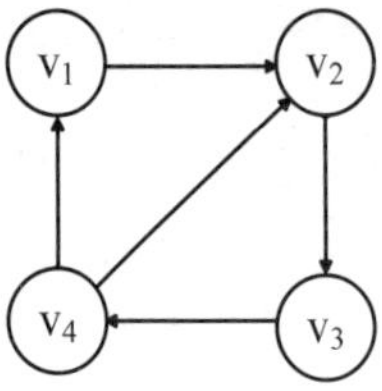

图 6.5 强连通图 G_7

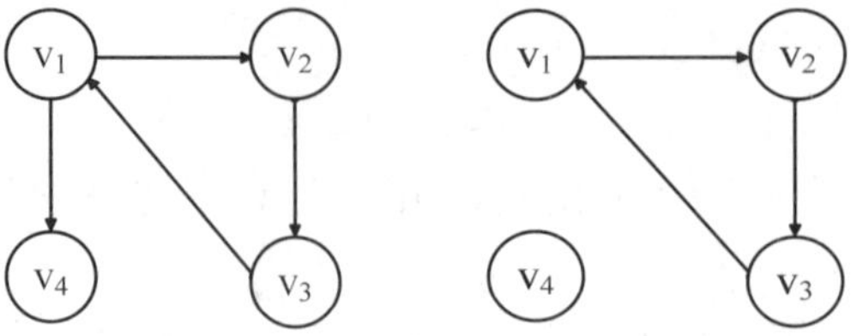

（a）非强连通图 G_8 （b）G_8 的两个强连通分量

图 6.6 非强连通图 G_8 及 G_8 的两个强连通分量

15. 生成树

连通图 G 的生成树是包含 G 的全部 n 个顶点的一个极小连通子图，该极小连通子图有(n-1)条边，如图 6.7 所示是连通图 G_5 的生成树。如果在一棵生成树上添加一条边必定构成一个环，因为这条边的出现使得其依附的两个顶点之间有了第二条路径。一棵有 n 个顶点的生成树有且仅有(n-1)条边。如果一个图有 n 个顶点和小于(n-1)条边，则是非连通图，如果多于(n-1)条边，则一定有环。但需要注意的是，有(n-1)条边的图不一定是生成树。

16. 生成森林

如果一个有向图有且仅有一个顶点的入度为 0，其他顶点的入度均为 1，则这个图是一棵有向树。当一个有向图有多个顶点的入度为 0 时，它的生成森林则由多棵有向树构成，这个生成森林含有图中全部的顶点和相应的弧，如图 6.8 所示是有向图 G_9 及其生成森林。

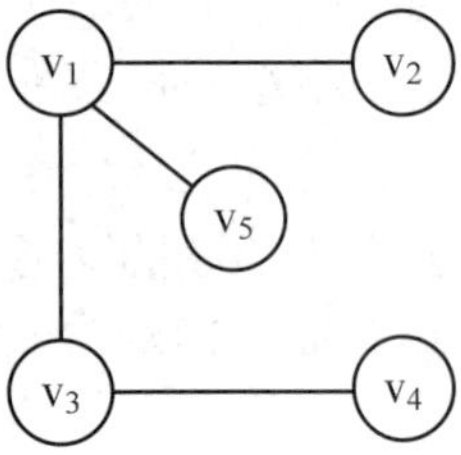

图 6.7 连通图 G_5 的生成树

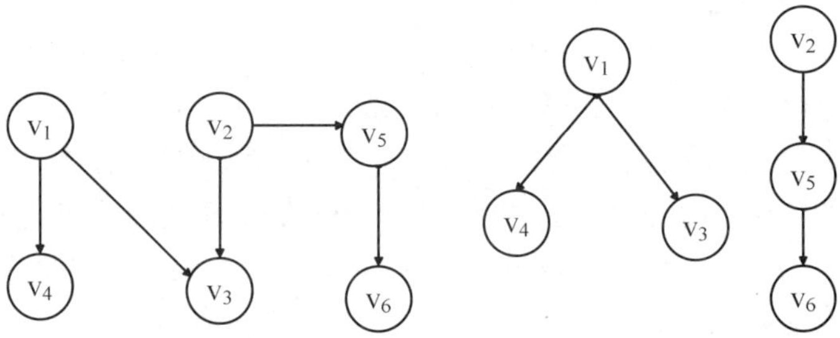

（a）有向图 G_9 （b）G_9 的生成森林

图 6.8 有向图 G_9 及 G_9 的生成森林

6.2 图的存储与操作

图是一种结构复杂的数据结构，图的信息包括顶点和边两部分。由于任意两个顶点之间可能存在联系，因此不能用数据元素在存储区中的物理位置来表示元素之间的关系，即图不能用顺序存储结构来存储，但是可以借助数组的数据类型来表示元素之间的关系。多重链表是一种最简单的链式存储结构，以一个由数据域和指针域组成的节点表示图的一个顶点。其中，数据域存储顶点信息，指针域可以有多个用来存储指向其邻接点的指针。

由于每个顶点的度不一定相同，因此在设计节点结构时应该根据实际需要进行操作，设计恰当的节点结构和表结构以获得相对较好的存储单元的利用率。常用的有数组存储法（邻接矩阵）、邻接表存储法。

6.2.1 邻接矩阵

图的邻接矩阵（Adjacency Matrix）存储结构又称为数组存储法。该方法是用两个数组来表示图，其中一个数组是一维数组，存储图中顶点的信息；另一个数组是二维数组，即矩阵，存储顶点之间相邻的信息，也就是边（或弧）的信息，这也是邻接矩阵名称的由来。

1. 图的邻接矩阵存储法

图的邻接矩阵定义如下：

$$A[i][j]=\begin{cases}1 & 若无向图的(v_i,v_j)\in E 或者(v_j,v_i)\in E；或者有向图的<v_i,v_j>\in E\\ 0 & 若无向图的(v_i,v_j)\notin E 或者(v_j,v_i)\notin E；或者有向图的<v_i,v_j>\notin E\end{cases}$$

例如，图 6.3 无向图 G_5 和图 6.8 有向图 G_9 的邻接矩阵如图 6.9 所示。用二维数组表示有 n 个顶点的图时需要存储 n 个顶点的信息以及 n^2 个边的信息。

$$A1=\begin{bmatrix}0&1&1&0&1\\1&0&0&1&0\\1&0&0&1&0\\0&1&1&0&0\\1&0&0&0&0\end{bmatrix}$$

（a）无向图 G_5 的邻接矩阵

$$A2=\begin{bmatrix}0&0&1&1&0&0\\0&0&1&0&1&0\\0&0&0&0&0&0\\0&0&0&0&0&0\\0&0&0&0&0&1\\0&0&0&0&0&0\end{bmatrix}$$

（b）有向图 G_9 的邻接矩阵

图 6.9　无向图 G_5 的邻接矩阵和有向图 G_9 的邻接矩阵

2. 网的邻接矩阵

网的邻接矩阵定义如下：

$$A[i][j]=\begin{cases}w_{i,j} & 若无向图的(v_i,v_j)\in E 或者(v_j,v_i)\in E；或者有向图的<v_i,v_j>\in E\\ \infty & 若无向图的(v_i,v_j)\notin E 或者(v_j,v_i)\notin E；或者有向图的<v_i,v_j>\notin E\end{cases}$$

例如，图 6.2（a）无向网 G_3 和图 6.2（b）有向网 G_4 的邻接矩阵如图 6.10 所示。用二维数组表示有 n 个顶点的图时需要存储 n 个顶点的信息以及 n^2 个边的信息。

$$A3=\begin{bmatrix}0&18&\infty&\infty&\infty&2&4\\18&0&6&\infty&\infty&\infty&13\\\infty&6&0&5&\infty&\infty&\infty\\\infty&\infty&5&0&1&\infty&\infty\\\infty&\infty&\infty&1&0&9&21\\2&\infty&\infty&\infty&9&0&\infty\\4&13&\infty&\infty&21&\infty&0\end{bmatrix}$$

（a）无向网 G_3 的邻接矩阵

$$A4=\begin{bmatrix}0&3&3&10&\infty&\infty&\infty\\\infty&0&7&\infty&9&\infty&\infty\\\infty&\infty&0&\infty&4&3&\infty\\\infty&\infty&\infty&0&\infty&5&\infty\\\infty&\infty&\infty&\infty&0&\infty&3\\\infty&\infty&3&\infty&\infty&0&8\\\infty&\infty&\infty&\infty&\infty&\infty&0\end{bmatrix}$$

（b）有向网 G_4 的邻接矩阵

图 6.10　无向网 G_3 的邻接矩阵和有向网 G_4 的邻接矩阵

3. 图的邻接矩阵存储法的特点

图的邻接矩阵存储法具有以下特点：

（1）因为无向图的邻接矩阵具有对称性，则一定是一个对称矩阵，所以可以采取压缩存储的方式只存储矩阵的上三角（或下三角）矩阵元素。

（2）无向图（网）的邻接矩阵的第 i 行（或第 i 列）非零元素（或非∞元素）的个数正好是第 i 个顶点的度 $TD(v_i)$。

（3）有向图（网）的邻接矩阵的第 i 行非零元素（或非∞元素）的个数正好是第 i 个顶点的出度 $OD(v_i)$。

（4）有向图（网）的邻接矩阵的第 i 列非零元素（或非∞元素）的个数正好是第 i 个顶点的入度 $ID(v_i)$。

4. 邻接矩阵表示法的优缺点

显然我们可以通过邻接矩阵很快地看出图的任意两个顶点之间是否有边相连（邻接），但是，如果我们想确定这个图（或网）中有多少条边（或弧）则必须按行或者列对整个二维数组的每个元素进行遍历，对非零元素（或非无穷元素）进行计数，所花费的时间代价很大，同时，时间复杂度是 $O(n^2)$，这并不是理想的时间开销，所以这种方法适用于稠密图，这是邻接矩阵存储方式的局限。

5. 图的邻接矩阵存储定义

```
/*图的邻接矩阵存储*/
#define MAXSIZE 10
typedef char ElemType;                  /*定义顶点类型为char*/
typedef struct
{   ElemType V[MAXSIZE];                /*顶点信息*/
    int arcs[MAXSIZE][MAXSIZE];         /*邻接矩阵*/
    int e;                              /*边数*/
    int n;                              /*顶点数*/
}Graph;                                 /*图的邻接矩阵数据类型*/
```

6. 邻接矩阵操作

（1）在图中查找顶点。

算法 6.1 在图中查找顶点。

```
/*在图 G 中查找顶点 v，找到后返回其在顶点数组中的索引号；若不存在，则返回-1*/
int LocateVex(Graph G,ElemType v)
{   int i;
    for(i=0;i<G.n;i++)
        if(G.V[i]==v) return i;
    return -1;
}
```

（2）在屏幕上显示图 G 的邻接矩阵表示。

算法 6.2 在屏幕上显示图 G 的邻接矩阵表示。

```
/*在屏幕上显示图 G 的邻接矩阵表示*/
void DisplayAdjMatrix(Graph G)
{   int i,j;
    printf("图的邻接矩阵表示：\n");
    for(i=0;i<G.n;i++)
    {   for(j=0;j<G.n;j++)  printf("%3d",G.arcs[i][j]);
        printf("\n");
    }
}
```

（3）无向图、无向网、有向图、有向网的邻接矩阵的建立。

算法 6.3　无向图、无向网、有向图、有向网的邻接矩阵的创建。

```
/*创建无向图、无向网、有向图、有向网的邻接矩阵*/
void CreateUndirectedGraphAdj(Graph *pg)
{
    int i,j,k;
    ElemType v1,v2;
    for(k=0;k<pg->e;k++)                    /*边数 e*/
    {   scanf("%c%c",&v1,&v2);               /*输入一条边的两个端点（图）*/
        scanf("%c%c%d",&v1,&v2,&w);          /*输入一条边的两个顶点及边的权（网）*/
        /*确定两个顶点在图 G 中的位置*/
        i=LocateVex(*pg,v1);j=LocateVex(*pg,v2);
        /*创建邻接矩阵*/
        if(i>=0&&j>=0)
        {   pg->arcs[i][j]=1;pg->arcs[j][i]=1;     /*创建无向图的邻接矩阵*/
            pg->arcs[i][j]=w;pg->arcs[j][i]=w;     /*创建无向网的邻接矩阵*/
            pg->arcs[i][j]=1;                      /*创建有向图的邻接矩阵*/
            pg->arcs[i][j]=w;                      /*创建有向网的邻接矩阵*/
        }
    }
}
```

6.2.2　邻接表

1. 图的邻接表存储法

邻接表（Adjacency List）也是图的存储方式，它是将顺序存储和链式存储相结合而形成的一种存储方法。邻接表为图的每一个顶点建立一个单链表，即将图中的每个顶点 v_i 的所有邻接点都放在以 v_i 为表头的链表里，再将所有顶点的邻接表表头放在一个一维数组中，显然一维数组是顺序存储结构，由一维数组和多个单链表构成图的邻接表结构。

邻接表包括顶点表和边表，对应的节点结构如图 6.11 所示。

vex	firstarc

adjvex	nextarc	data

图 6.11　图的邻接表存储中的头节点和表节点示意图

- 头节点：由两个域构成。链域（firstarc）标记第一个邻接节点，顶点域 vex 标记顶点 v_i 的信息。
- 表节点：由 3 个域构成，邻接点域（adjvex）标记与顶点 v_i 邻接的点在图中的位置，链域（nextarc）标记下一个与 v_i 邻接的节点，数据域 data 标记和边（或弧）的相关信息，例如权值等。

如果无向图 G 有 n 个顶点和 e 条边，则它的邻接表需要 n 个头节点和 2e 个表节点。当 e 远小于 n(n-1)/2 时，邻接表存储法比邻接矩阵存储法更节省存储空间。

2. 图的逆邻接表存储法

有向图的邻接表不方便查找以 v_i 为弧头的节点数，为此我们可以建立一个逆邻接表，为每一个顶点建立一个以 v_i 为弧头的表，如图 6.12 所示。

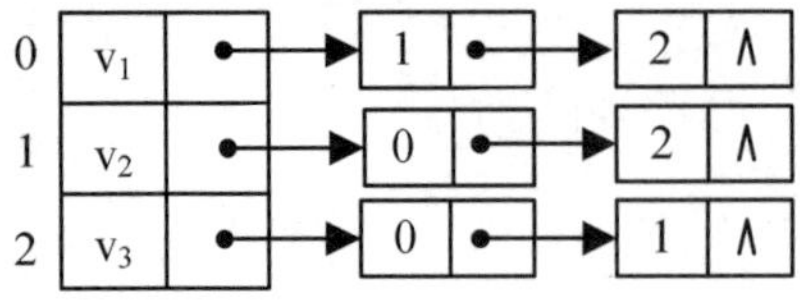

（a）无向图 G_1 的邻接表

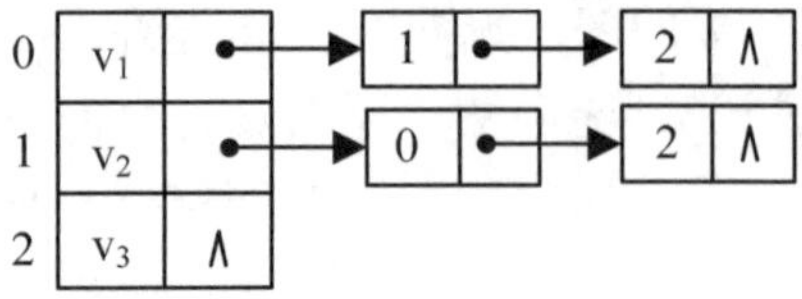

（b）有向图 G_2 的邻接表

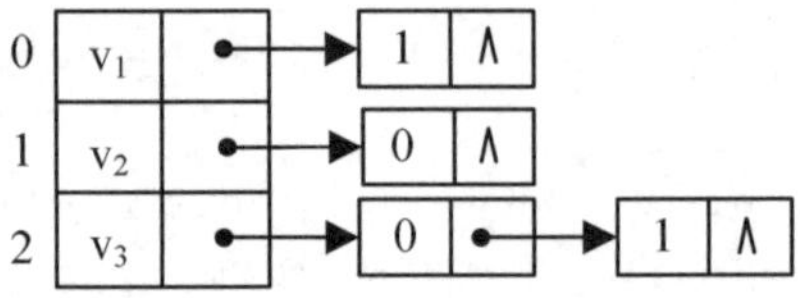

（c）有向图 G_2 的逆邻接表

图 6.12　邻接表和逆邻接表

如果在建立邻接表时仅以顶点编号作为顶点信息输入，则其时间复杂度为 O(n+e)。

3. 无向图的邻接表存储法的特点

无向图的邻接表存储法具有以下特点：

（1）在无向图的邻接表中，第 i 个链表的节点数目等于顶点 v_i 的度。

（2）所有链表中节点的数目的一半为图中边的数目。

（3）占用的存储单元数目为 n+2e（n 为顶点数，e 为边数）。

4. 有向图的邻接表存储法的性质

（1）邻接表中，第 i 个链表中节点的数目为顶点 i 的出度。逆邻接表中，第 i 个链表中节点的数目为顶点 i 的入度。

（2）所有链表中节点的数目为图中弧的数目。

（3）占用的存储单元数目为 n+e（n 为顶点数，e 为弧数）。

5. 邻接表存储法的优缺点

在邻接表中可以快速找到某一顶点的邻接点，但是要确定任意两个顶点 v_i 和 v_j 间是否有边（或弧），就必须搜索第 i 个或者第 j 个链表，因此邻接表在这方面远不及邻接矩阵快捷。

6. 图的邻接表存储定义

```
/*图的邻接表存储*/
#define MAXSIZE 10
typedef char ElemType;/*定义顶点类型为 char*/
/*边节点的类型定义*/
typedef struct ArcNode
{    int adjVex;
     struct ArcNode *nextArc;
     int weight;
}ArcNode;
/*顶点节点的类型定义*/
typedef struct VNode
{    ElemType data;
     ArcNode *firstArc;
}VNode;
```

```
/*图的邻接表数据类型定义*/
typedef struct
{   VNode adjList[MAXSIZE];
    int n,e;/*图的顶点数和弧数*/
}ALGraph;
```

7. 邻接表操作

（1）在图 G 中查找顶点。

算法 6.4　在图 G 中查找顶点。

```
/*在图 G 中查找顶点 v，找到后返回其在顶点数组中的索引号；若不存在，则返回-1*/
int LocateVex(ALGraph G,ElemType v)
{   int i;
    for(i=0;i<G.n;i++)
        if(G.adjList[i].data==v) return i;
    return -1;
}
```

（2）无向图的邻接表、有向图的邻接表、逆邻接表的建立。

算法 6.5　无向图的邻接表、有向图的邻接表、逆邻接表的建立。

```
void CreateUndirectedGraphLink(ALGraph *pg)
{   int i,j,k;
    ElemType v1,v2;
    ArcNode *s;
    for(i=0;i<=pg->n;i++)                    /*n 为顶点数*/
    {   scanf("%c",&pg->adjList[i].data);      /*构造顶点信息*/
        pg->adjList[i].firstArc=NULL;
    }
    for(k=0;k<pg->e;k++)                     /*e 为边数*/
    {   scanf("%c%c",&v1,&v2);
         /*确定两个顶点在图 G 中的位置*/
        i=LocateVex(*pg,v1);j=LocateVex(*pg,v2);
        if(i>=0&&j>=0)
        {   /*创建无向图的邻接表*/
            s=(ArcNode *)malloc(sizeof(ArcNode));s->adjVex=j;
            s->nextArc=pg->adjList[i].firstArc;pg->adjList[i].firstArc=s;    /*头插法*/
            s=(ArcNode *)malloc(sizeof(ArcNode));s->adjVex=i;
            s->nextArc=pg->adjList[j].firstArc;pg->adjList[j].firstArc=s;    /*头插法*/
            /*创建有向图的邻接表*/
            s=(ArcNode *)malloc(sizeof(ArcNode));s->adjVex=j;
            s->nextArc=pg->adjList[i].firstArc;pg->adjList[i].firstArc=s;
            /*创建有向图的逆邻接表*/
            s=(ArcNode *)malloc(sizeof(ArcNode));s->adjVex=i;
            s->nextArc=pg->adjList[j].firstArc;pg->adjList[j].firstArc=s;
        }
    }
}
```

（3）在屏幕上显示图 G 的邻接表表示。

算法 6.6 在屏幕上显示图 G 的邻接表表示。

```
/*在屏幕上显示图 G 的邻接表表示*/
void DisplayAdjList(ALGraph G)
{    int i;
     ArcNode *p;
     printf("图的邻接表表示：");
     for(i=0;i<G.n;i++)
     {    printf("\n%4c",G.adjList[i].data);
          p=G.adjList[i].firstArc;
          while(p!=NULL)
          {    printf("-->%d",p->adjVex); p=p->nextArc;    }
     }
     printf("\n");
}
```

6.3 图的遍历

图的遍历与树的遍历类似，即从图中的任意顶点出发访问其余顶点，并且保证所有顶点都被访问且只被访问一次，称这一过程为图的遍历（Traversing Graph）。判断图的连通性、拓扑排序和求关键路径都以图的遍历为基础。

图的遍历操作复杂，在遍历过程中应该注意以下问题：

（1）如何选取起始节点。在无向图中，我们可以任意选取起始节点。在有向图中，我们应当尽量选取入度为 0 的节点作为起始节点，这样可以使遍历更加清晰。

（2）当遍历的图是非连通图时，从一个节点出发只能访问它所在的连通分量上的所有节点，并不能访问图的所有节点。因此，遍历还需要考虑不同连通分量的起始节点的选取问题。

（3）图中的一个节点可能和多个节点相邻接，应该注意如何选取下一个邻接点。

（4）无向图和有向图中都有可能存在回路，那么在一个节点被访问之后有可能因为回路的存在而再次被访问，因此应该注意如何避免一个节点被多次访问。

一般我们采用深度优先搜索（Depth First Search，DFS）遍历和广度优先搜索（Breadth First Search，BFS）遍历两种方式进行图的遍历。

6.3.1 深度优先遍历算法

深度优先搜索遍历类似于树的先根遍历，是树的先根遍历的扩展。

1. *图的深度优先遍历*

假设初始状态是给定图 G 的所有顶点均未被访问过，那么深度优先搜索可以从图中某个节点 v（源点）出发，则深度优先搜索遍历可定义为：

（1）首先访问出发点 v。

（2）然后依次从 v 出发搜索 v 的每个邻接点 w，若 w 未被访问过，则以 w 为新的出发点继续进行深度优先搜索遍历，依此类推，直至图中所有和源点 v 有路径相通的顶点（也称为从源点可到达的顶点）均已被访问为止。

（3）如果此时图中还有节点没有被访问，那么选择一个未被访问的节点作为新起始节点，重复上述操作，直到图中所有节点都被访问为止。

深度优先遍历是通过探索图的最大深度的方式来访问所有节点。下面以图 6.13 的无向图 G_{10} 为例进行图的深度优先遍历。

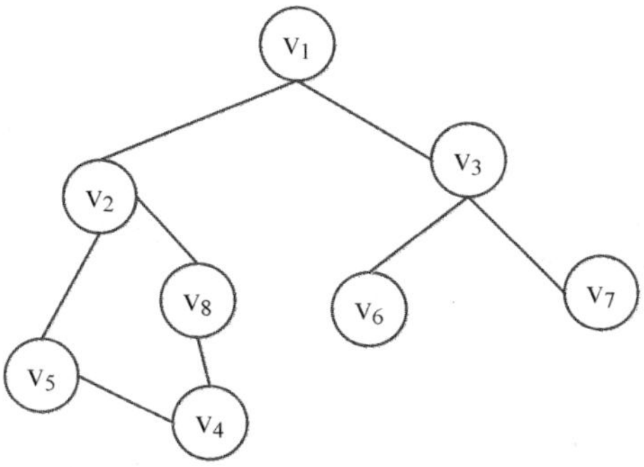

图 6.13　无向图 G_{10}

假设以顶点 v_1 为起始节点，在访问 v_1 之后，选择邻接节点 v_2。因为 v_2 未被访问过，所以可以从 v_2 出发进行搜索。在访问 v_2 之后，选择邻接节点 v_5。因为 v_5 未被访问过，所以可以从 v_5 出发进行搜索。依此类推，从 v_4 和 v_8 出发进行搜索。在访问 v_8 之后，由于 v_8 的邻接点都被访问过，因此搜索退回到 v_4，同理，搜索退回到 v_5、v_2，直到 v_1。此时由于 v_1 的另一个邻接点 v_3 尚未被访问，则搜索继续从 v_3 开始，重复上述遍历过程。由此得到节点的访问序列，列举以下两种：

$v_1,v_2,v_5,v_4,v_8,v_3,v_7,v_6$

$v_1,v_2,v_5,v_4,v_8,v_3,v_6,v_7$

显然，图的深度优先遍历是一个递归的过程。可以定义一个访问标记数组 visited[0..n-1]，初始值均为 false，一旦某个节点被访问，立即对其相应分量置 true，由此可以区别图中节点是否被访问过，并最终遍历所有节点，同时避免了节点的重复访问。

2. 图的深度优先遍历操作

算法 6.7　图的深度优先遍历搜索。

```
/*下面的算法实现图的深度优先遍历搜索*/
void DFSTraverse(Graph G)                /*对图 G 进行深度优先遍历*/
{   int v;
    for(v=0; v<G.n;v++)
        visited[v]=0;                    /*初始化标识数组*/
    for(v=0; v<G.n;v++)                  /*保证全图的遍历*/
    /*从第 v 个顶点出发递归地深度优先遍历图 G*/
        if (!visited[v])
            DFS(G,v);
}
```

算法 6.8　利用邻接矩阵实现图的深度优先遍历。

```
/*从第 i 个顶点出发递归地深度优先遍历图 G*/
void DFS(Graph G,int i)
{   int j;
    printf("%3c",G.V[i]);                /*访问第 i 个项点*/
```

```
        visited[i]=1;
        for(j=0;j<G.n;j++)
            if((G.arcs[i][j]==1)&&(visited[j]==0))
                DFS(G,j);                    /*对 i 的尚未被访问的邻接顶点 j 递归调用 DFS */
    }
```

算法 6.9 用邻接表实现图的深度优先遍历。

```
    /*从第 i 个顶点出发递归地深度优先遍历图 G*/
    void DFS(ALGraph G,int i)
    {   ArcNode *p;
        printf("%3c",G.adjList[i].data);          /*访问第 i 个项点*/
        visited[i]=1;
        p=G.adjList[i].firstArc;
        while(p!=NULL)
        {   if(visited[p->adjVex]==0)
                DFS(G,p->adjVex);             /*对 i 的尚未被访问的邻接顶点 j 递归调用 DFS*/
            p=p->nextArc;
        }
    }
```

在深度优先遍历时，对图中的每个顶点有且只有一次调用 DFS 函数，因为 visited[n-1]数组在不断地被更新，某个顶点 visited[i]一旦被标记成 true，则其将不再被访问。因此可以将深度优先遍历的过程看作是对图中节点查找其邻接点的过程。不同的存储方式的查找邻接点的时间复杂度也不尽相同。当图采用邻接矩阵的存储方式时，查找每个节点的邻接点的时间复杂度为 $O(n^2)$；当采用邻接表的存储方式时，先要找到每个顶点，其时间复杂度为 O(n)，再找到每个顶点的邻接点，其时间复杂度为 O(e)。因此总的时间复杂度为 O(n+e)。

6.3.2 广度优先遍历算法

广度优先搜索遍历类似于树的层次遍历过程。

1. 图的广度优先遍历

假设图 G 的初识状态是所有顶点均未被访问，在 G 中任选一顶点 v_i 作为起始点，则广度优先搜索的基本思想是：

（1）首先访问顶点 v_i 并将其访问标识置为已被访问，即 visited[i]=true。

（2）接着依次访问与顶点 v_i 有边相连的所有邻接顶点 $v_0,v_1,\cdots,v_t$。

（3）然后依次访问与顶点 $v_0,v_1,\cdots,v_t$ 有边相连又未曾被访问过的邻接顶点。

（4）依此类推，直到图中所有顶点都被访问完为止。需要注意的是，先被访问的顶点的邻接点会排在后被访问的顶点的邻接点之前。

在图 6.14 所示的无向图 G_{11} 中，从顶点 v_1 出发的广度优先搜索遍历序列列举以下 3 种：

$v_1,v_2,v_3,v_4,v_5,v_6,v_7,v_8$

$v_1,v_3,v_2,v_7,v_6,v_5,v_4,v_8$

$v_1,v_2,v_3,v_5,v_4,v_7,v_6,v_8$

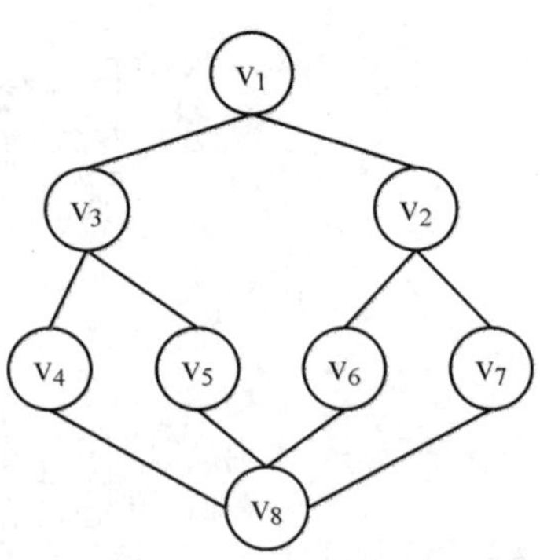

图 6.14 无向图 G_{11}

与深度优先搜索类似，广度优先搜索遍历也需要一个访问标识数组。为了依次访问路径长度为 2,3,…的顶点，需附设队列以存储已被访问的路径长度为 1,2,…的顶点。

2. 图的广度优先遍历操作

算法 6.10　对图进行广度优先遍历。

下面的算法实现图 G 的广度优先遍历：

```
void BFSTraverse(Graph G)              /*对图 G 进行广度优先遍历*/
{   int v;
    for (v=0; v<G.n;v++)               /*初始化标识数组*/
        visited[v]=0;
    for (v=0; v<G.n;v++)               /*保证全图的遍历*/
        if (!visited[v])
            BFS(G,v);
      /*从第 v 个顶点出发递归地广度优先遍历图 G*/
}
```

算法 6.11　利用邻接矩阵实现图的广度优先遍历。

下面的算法利用邻接矩阵实现图 G 的广度优先遍历：

```
/*从第 k 个顶点出发广度优先遍历图 G，G 以邻接矩阵表示*/
void BFS(Graph G,int k)
{   int i,j;
    InitQueue(&Q);                     /*初始化队列*/
    printf("%3c",G.V[k]);              /*访问第 k 个顶点*/
    visited[k]=1;
    EnQueue(&Q,k);                     /*第 k 个顶点进队*/
    while(!QueueEmpty(&Q))
    {/*队列非空*/
        DelQueue(&Q,&i);
        for(j=0;j<G.n;j++)
        {   if((G.arcs[i][j]==1)&&(visited[j]==0))
            {/*访问第 i 个顶点的未被访问的顶点 j*/
                printf("%3c",G.V[j]);
                visited[j]=1;
                EnQueue(&Q,j);         /*第 k 个顶点进队*/
            }
        }
    }
}
```

算法 6.12　广度优先遍历以邻接表存储的图。

下面的算法利用邻接表实现图 G 的广度优先遍历：

```
/*从第 k 个顶点出发广度优先遍历图 G，G 以邻接表表示*/
void BFS(ALGraph G,int k)
{   int i;
    ArcNode *p;
    InitQueue(&Q);                          /*初始化队列*/
```

```
        printf("%3c",G.adjList[k].data);              /*访问第 k 个顶点*/
        visited[k]=1;
        EnQueue(&Q,k);                                /*第 k 个顶点进队*/
        while(!QueueEmpty(&Q))
        {/*队列非空*/
            DelQueue(&Q,&i);
            p=G.adjList[i].firstArc;                  /*获取第 1 个邻接点*/
            while(p!=NULL)
            {   if(visited[p->adjVex]==0)
                {  /*访问第 i 个顶点的未被访问的顶点*/
                    printf("%3c",G.adjList[p->adjVex].data);
                    visited[p->adjVex]=1;
                    EnQueue(&Q,p->adjVex);    /*第 k 个顶点进队*/
                }
                p=p->nextArc;
            }
        }
    }
```

通过对上述几种算法的比较和分析可以看出图中的每个顶点最多进队一次。图的遍历过程实际上是通过边或弧找邻接顶点的过程。因此图的深度优先遍历和广度优先遍历的时间复杂度相同，唯一不同的是对顶点的访问顺序有差别。

6.4 图与最小生成树

6.4.1 生成树和森林的概念

若图是连通的或强连通的，则从图中某一个顶点出发可以访问到图中的所有顶点；若图是非连通的或非强连通的，则需从图中的多个顶点出发搜索访问，而每一次从一个新的起始点出发进行搜索时得到的顶点访问序列恰为每个连通分量中的顶点集。

在一个有 n 个顶点的连通图 G 中，存在一个极小的连通子图 G′，G′包含图 G 的所有顶点，但只有 n-1 条边，并且 G′是连通的，称 G′为 G 的生成树。深度优先搜索遍历算法及广度优先搜索遍历算法中在遍历图时历经边的集合和顶点的集合一起构成连通图的极小连通子图，它是连通图的一棵生成树，含有图中的全部顶点，但只有 n-1 条边。由深度优先搜索得到的生成树称为深度优先生成树，简称为 DFS 生成树；由广度优先搜索得到的生成树称为广度优先生成树，简称为 BFS 生成树。如图 6.15 所示是无向图 G_{11} 的两种生成树示意图。

若一个图是非连通图或非强连通图，但有若干个连通分量或若干个强连通分量，则通过深度优先搜索遍历或广度优先搜索遍历不能得到生成树，但可以得到生成森林。即若非连通图有 n 个顶点，m 个连通分量或强连通分量，则可以遍历得到 m 棵生成树，合起来为生成森林，森林中包含 n-m 条树边。

生成森林可以利用非连通图的深度优先搜索遍历或非连通图的广度优先搜索遍历算法得到。如图 6.16 所示是非连通图 G_{12} 的生成森林示意图。

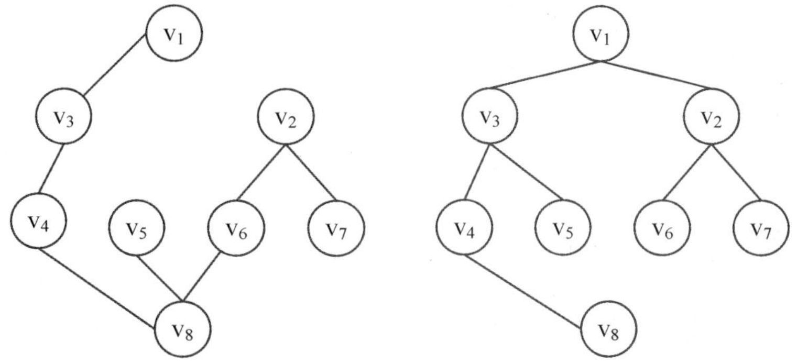

（a）深度优先生成树　　（b）广度优先生成树

图 6.15　无向图及其生成树

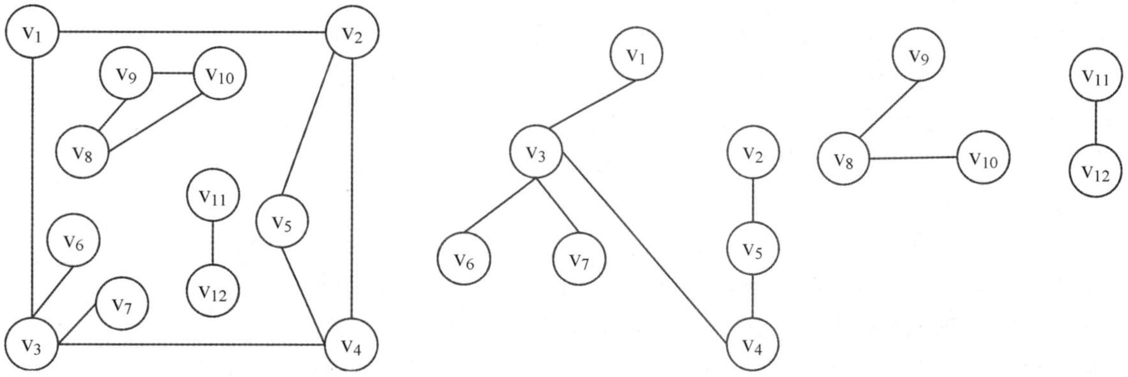

（a）非连通图 G_{12}　　（b）生成森林

图 6.16　非连通图及其生成森林

6.4.2　最小生成树

当我们对图 G 用不同的遍历方法时可以得到不同的生成树，而且用相同的遍历方法但从不同的顶点出发，也可能得到不同的生成树。按照生成树的定义，n 个顶点的连通网络的生成树有 n 个顶点、n-1 条边。若无向连通图是一个带权图，则它必有一棵所有边的权值之和最小的生成树，这样的生成树称为该图的最小生成树（Minimum cost Spanning Tree，MST）。

构造最小生成树的准则如下：

（1）必须只使用该网络中的边来构造最小生成树。

（2）必须使用且仅使用 n-1 条边来连接网络中的 n 个顶点。

（3）不能使用产生回路的边。

当带权图中有具有相同权值的多条边时，由于选择的随意性，生成的最小生成树可能不唯一。但是当各边的权值不相同时，生成的最小生成树必然唯一。

现实生活中，我们经常会遇到需要用最小生成树来解决的问题。比如，我们在若干个城市之间铺设公路，铺设道路有对应的经济成本，就需要考虑如何保证城市连通的同时把总成本降到最低。铺设公路的造价一般依据城市间的距离设定，我们在考察了实际地形之后进行距离的测量，这里可以用一个带权无向图 G 来表示城市和公路的连接关系。顶点表示城市，边表示城市间的公路。要想使总成本降到最低就等价于寻找图 G 的最小生成树，即在 e 条带权的边中选取 n-1 条边（不构成回路），使“权值之和”为最小。

在带权的连通无向图 G=(V,E)上构造最小生成树可以采用普里姆算法（Prim）和克鲁斯卡尔（Kruskal）算法，这两种算法都应用了最小生成树 MST 的性质：U 是顶点 V 的一个非空子集，若(u,v)是一条具有最小权值的边，其中，u∈U，v∈V-U，则一定存在一棵包含边(u,v)的最小生成树。下面分别介绍如何采用普里姆算法和克鲁斯卡尔算法构造最小生成树。

1. 通过普里姆算法生成最小生成树

（1）普里姆算法的基本思想。

设 G=(V,E)是带权图，V 是图 G 的顶点集，E 是边集。

1）在图中任取一个顶点 k 作为起始点，令 U={k}，W=V-U，TE=ϕ（即 TE 为空集），其中 W 为图中剩余顶点的集合。

2）在由一个 U 中的顶点和一个 W 中的顶点构成的所有边中，找出一条权值最小的边(u,v)(u∈U，v∈W)，将该边作为最小生成树的树边放入 TE 中，并将顶点 v 加入到集合 U 中，并从 W 中删去这个顶点。

3）重复上一步骤，直到 W 为空集为止。此时 TE 中有 n-1 条边，则 T=(U,TE)就是 G 的一棵最小生成树。

普里姆算法是从最小生成树中顶点的角度出发来考虑的，因为图中有 n 个顶点，按照生成树的定义，所有的顶点都必须加入到最小生成树中，所以除去最初选定的顶点，剩余的 n-1 个顶点在加入到最小生成树的过程中可以选择将 n-1 条边加入到最小生成树的边集中，至此我们就得到了图 G 的最小生成树。图 6.17 展示了运用普里姆算法构造最小生成树的过程。

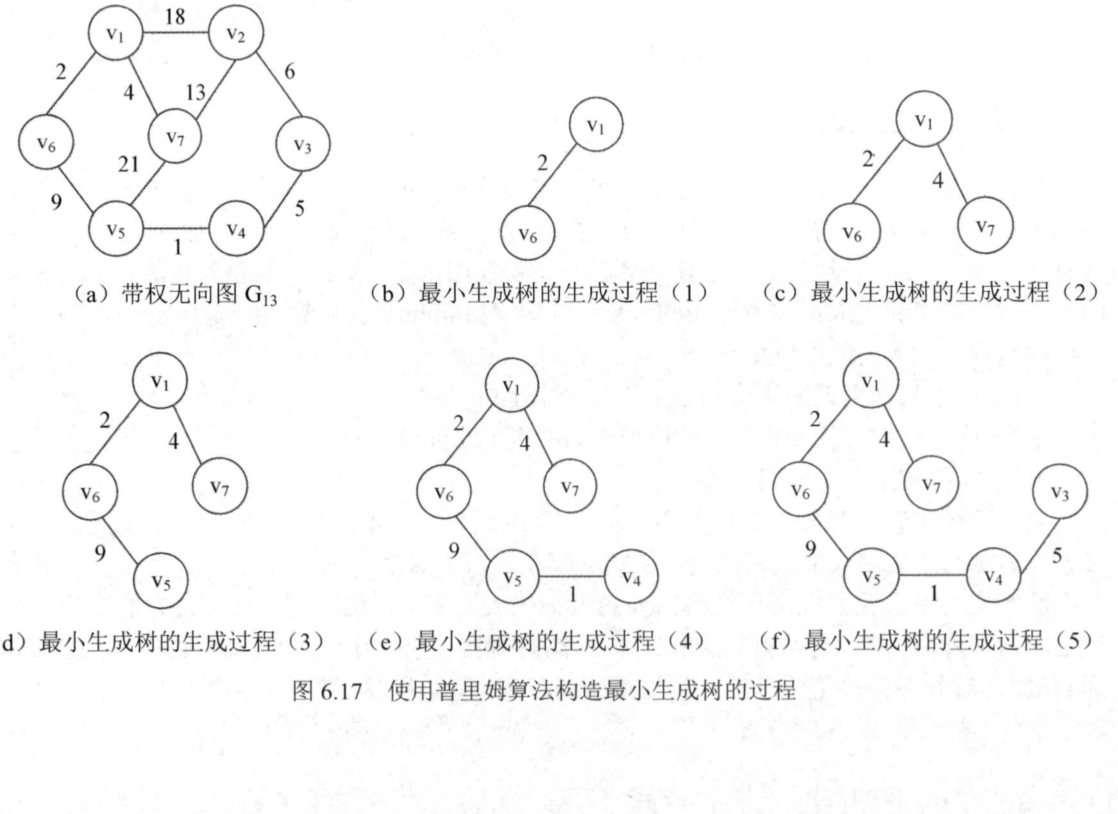

（a）带权无向图 G_{13}　（b）最小生成树的生成过程（1）　（c）最小生成树的生成过程（2）

（d）最小生成树的生成过程（3）　（e）最小生成树的生成过程（4）　（f）最小生成树的生成过程（5）

图 6.17　使用普里姆算法构造最小生成树的过程

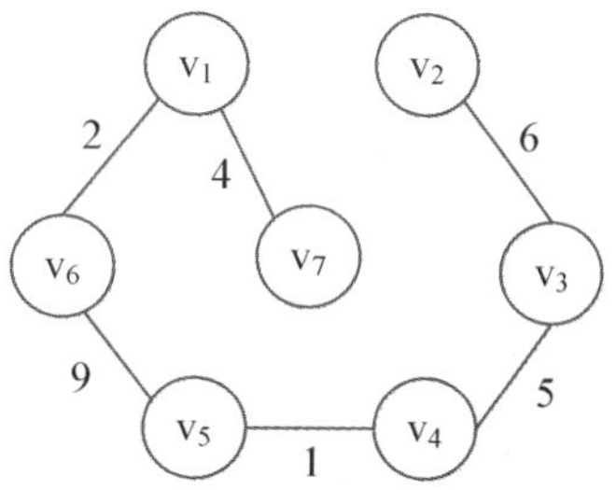

（g）最小生成树的生成过程（6）

图 6.17　使用普里姆算法构造最小生成树的过程（续图）

（2）普里姆算法的操作。记录从顶点集 U 到 V-U 的代价最小的边需要设置一个 MinEdge 类型的辅助数组，其中 MinEdge 类型定义如下：

```
#define MAXSIZE 10
typedef char ElemType;              /*定义顶点类型为 char*/
typedef struct
{
    ElemType adjvax;
    int lowcost;
}MinEdge;
```

下面的算法用普里姆算法从顶点 V 出发构造图 G（图 G 采用邻接矩阵的存储方式）的最小生成树。

算法 6.13　用普里姆算法构造图的最小生成树。

```
/*求出集合 V-U 中依附于顶点 u（u∈U）的权值最小的顶点的序号*/
/*在辅助数组中求出权值最小的顶点序号*/
int MinCost(Graph G,MinEdge e[])
{   int i,j,min;
    for(i=0;i<G.n;i++)
        if(e[i].lowcost!=0)
            break;
    min=i;
    for(j=i+1;j<G.n;j++)
        if(e[j].lowcost!=0&&e[j].lowcost<e[min].lowcost)
            min=j;
    return min;
}
/*普里姆算法*/
/*从顶点 V 出发构造图 G 的最小生成树，并输出最小生成树的各条边*/
void MinSpanTree_PRIM(Graph G,ElemType v)
{   int i,j,k;
    MinEdge e[MAXSIZE];
    k=LocateVex(G,v);               /*确定顶点 v 在图 G 中的序号*/
    for(j=0;j<G.n;j++)              /*初始化辅助数组*/
        if(j!=k)
        {   e[j].adjvax=v;
            e[j].lowcost=G.arcs[k][j];
```

```
        }
    /*初始顶点生成树集合，lowcost 值为 0 表示该顶点已并入生成树集合*/
    e[k].lowcost=0;
    for(i=0;i<G.n-1;i++)
    {   k=MinCost(G,e);            /*求辅助数组中权值最小的顶点*/
        /*输入最小生成树的一条边和对应的权值*/
         printf("(%c,%c,%d)",e[k].adjvax,G.V[k],e[k].lowcost);
        e[k].lowcost=0;            /*将顶点 k 并入生成树集合*/
        for(j=0;j<G.n;j++)         /*重新调整 e*/
            if(G.arcs[k][j]<e[j].lowcost)
            {   e[j].adjvax=G.V[k];
                e[j].lowcost=G.arcs[k][j];
            }
    }
    printf("\n");
}
```

在普里姆算法中，用到了嵌套 for 循环，其中外层 for 循环用于寻找当前权值最小的边的顶点，内层 for 循环是修改顶点的最小边。可以看出，普里姆算法的时间复杂度为 $O(n^2)$。显然其时间复杂度只与图的顶点数目有关，与边数无关。因此，普里姆算法适用于求边比较多的稠密图的最小生成树。

表 6.1 给出了在用算法 6.13 构造图 6.17 的图 G_{13} 的最小生成树的过程中，MinEdge 类型数组 e 各元素的两个成员 adjvex 和 lowcost、集合 U 和 W 的变化情况。

表 6.1 最小生成树构造过程记录表

$e[v_i]$	$e[v_1]$	$e[v_2]$	$e[v_3]$	$e[v_4]$	$e[v_5]$	$e[v_6]$	$e[v_7]$	U	MinCost	W=V-U
adjvex lowcost	v_1 0	v_1 18	v_1 ∞	v_1 ∞	v_1 ∞	v_1 2	v_1 4	$\{v_1\}$	2	$\{v_2,v_3,v_4,v_5,v_6,v_7\}$
adjvex lowcost	v_1 0	v_1 18	v_1 ∞	v_1 ∞	v_6 9	v_1 0	v_1 4	$\{v_1,v_6\}$	4	$\{v_2,v_3,v_4,v_5,v_7\}$
adjvex lowcost	v_1 0	v_7 13	v_1 ∞	v_1 ∞	v_6 9	v_1 0	v_1 0	$\{v_1,v_6,v_7\}$	9	$\{v_2,v_3,v_4,v_5\}$
adjvex lowcost	v_1 0	v_7 13	v_1 ∞	v_5 1	v_6 0	v_1 0	v_1 0	$\{v_1,v_6,v_7,v_5\}$	1	$\{v_2,v_3,v_4\}$
adjvex lowcost	v_1 0	v_7 13	v_4 5	v_5 0	v_6 0	v_1 0	v_1 0	$\{v_1,v_6,v_7,v_5,v_4\}$	5	$\{v_2,v_3\}$
adjvex lowcost	v_1 0	v_3 6	v_4 0	v_5 0	v_6 0	v_1 0	v_1 0	$\{v_1,v_6,v_7,v_5,v_4,v_3\}$	6	$\{v_2\}$
adjvex lowcost	v_1 0	v_3 0	v_4 0	v_5 0	v_6 0	v_1 0	v_1 0	$\{v_1,v_6,v_7,v_5,v_4,v_3,v_2\}$		{ }

2. 通过克鲁斯卡尔算法生成最小生成树

普里姆算法适用于稠密图，克鲁斯卡尔算法适用于稀疏图。克鲁斯卡尔算法是从边的角度求网的最小生成树。

克鲁斯卡尔算法是为使生成树上边的权值之和达到最小，因此应使生成树中每一条边的权值尽可能小。具体做法如下：

（1）将图中所有边按权值递增顺序排列。

（2）先构造一个只含有 n 个顶点的子图。

（3）依次选取权值较小的边，但要求后面选取的边不能与前面选取的边构成回路，若构成回路则放弃该条边，再去选后面权值较大的边。

（4）重复第（3）步，在 n 个顶点的图中选够 n-1 条边即可。

图 6.18 是图 6.17（a）所示的带权无向图的克鲁斯卡尔算法构造最小生成树的过程。

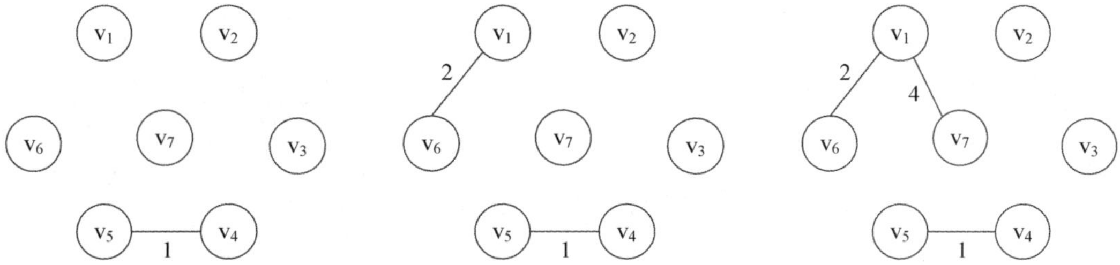

（a）最小生成树的生成过程（1） （b）最小生成树的生成过程（2） （c）最小生成树的生成过程（3）

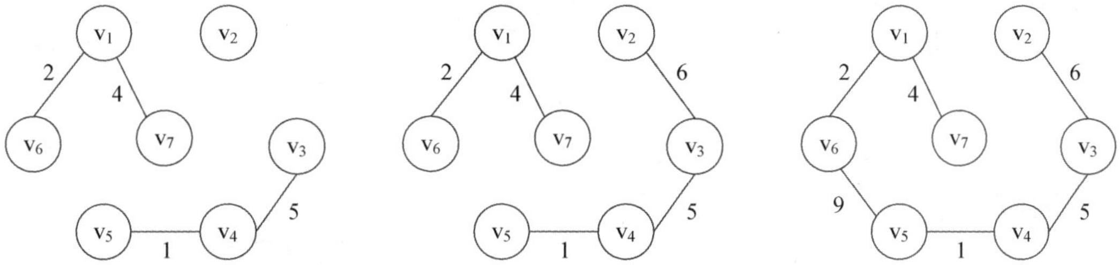

（d）最小生成树的生成过程（4） （e）最小生成树的生成过程（5） （f）最小生成树的生成过程（6）

图 6.18 使用克鲁斯卡尔算法构造最小生成树的过程

关于普里姆算法和克鲁斯卡尔算法，我们应当重点掌握其最小生成树的生成过程，会绘制过程图，理解使用这两种算法求最小生成树的角度，并掌握其时间复杂度。

6.5 最短路径

在网中，经常会求点 A 到点 B 的所有路径中，边的权值之和最短的那一条路径，这条路径就是两点之间的最短路径，路径上的第一个顶点为起点（Sourse），最后一个顶点为终点（Destination）。

日常生活中，我们经常应用最短路径解决如何找到两点之间的最近距离的问题。例如，用带权的有向图表示一个交通运输网，图中的顶点表示城市，边表示城市间的交通线路，权表示此线路的长度或沿此线路运输所花的时间或费用等。

最短路径问题是图的一个比较典型的应用问题，而单源点最短路径是其中比较重要的应用。

6.5.1 单源点到其余各顶点的最短路径

这里先介绍单源点的最短路径问题，然后扩展到任意源点之间的最短路径问题。

1. 单源点最短路径的定义

设有向图 G=(V,E)。以某指定顶点为源点，而从该源点出发到图中其余各点的最短路径称为单源最短路径。

如图 6.19 所示为带权有向图，求从源点 v_6 到其余各顶点的最短路径，见表 6.2。

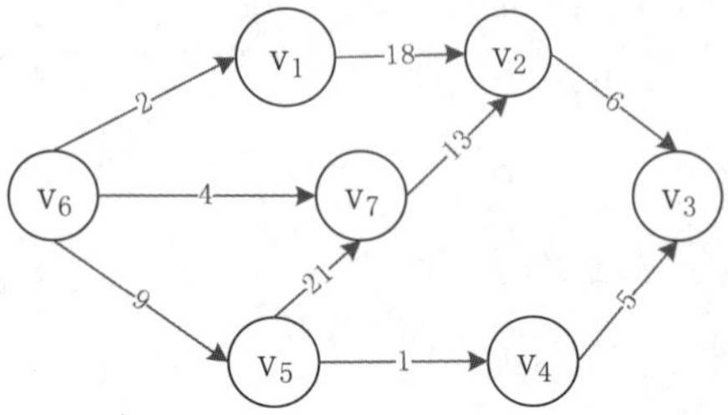

图 6.19 带权有向图 G_{14}

表 6.2 源点 v_6 到其余各顶点的最短路径

源点	终点 i	最短路径 path[i]	最短路径长度 dist[i]
v_6	v_1	$<v_6,v_1>$	2
v_6	v_2	$<v_6,v_7,v_2>$	17
v_6	v_3	$<v_6,v_5,v_4,v_3>$	15
v_6	v_4	$<v_6,v_5,v_4>$	10
v_6	v_5	$<v_6,v_5>$	9
v_6	v_7	$<v_6,v_7>$	4

通过表 6.2 可以看出，从 v_6 出发到 v_3 存在 4 条路径，分别是$<v_6,v_1,v_2,v_3>$、$<v_6,v_7,v_2,v_3>$、$<v_6,v_5,v_7,v_2,v_3>$、$<v_6,v_5,v_4,v_3>$，这 4 条路径的长度分别是 26,23,49,15。通过比较得出，$<v_6,v_5,v_4,v_3>$是 v_6 到 v_3 的最短路径。

2. 迪杰斯特拉算法

迪杰斯特拉（Dijkstra）算法是按路径长度递增的顺序生成各顶点的最短路径算法。

（1）迪杰斯特拉算法的基本思想。把图中的所有顶点分成两组，第一组包括已确定最短路径的顶点（初始只包括 v_0），第二组包括尚未确定最短路径的顶点，然后按最短路径长度递增的次序逐个把第二组的顶点加到第一组中去，直至从源点出发可以到达的所有顶点都包括到第一组中。在这个过程中，总保持从源点到第一组各顶点的最短路径长度都不大于从源点到第二组的任何顶点的最短路径长度。另外，每一个顶点都对应一个距离值，第一组的顶点对应的距离值就是从源点到此顶点的只包括第一组的顶点为中间顶点的最短路径长度。

设 v_0 是起始源点，S 是已求得最短路径的终点集合。

1）V-S 为未确定最短路径的顶点的集合，初始时 S={v_0}，长度最短的路径是边数为 1 且权值最小的路径。

2）下一条长度最短的路径：$v_i \in V\text{-}S$，先求出 v_0 到 v_i 且中间只经过 S 中顶点的最短路径；上述最短路径中长度最小者即为下一条长度最短的路径，将所求最短路径的终点加入到 S 中。

3）重复 2）直到求出所有终点的最短路径。

（2）迪杰斯特拉算法的实现。为实现迪杰斯特拉算法，我们需要引入一个辅助数组 dist[i]，用于保存从源点出发到达顶点 v_i 的最短路径，其值为最短路径长度。

1）初始时，若源点到顶点 v_i 有边，则 dist[i]为边上的权值；否则，dist[i]为∞。从 v_0 出发，长度最短的路径是(v_0,v_j)，即 dist[j]=min{dist[i]|$v_i \in V\text{-}S$}，将顶点 v_j 加入到 S 集合，同时将其从集合 V-S 中去掉。

2）求下一条长度最短的路径：修改从 v_0 出发到达集合 V-S 中所有顶点的最短路径的长度。这些路径可能是 v_0 直达 v_k，或者是从 v_0 出发经过 S 中的某一个或某一些顶点。如果 dist[j]+arcs[j][k]<dist[k]($v_k \in V\text{-}S$)，则修改 dist[k]为 dist[j]+arcs[j][k]。

3）最短路径中长度最小者即为下一条长度最短的路径，即 dist[j]=min{dist[i]|$v_i \in V\text{-}S$}。将顶点 v_j 加入到 S 集合中，同时将其从集合 V-S 中去掉。

4）重复 2）和 3）直到求出所有顶点的最短路径。

表 6.3 是运用迪杰斯特拉算法求图 6.19 有向图 G_{14} 从 v_6 顶点出发到其余各顶点的最短路径的变化情况。

表 6.3　运用迪杰斯特拉算法求从 v_6 顶点出发到其余各顶点的最短路径

终点 v_i	从 v_6 顶点出发到其余各顶点的最短路径 path[i]的变化情况						
	i=0	i=1	i=2	i=3	i=4	i=5	i=6
dist[v_1] path[v_1]		2 $\langle v_6,v_1 \rangle$					
dist[v_2] path[v_2]		∞	20 $\langle v_6,v_1,v_2 \rangle$	17 $\langle v_6,v_7,v_2 \rangle$	17 $\langle v_6,v_7,v_2 \rangle$	17 $\langle v_6,v_7,v_2 \rangle$	17 $\langle v_6,v_7,v_2 \rangle$
dist[v_3] path[v_3]		∞	∞	∞	∞	15 $\langle v_6,v_5,v_4,v_3 \rangle$	
dist[v_4] path[v_4]		∞	∞	∞	10 $\langle v_6,v_5,v_4 \rangle$		
dist[v_5] path[v_5]		9 $\langle v_6,v_5 \rangle$	9 $\langle v_6,v_5 \rangle$	9 $\langle v_6,v_5 \rangle$			
dist[v_6] path[v_6]	0						
dist[v_7] path[v_7]		4 $\langle v_6,v_7 \rangle$	4 $\langle v_6,v_7 \rangle$				
v_j		v_1	v_7	v_5	v_4	v_3	v_2
S	{v_6}	{v_6,v_1}	{v_6,v_1,v_7}	{v_6,v_1,v_7,v_5}	{v_6,v_1,v_7,v_5, v_4}	{v_6,v_1,v_7,v_5, v_4, v_3}	{v_6,v_1,v_7,v_5, v_4, v_3,v_2}

迪杰斯特拉算法找到了从某一顶点到其余各顶点的最短路径。有时虽然我们只需要找到

到达指定终点的最短路径，但是我们在寻找指定的终点时也耗费了 O(n) 的时间，因此时间复杂度也是 $O(n^2)$。

下面的算法采用邻接矩阵存储方式和迪杰斯特拉算法求单源点的最短路径。

算法 6.14 迪杰斯特拉算法。

```
void Dijkstra(Graph G,int v0,int path[],int dist[])
/*求有向图G的v0顶点到其余顶点v的最短路径,path[i]是v0到vi的最短路径上的前驱顶点,dist[i]
是路径长度*/
{    int i,j,v,w;
     int min;
     int s[MAXSIZE];
     for(i=0;i<G.n;i++)                    /*初始化 s，dist 和 path*/
     {    s[i]=0;
          dist[i]=G.arcs[v0][i];
          if(dist[i]<Max)
               path[i]=v0;
          else
               path[i]=-1;
     }
     dist[v0]=0;
     s[v0]=1;                              /*初始时源点 v0 属于 s 集*/
     /*循环求 v0 到某个顶点 v 的最短路径，并将 v 加入到 s 集中*/
     for(i=1;i<G.n-1;i++)
     {    min= Max;
          for(w=0;w<G.n;w++)
          {      /*顶点 w 不属于 s 集且离 v0 更近*/
               if(!s[w]&&dist[w]<min)
               {      v=w;
                    min=dist[w];
               }
          }
          s[v]=1;                          /*顶点 v 并入 s*/
          for(j=0;j<G.n;j++)               /*更新当前最短路径及距离*/
          {    if(!s[j]&&(min+G.arcs[v][j]<dist[j]))
               {      dist[j]=min+G.arcs[v][j];
                    path[j]=v;
               }
          }
     }
}
```

通过分析上述算法，可以看出，算法中包含嵌套 for 循环，每一个 for 循环的时间复杂度均为 O(n)，因此总的时间复杂度为 $O(n^2)$。

6.5.2 任意源点之间的最短路径

通过上一小节的学习，我们已经掌握如何求单源点的最短路径，也可以在迪杰斯特拉算法上进行改进，在迪杰斯特拉算法外部再套上一层 for 循环，使之成为 3 层嵌套 for 循环，我们可以明显得出改进后的算法时间复杂度为 $O(n^3)$，这样就可以求得任意源点之间的最短路径。

6.6 AOV 网与拓扑排序

一个无环的有向图称为有向无环图（Directed Acycline Graph，DAG）。DAG 图可作为描述任务进行过程的有效工具。现实生活中，我们遇到的很多工程都可以将其分解为若干个活动，这些活动通常受一定条件的制约，比如有些活动必须以另一些活动的完成为前提条件。

6.6.1 AOV 网

在一个有向图中，若用顶点表示活动，有向边表示活动间的先后关系，称该有向图为用顶点表示活动的网络（Activity On Vertex network，AOV 网）。

在 AOV 网中，若从顶点 v_i 到顶点 v_j 之间存在一条有向路径，称顶点 v_i 是顶点 v_j 的前驱，或者称顶点 v_j 是顶点 v_i 的后继。即若 $<v_i,v_j>$ 是图中的边，则称顶点 v_i 是顶点 v_j 的直接前驱，顶点 v_j 是顶点 v_i 的直接后继。

现代化管理中，一个大的工程常常被划分成许多较小的子工程，这些子工程称为活动。在整个工程实施过程中，有些活动开始是以它的所有前序活动的结束为先决条件的，即必须在其他有关活动完成之后才能开始，有些活动没有先决条件，可以安排在任意时间开始。AOV 网就是一种可以形象地反映出整个工程中各个活动之间前后关系的有向图。

例如，可以将计算机专业学生的课程开设看成一个工程，每一门课程就是工程中的活动，表 6.4 给出了几门所开设的课程，其中有些课程的开设有先后关系，有些则没有先后关系，有先后关系的课程必须按先后关系开设。

表 6.4　各课程先后依存关系表

课程	课程名称	先修课程
C1	高等数学	无
C2	C 语言程序设计	无
C3	离散数学	C1，C2
C4	数据结构	C2，C3
C5	Java 程序设计	C2
C6	编译方法	C5，C7
C7	操作系统	C4，C9
C8	数字逻辑	C1
C9	计算机组成原理	C8

图 6.20 是对应的课程开设的先后关系 AOV 网。

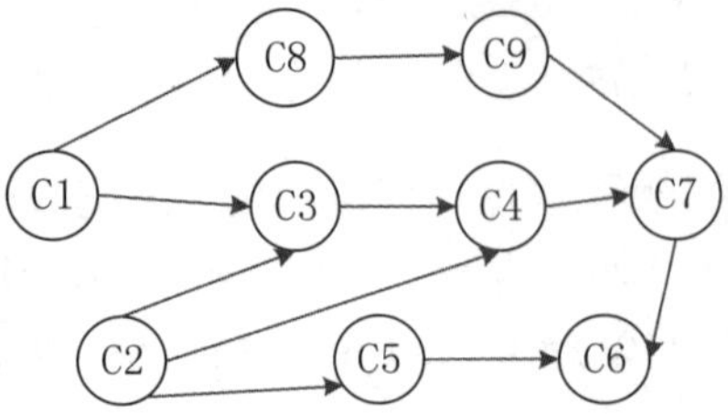

图 6.20 课程开设的先后关系 AOV 网

6.6.2 拓扑排序

拓扑排序（Topological Sort）是图中重要的操作之一，在实际中应用很广泛。在 AOV 网中，不应该出现有向回路（或称有向环），因为在 AOV 网中如果出现了有向环，则意味着某项活动应以自己作为先决条件，这是不对的，工程将无法进行。对程序流程而言，将出现死循环。因此，对给定的 AOV 网应首先判定网中是否存在环。检测的办法是对有向图进行拓扑排序，拓扑排序指按照有向图给出的次序关系，将有向图中没有限定次序关系的顶点人为加上任意的次序关系。

1. 拓扑排序的定义

给出有向图 G=(V,E)，对于 V 中的顶点的线性序列($v_1,v_2,\cdots,v_k$)如果满足下述条件：在 G 中从顶点 v_i 到 v_j 有一条路径，则在序列中顶点 v_i 必在顶点 v_j 之前，称该序列为 G 的一个拓扑序列。构造有向图的拓扑序列的过程称为拓扑排序。

（1）拓扑排序的注意事项。关于拓扑排序我们需要注意以下几点：

1）在 AOV 网中，若不存在回路，则所有活动可排成一个线性序列使得每个活动的所有前驱活动都排在该活动的前面，那么该序列为拓扑序列。

2）拓扑序列不是唯一的。

3）AOV 网不一定都有拓扑序列。

4）将 AOV 网中的顶点排成一个线性序列，若该线性序列包含 AOV 网全部的顶点，则 AOV 网中无环，否则，AOV 网中存在有向环，该网所代表的工程是不可行的。

（2）拓扑序列的实际意义。如果按照拓扑序列中的顶点次序进行每一项活动就能够保证在开始每一项活动时，它的所有前驱活动均已完成，从而使整个工程顺利执行。

2. 拓扑排序的基本步骤

对 AOV 网进行拓扑排序的基本步骤如下：

（1）在 AOV 网中选一个入度为 0 的顶点（没有前驱）并将其输出。

（2）从 AOV 网中删除此顶点以及从该顶点发出来的所有有向边。

（3）重复（1）（2）两步，直到 AOV 网中所有的顶点都被输出或网中不存在入度为 0 的顶点。

从拓扑排序的步骤可知，若在第（3）步中，网中所有的顶点都被输出，则表明网中无有向环，拓扑排序成功，若按照拓扑排序的顺序开展活动则此工程能够顺利完成；若仅输出部分顶点，网中已不存在入度为 0 的顶点，则表明网中有有向环，拓扑排序不成功，则此工程不能顺利完成。

在此我们列举两种对图 6.20 进行拓扑排序得到的拓扑有序序列。

C1,C8,C9,C2,C3,C4,C7,C5,C6
C1,C8,C9,C2,C5,C3,C4,C7,C6

由此，我们证明了对 AOV 网进行拓扑排序得到的有序序列不唯一。

拓扑排序是求解关键路径的基础，下一节我们将介绍 AOE 网与关键路径。

6.7　AOE 网与关键路径

6.7.1　AOE 网

若在带权的有向图中以顶点表示事件，有向边表示活动，边上的权值表示完成该活动的开销（如该活动持续的时间），则称此带权的有向图为用边表示活动的网络（Activity On Edge，AOE）。

AOV 网与 AOE 网关系密切但又有不同。AOV 网针对无权有向图，而 AOE 网针对带权有向图。如果用它们表示工程，AOV 网表示各个子工程之间的优先关系，是定性关系；而在 AOE 网中还要体现完成各个子工程的确切时间，是定量关系。

一个表示实际工程的 AOE 网应该是没有回路的有向网，网中仅存在一个入度为 0 的顶点，称作开始顶点（源点），它表示了整个工程的开始；网中仅存在一个出度为 0 的顶点，称为结束顶点（终点），它表示整个工程的结束。

我们用从有向图的源点到终点的最长路径表示完成整个工程所需要的时间。AOV 网和 AOE 网都可采用邻接表的存储方式，只是 AOE 网的存储结构中在边节点的数据域里存放的是权值，也就是某项活动完成所需要的时间。

在 AOE 网中，只有在某顶点所代表的事件发生后，从该顶点出发的各有向边所代表的活动才能开始。只有在进入每个顶点的各有向边所代表的活动都已经结束后，该顶点所代表的事件才能发生。

图 6.21 是一个有 9 个活动 11 个事件的 AOE 网。顶点 v_1、v_2…v_9 表示事件；<v_1,v_2>，<v_1,v_3>，<v_1,v_4>…<v_8,v_9>表示活动。其中 v_1 为开始顶点，入度是 0，v_9 为结束顶点，出度是 0。

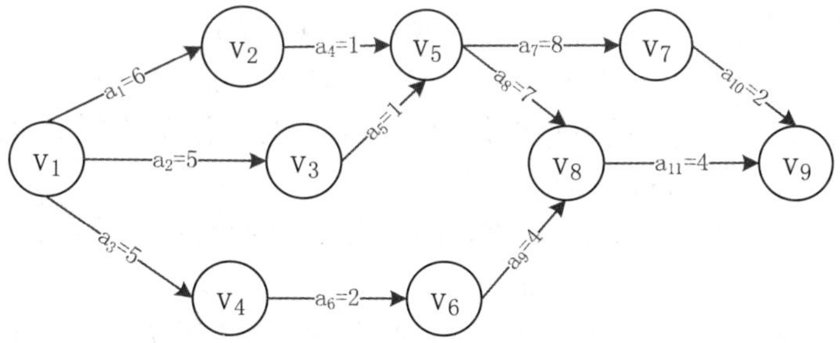

图 6.21　工程整体逻辑示意图

如果用 AOE 网来表示一项工程，通常可以从 AOE 网中得到：完成预定工程计划所需要进行的活动；每个活动计划的完成时间；要发生哪些事件以及这些事件与活动之间的关系。

在 AOE 网中需要列出完成工程所需进行的活动，以及完成每个活动所需要的时间，接下来发生的哪些事件与当前活动存在的关系等。针对某一工程对应的 AOE 网，我们可以用之后讲到的确定关键路径的方法来验证该工程能否完成，并且要估计工程完成所需要的时间以及确定哪些活动会影响工程进度。

6.7.2 关键路径

1. 相关术语

下面介绍一下关键路径的有关术语。

（1）AOE 网的路径长度。AOE 网中一条路径的长度是指该路径上各个活动所需时间的总和。

（2）关键路径。AOE 网中，从开始顶点到结束顶点之间具有最大路径长度的路径为关键路径。由于 AOE 网中某些子工程（活动）可以同时进行，要保证每个子工程都能完成，完成该工程的最少时间就是该工程 AOE 网的关键路径长度，即完成整个工程所必须花费的时间应该为源点到终点的最大路径长度（这里的路径长度是指该路径上的各个活动所需时间之和）。

（3）事件的最早发生时间。事件 v_i 的最早发生时间 ve(i)是指从开始源顶点 v 到顶点 v_i 的最长路径长度所代表的时间，即所有以顶点 v_i 为弧尾的活动的最早开始时间。

计算方法如下：

1）令 ve(1)=0，i=2。

2）ve(i)=Max{ve(k)+t(k,i)|k 为 i 的直接前驱}。

3）++i，重复 2)，直到 i>n。

（4）事件的最迟发生时间。事件 v_i 允许的最晚发生时间 vl(k)是指在不推迟整个工程工期（即保证结束顶点 v_n 在 ve(n)时刻发生）的前提下，该事件最迟必须发生的时间。

计算方法如下：

1）令 vl(n)=ve(n)，i=n-1。

2）vl(i)=min{vl(j)-t(i,j)|j 为 i 的直接后继}。

3）--i，重复 2)，直到 i=0。

（5）活动所需要的时间。用边(v_i,v_k)表示活动 a_j，则活动 a_j 所需要的时间为 t(i,k)。

（6）活动的最早开始时间。活动 a_j 的最早开始时间 e(j)是指该活动的起点所表示的事件的最早发生时间，如果用边(v_i,v_k)表示活动 a_j，则有 e(j)=ve(i)。

（7）活动的最迟开始时间。活动 a_j 的最迟开始时间 l(j)是指在不推迟整个工程完成日期的前提下，该活动的终点所表示的事件的最迟发生时间与该活动的所需时间之差。如果用边(v_i,v_k)表示活动 a_j，则有 l(j)=vl(k)-t(i,k)。

（8）时间余量。活动 a_j 的 l(j)-e(j)是该活动完成的时间余量。它是在不增加完成整个工程所需时间的情况下，活动 a_j 可以拖延的时间。

（9）关键活动。关键路径上的活动称为关键活动。根据每个活动的最早开始时间 e(j)和最晚开始时间 l(j)就可判定该活动是否为关键活动，也就是那些 l(j)=e(j)（即活动的时间余量=0）的活动为关键活动。

活动的时间余量为 0 说明该活动必须如期完成，否则就会拖延完成整个工程的进度。也就是说关键活动的权值增加将使有向图上的最长路径的长度增加。但需要注意的是，关键活动的权值减小，有向图上的最长路径的长度不一定变小。

2. 求解关键路径

关键路径长度是整个工程所需的最短工期。这就是说，要缩短整个工期，必须加快关键活动的进度。

利用 AOE 网进行工程管理时需要解决的主要问题是确定关键路径，以找出哪些活动是影响工程进度的关键活动。

下面介绍如何求解关键路径。

我们以图 6.21 为例，确定该 AOE 网的关键路径。

（1）求出所有事件的最早发生时间 ve[k]。

ve[1]=0
ve[2]=6
ve[3]=5
ve[4]=5
ve[5]=max{ve[2]+1,ve[3]+1}=7
ve[6]=ve[4]+2=7
ve[7]=ve[5]+8=15
ve[8]=max{ve[5]+7,ve[6]+4}=14
ve[9]=max{ve[7]+2,ve[8]+4}=18

（2）求所有事件的最迟发生时间 vl[k]。

vl[9]=ve[9]=18
vl[8]=vl[9]-4=14
vl[7]=vl[9]-2=16
vl[6]=vl[8]-4=10
vl[5]=min{vl[7]-8,vl[8]-7}=7
vl[4]=vl[6]-2=8
vl[3]=vl[5]-1=6
vl[2]=vl[5]-1=6
vl[1]=min{vl[2]-6,vl[3]-5,vl[4]-5}=0

综上，各顶点表示的事件最早开始时间和最晚开始时间见表 6.5。

表 6.5 各顶点表示的事件最早开始时间和最晚开始时间表

时间	事件								
	v_1	v_2	v_3	v_4	v_5	v_6	v_7	v_8	v_9
ve[i]	0	6	5	5	7	7	15	14	18
vl[i]	0	6	6	8	7	10	16	14	18

（3）求活动的最早开始时间和最迟开始时间。

a_1 e[1]=ve[1]=0 l[1]=vl[2]-6=0
a_2 e[2]=ve[1]=0 l[2]=vl[3]-5=1
a_3 e[3]=ve[1]=0 l[3]=vl[4]-5=3
a_4 e[4]=ve[2]=6 l[4]=vl[5]-1=6
a_5 e[5]=ve[3]=5 l[5]=vl[5]-1=6
a_6 e[6]=ve[4]=5 l[6]=vl[6]-2=8
a_7 e[7]=ve[5]=7 l[7]=vl[7]-8=8

a_8　e[8]=ve[5]=7　　l[8]=vl[8]-7=7
a_9　e[9]=ve[6]=7　　l[9]=vl[8]-4=10
a_{10}　e[10]=ve[7]=15　　l[10]=vl[9]-2=16
a_{11}　e[11]=ve[8]=14　　l[11]=vl[9]-4=14

综上，各弧表示的活动最早开始时间和最晚开始时间见表 6.6。

表 6.6　各弧表示的活动最早开始时间和最晚开始时间表

时间 \ 活动	a_1	a_2	a_3	a_4	a_5	a_6	a_7	a_8	a_9	a_{10}	a_{11}
t[i,k]	6	5	5	1	1	2	8	7	4	2	4
e[j]	0	0	0	6	5	5	7	7	7	15	14
l[j]	0	1	3	6	6	8	8	7	10	16	14
	√			√				√			√

比较 e[i]和 l[i]的值可得 a_1,a_4,a_8,a_{11} 这些活动的 e[i]和 l[i]相等，时间余量为 0，因此这 4 个活动是关键活动。关键活动确定之后，关键活动所在的路径就是关键路径。关键路径如图 6.22 所示。标粗路径即为关键路径。

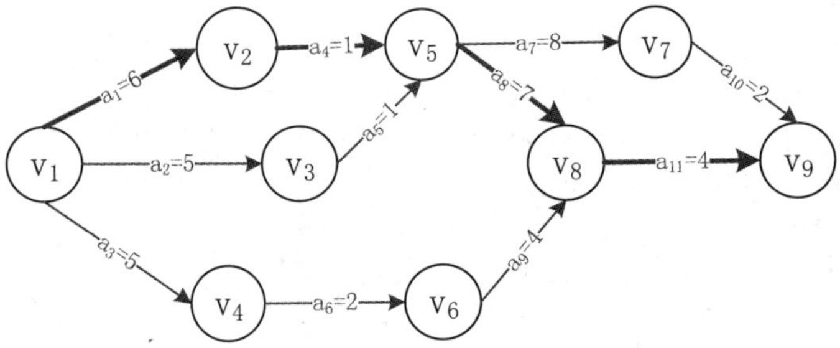

图 6.22　关键路径结果

3. 关键路径的注意事项

关于关键路径我们需要注意以下两点：

（1）一个 AOE 网的关键路径不一定只有一条。当存在几条关键路径时，只单独提高其中一条关键路径上的关键活动的完成时间不会缩短工程的完成时间。

（2）提高关键路径上的关键活动的速度必须适当，否则引起关键路径的改变也不一定能缩短工程的完成时间。

6.8　本章实战练习

6.8.1　图的邻接矩阵操作

图的邻接矩阵操作

1. 实现代码

```
#include<stdio.h>
#define MAXSIZE 10
```

```
typedef char ElemType;                          /*定义顶点类型为 char*/
typedef struct
{    ElemType V[MAXSIZE];                       /*顶点信息*/
     int arcs[MAXSIZE][MAXSIZE];                /*邻接矩阵*/
     int e;                                     /*边数*/
     int n;                                     /*顶点数*/
}Graph;                                         /*图的邻接矩阵数据类型*/
/*【算法 6.1  在图 G 中查找顶点】*/
/*在图 G 中查找顶点 v，找到后返回其所在的顶点数组中的索引号，若不存在，则返回-1*/
int LocateVex(Graph G,ElemType v)
{    int i;
     for(i=0;i<G.n;i++)
          if(G.V[i]==v)return i;
     return -1;
}
/*【算法 6.2  在屏幕上显示图 G 的邻接矩阵表示】*/
/*在屏幕上显示图 G 的邻接矩阵表示*/
void DisplayAdjMatrix(Graph G)
{    int i,j;
     printf("图的邻接矩阵表示：\n");
     for(i=0;i<G.n;i++)
     {    for(j=0;j<G.n;j++)  printf("%3d",G.arcs[i][j]);
          printf("\n");
     }
}
/*【算法 6.3  无向图、无向网、有向图、有向网的邻接矩阵的建立】*/
void CreateUndirectedGraphAdj(Graph *pg)
/*创建无向图的邻接矩阵*/
{    int i,j,k;
     ElemType v1,v2;
     printf("请输入图的顶点数及边数\n");
     printf("顶点数  n=");
     scanf("%d",&pg->n);
     printf("边数  e=");
     scanf("%d",&pg->e);
     printf("请输入图的顶点信息：\n");
     getchar();
     for(i=0;i<=pg->n;i++) scanf("%c",&pg->V[i]);          /*构造顶点信息*/
     for(i=0;i<pg->n;i++)
          for(j=0;j<pg->n;j++)
               pg->arcs[i][j]=0;                        /*初始化邻接矩阵*/
     printf("请输入图的边的信息：\n");
     for(k=0;k<pg->e;k++)
     {    printf("请输入第%d 条边的两个端点：",k+1);
          scanf("%c%c",&v1,&v2);
          getchar();                                    /*输入一条边的两个顶点*/
          /*确定两个顶点在图 G 中的位置*/
          i=LocateVex(*pg,v1);
```

```
            j=LocateVex(*pg,v2);
            /*创建无向图的邻接矩阵*/
            if(i>=0&&j>=0)
            {   pg->arcs[i][j]=1; pg->arcs[j][i]=1;  }
        }
}
/*【算法 6.3 无向图、无向网、有向图、有向网的邻接矩阵的建立】*/
void CreateDirectedGraphAdj(Graph *pg)
/*创建有向图的邻接矩阵*/
{   int i,j,k;
    ElemType v1,v2;
    printf("请输入图的顶点数及边数\n");
    printf("顶点数 n=");
    scanf("%d",&pg->n);
    printf("边数 e=");
    scanf("%d",&pg->e);
    printf("请输入图的顶点信息：\n");
    getchar();
    for(i=0;i<=pg->n;i++) scanf("%c",&pg->V[i]);         /*构造顶点信息*/
    for(i=0;i<pg->n;i++)
        for(j=0;j<pg->n;j++)
            pg->arcs[i][j]=0;                            /*初始化邻接矩阵*/
    printf("请输入图的边的信息：\n");
    for(k=0;k<pg->e;k++)
    {   printf("请输入第%d 条边的两个端点：",k+1);
        scanf("%c%c",&v1,&v2);
        getchar();    /*输入一条边的两个顶点*/
        /*确定两个顶点在图 G 中的位置*/
        i=LocateVex(*pg,v1);
        j=LocateVex(*pg,v2);
        /*创建有向图的邻接矩阵*/
        if(i>=0&&j>=0) pg->arcs[i][j]=1;
    }
}
/*【算法 6.3 无向图、无向网、有向图、有向网的邻接矩阵的建立】*/
void CreateUndirectedNetworkAdj(Graph *pg)
/*创建无向网的邻接矩阵*/
{   int i,j,k,w;
    ElemType v1,v2;
    printf("请输入图的顶点数及边数\n");
    printf("顶点数 n=");
    scanf("%d",&pg->n);
    printf("边数 e=");
    scanf("%d",&pg->e);
    printf("请输入图的顶点信息：\n");
    getchar();
    for(i=0;i<=pg->n;i++) scanf("%c",&pg->V[i]);         /*构造顶点信息*/
    for(i=0;i<pg->n;i++)
```

```
            for(j=0;j<pg->n;j++)
                pg->arcs[i][j]=0;                          /*初始化邻接矩阵*/
        printf("请输入图的边的信息：\n");
        for(k=0;k<pg->e;k++)
        {   printf("请输入第%d 条边的两个端点及权值：",k+1);
            scanf("%c%c%d",&v1,&v2,&w);                   /*输入一条边的两个顶点及权值*/
            getchar();
            /*确定两个顶点在图 G 中的位置*/
            i=LocateVex(*pg,v1); j=LocateVex(*pg,v2);
            /*创建无向网的邻接矩阵*/
            if(i>=0&&j>=0)
            {   pg->arcs[i][j]=w; pg->arcs[j][i]=w;   }
        }
}
/*【算法 6.3 无向图、无向网、有向图、有向网的邻接矩阵的建立】*/
void CreateDirectedNetworkAdj(Graph *pg)
/*创建有向网的邻接矩阵*/
 {   int i,j,k,w;
     ElemType v1,v2;
     printf("请输入图的顶点数及边数\n");
     printf("顶点数  n=");
     scanf("%d",&pg->n);
     printf("边数  e=");
     scanf("%d",&pg->e);
     printf("请输入图的顶点信息：\n");
     getchar();
     for(i=0;i<=pg->n;i++) scanf("%c",&pg->V[i]);          /*构造顶点信息*/
     for(i=0;i<pg->n;i++)
         for(j=0;j<pg->n;j++)
             pg->arcs[i][j]=0;                              /*初始化邻接矩阵*/
     printf("请输入图的边的信息：\n");
     for(k=0;k<pg->e;k++)
     {   printf("请输入第%d 条边的两个端点及权值：",k+1);
         scanf("%c%c%d",&v1,&v2,&w);                       /*输入一条边的两个顶点及权值*/
         getchar();
         /*确定两个顶点在图 G 中的位置*/
         i=LocateVex(*pg,v1);
         j=LocateVex(*pg,v2);
         if(i>=0&&j>=0)
             pg->arcs[i][j]=w;
     }
}
/*主函数*/
void main()
{   Graph G;
    printf("无向图的邻接矩阵表示：\n");
    CreateUndirectedGraphAdj(&G);
```

```
        DisplayAdjMatrix(G);

        printf("有向图的邻接矩阵表示：\n");
        CreateDirectedGraphAdj(&G);
        DisplayAdjMatrix(G);

        printf("无向网的邻接矩阵表示：\n");
        CreateUndirectedNetworkAdj(&G);
        DisplayAdjMatrix(G);

        printf("有向网的邻接矩阵表示：\n");
        CreateDirectedNetworkAdj(&G);
        DisplayAdjMatrix(G);
    }
```

2. 实现结果

邻接矩阵操作的实现结果如图 6.23 所示。

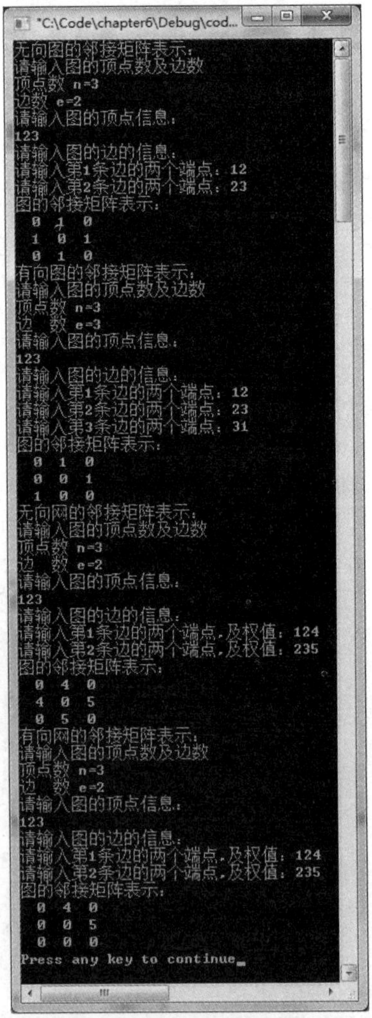

图 6.23 邻接矩阵操作的实现结果

6.8.2　图的邻接表操作

图的邻接表操作

1. 实现代码

```
#include<stdio.h>
#include<stdlib.h>
#define MAXSIZE 10
typedef char ElemType;                          /*定义顶点类型为 char*/
/*边节点的类型定义*/
typedef struct ArcNode
{   int adjVex;                                 /*和头节点邻接的节点在 adjList 数组中的序号*/
    struct ArcNode *nextArc;                    /*指向和头节点邻接的下一个节点*/
    int weight;                                 /*和头节点邻接的边上的权值*/
}ArcNode;
/*顶点节点的类型定义*/
typedef struct VNode
{   ElemType data;
    ArcNode *firstArc;
}VNode;
/*图的邻接表数据类型*/
typedef struct
{   VNode adjList[MAXSIZE];
    int n,e;                                    /*图的顶点数和弧数*/
}ALGraph;
/*【算法 6.4 在图 G 中查找顶点】*/
/*在图 G 中查找顶点 v，找到后返回其所在顶点数组中的索引号，若不存在，则返回-1*/
int LocateVex(ALGraph G,ElemType v)
{   int i;
    for(i=0;i<G.n;i++)
        if(G.adjList[i].data==v) return i;
    return -1;
}
/*【算法 6.5 无向图的邻接表、有向图的邻接表、逆邻接表的建立】*/
/*创建无向图的邻接表*/
void CreateUndirectedGraphLink(ALGraph *pg)
{
    int i,j,k;
    ElemType v1,v2;
    ArcNode *s;
    printf("请输入图的顶点数及边数\n");
    printf("顶点数 n=");
    scanf("%d",&pg->n);
    printf("边数 e=");
    scanf("%d",&pg->e);
    printf("请输入图的顶点信息：\n");
    getchar();
    for(i=0;i<pg->n;i++)
```

```
    {   scanf("%c",&pg->adjList[i].data);            /*构造顶点信息*/
        pg->adjList[i].firstArc=NULL;
    }
    getchar();
    printf("请输入图的边的信息：\n");
    for(k=0;k<pg->e;k++)
    {   printf("请输入第%d 条边的两个端点：",k+1);
        scanf("%c%c",&v1,&v2);
        getchar();                                   /*输入一条边的两个顶点*/
         /*确定两个顶点在图 G 中的位置*/
        i=LocateVex(*pg,v1);
        j=LocateVex(*pg,v2);
        if(i>=0&&j>=0)
        {   s=(ArcNode *)malloc(sizeof(ArcNode));
            s->adjVex=j;
            s->nextArc=pg->adjList[i].firstArc;     /*头插法*/
            pg->adjList[i].firstArc=s;
            s=(ArcNode *)malloc(sizeof(ArcNode));
            s->adjVex=i;
            s->nextArc=pg->adjList[j].firstArc;     /*头插法*/
            pg->adjList[j].firstArc=s;
        }
    }
}
/*【算法 6.5 无向图的邻接表、有向图的邻接表、逆邻接表的建立】*/
/*创建有向图的邻接表*/
void CreateDirectedGraphLink(ALGraph *pg)
{   int i,j,k;
    ElemType v1,v2;
    ArcNode *s;
    printf("请输入图的顶点数及边数\n");
    printf("顶点数 n=");scanf("%d",&pg->n);
    printf("边数 e=");scanf("%d",&pg->e);
    printf("请输入图的顶点信息：\n");getchar();
    for(i=0;i<=pg->n;i++){
        scanf("%c",&pg->adjList[i].data);            /*构造顶点信息*/
        pg->adjList[i].firstArc=NULL;
        }
    printf("请输入图的边的信息：\n");
    for(k=0;k<pg->e;k++)
    {   printf("请输入第%d 条边的两个端点：",k+1);
        scanf("%c%c",&v1,&v2);getchar();             /*输入一条边的两个顶点*/
         /*确定两个顶点在图 G 中的位置*/
        i=LocateVex(*pg,v1);j=LocateVex(*pg,v2);
        if(i>=0&&j>=0){
            s=(ArcNode *)malloc(sizeof(ArcNode));
```

```
                    s->adjVex=j;
                    s->nextArc=pg->adjList[i].firstArc;
                    pg->adjList[i].firstArc=s;
                }
        }
}
/*【算法 6.5 有向图的逆邻接表的建立】*/
/*创建有向图的逆邻接表*/
void CreateDirectedInverseLink(ALGraph *pg)
{   int i,j,k;
    ElemType v1,v2;
    ArcNode *s;
    printf("请输入图的顶点数及边数\n");
    printf("顶点数  n=");scanf("%d",&pg->n);
    printf("边数  e=");scanf("%d",&pg->e);
    printf("请输入图的顶点信息：\n");getchar();
    for(i=0;i<=pg->n;i++){
        scanf("%c",&pg->adjList[i].data);          /*构造顶点信息*/
        pg->adjList[i].firstArc=NULL;
    }
    printf("请输入图的边的信息：\n");
    for(k=0;k<pg->e;k++)
    {   printf("请输入第%d 条边的两个端点：",k+1);
        scanf("%c%c",&v1,&v2);getchar();          /*输入一条边的两个顶点*/
         /*确定两个顶点在图 G 中的位置*/
        i=LocateVex(*pg,v1);j=LocateVex(*pg,v2);
        if(i>=0&&j>=0)
        {
            s=(ArcNode *)malloc(sizeof(ArcNode));
            s->adjVex=i;
            s->nextArc=pg->adjList[j].firstArc;
            pg->adjList[j].firstArc=s;
        }
    }
}
/*【算法 6.6 在屏幕上显示图 G 的邻接表表示】*/
/*在屏幕上显示图 G 的邻接表表示*/
void DisplayAdjList(ALGraph G)
{   int i;
    ArcNode *p;
    printf("图的邻接表表示：");
    for(i=0;i<G.n;i++)
    {   printf("\n%4c",G.adjList[i].data);
        p=G.adjList[i].firstArc;
        while(p!=NULL)
        {   printf("-->%d",p->adjVex);
```

```
                p=p->nextArc;
            }
        }
        printf("\n");
    }
    /*主函数*/
    void main()
    {   ALGraph G;
        printf("无向图的邻接表表示：\n");
        CreateUndirectedGraphLink(&G);
        DisplayAdjList(G);
        printf("有向图的邻接表表示：\n");
        CreateDirectedGraphLink(&G);
        DisplayAdjList(G);
        printf("有向图的逆邻接表表示：\n");
        CreateDirectedInverseLink(&G);
        DisplayAdjList(G);
    }
```

2. 实现结果

邻接表操作的实现结果如图 6.24 所示。

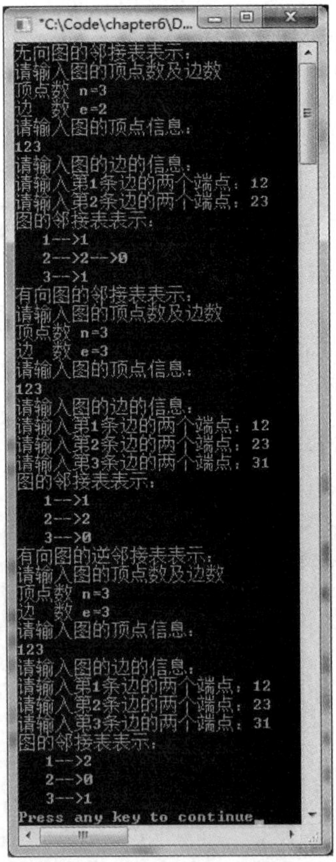

图 6.24　邻接表操作的实现结果

6.8.3 利用邻接矩阵实现图的深度优先遍历

邻接矩阵实现图的深度优先遍历

1. 实现代码

```
#include<stdio.h>
#define MAXSIZE 10
typedef char ElemType;                    /*定义顶点类型为 char*/
typedef struct
{   ElemType V[MAXSIZE];                  /*顶点信息*/
    int arcs[MAXSIZE][MAXSIZE];           /*邻接矩阵*/
    int e;                                /*边数*/
    int n;                                /*顶点数*/
}Graph;                                   /*图的邻接矩阵数据类型*/
int visited[MAXSIZE];                     /*访问标记数组*/
/*在图 G 中查找顶点 v，找到后返回其在顶点数组中的索引号，若不存在，则返回-1*/
int LocateVex(Graph G,ElemType v)
{   int i;
    for(i=0;i<G.n;i++)
        if(G.V[i]==v)return i;
    return -1;
}
/*在屏幕上显示图 G 的邻接矩阵表示*/
void DisplayAdjMatrix(Graph G)
{   int i,j;
    printf("图的邻接矩阵表示：\n");
    for(i=0;i<G.n;i++)
    {   for(j=0;j<G.n;j++)
            printf("%3d",G.arcs[i][j]);
        printf("\n");
    }
}
/*创建无向图的邻接矩阵*/
void CreateAdj(Graph *pg)
{   int i,j,k;
    ElemType v1,v2;
    printf("请输入图的顶点数及边数\n");
    printf("顶点数  n=");
    scanf("%d",&pg->n);
    printf("边数  e=");
    scanf("%d",&pg->e);
    printf("请输入图的顶点信息：\n");
    getchar();
    for(i=0;i<=pg->n;i++)
        scanf("%c",&pg->V[i]);            /*构造顶点信息*/
```

```
        for(i=0;i<pg->n;i++)
            for(j=0;j<pg->n;j++)
                pg->arcs[i][j]=0;              /*初始化邻接矩阵*/
        printf("请输入图的边的信息：\n");
        for(k=0;k<pg->e;k++)
        {   printf("请输入第%d 条边的两个端点：",k+1);
            scanf("%c%c",&v1,&v2);
            getchar();                         /*输入一条边的两个顶点*/
            /*确定两个顶点在图 G 中的位置*/
            i=LocateVex(*pg,v1);
            j=LocateVex(*pg,v2);
            if(i>=0&&j>=0)
            {   pg->arcs[i][j]=1; pg->arcs[j][i]=1;   }
        }
    }
    /*利用邻接矩阵实现图的遍历*/
    /*从第 i 个顶点出发递归地深度优先遍历图 G*/
    void DFS(Graph G,int i)
    {   int j;
        printf("%3c",G.V[i]);                  /*访问第 i 个顶点*/
        visited[i]=1;
        for(j=0;j<G.n;j++)
            if((G.arcs[i][j]==1)&&(visited[j]==0))
                DFS(G,j);                      /*对顶点 i 的尚未被访问的邻接顶点 j 递归调用 DFS */
    }
    /*【算法 6.10  对图 G 进行深度优先遍历】*/
    void DFSTraverse(Graph G)                  /*对图 G 进行深度优先遍历*/
    {   int v;
        for(v=0; v<G.n;v++)
            visited[v]=0;                      /*初始化标记数组*/
        for(v=0; v<G.n;v++)                    /*保证全图的遍历*/
        /*从第 v 个顶点出发递归地深度优先遍历图 G*/
            if (!visited[v])
                DFS(G,v);
    }
    void main()
    {   Graph G;
        CreateAdj(&G);
        printf("图的深度优先遍历序列：\n");
        DFSTraverse(G);
        printf("\n");
    }
```

2. 实现结果

利用邻接矩阵实现图 G_{10} 的深度优先遍历操作的结果如图 6.25 所示。

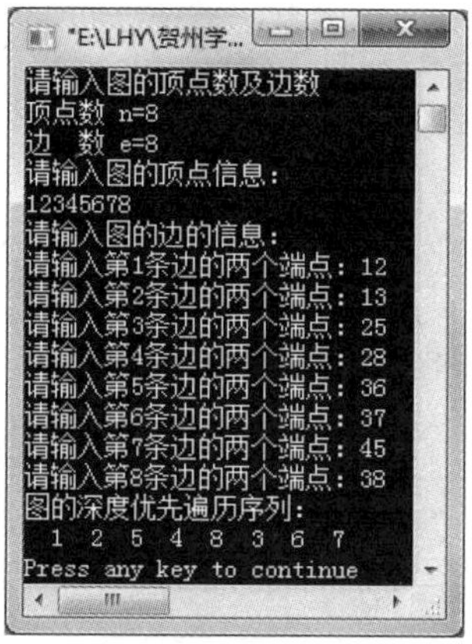

图 6.25　利用邻接矩阵实现图的深度优先遍历的结果

6.8.4　利用邻接表实现图的深度优先遍历

邻接表实现图的深度优先遍历

1．实现代码

```
#include<stdio.h>
#include<stdlib.h>
#define MAXSIZE 10
typedef char ElemType;                    /*定义顶点类型为 char*/
/*边节点的类型定义*/
typedef struct ArcNode
{    int adjVex;
     struct ArcNode *nextArc;
     int weight;
}ArcNode;
/*顶点节点的类型定义*/
typedef struct VNode
{    ElemType data;
     ArcNode *firstArc;
}VNode;
/*图的邻接表数据类型定义*/
typedef struct
{    VNode adjList[MAXSIZE];
     int n,e;                             /*图的顶点数和弧数*/
}ALGraph;
int visited[MAXSIZE];                     /*访问标记数组*/
/*在图 G 中查找顶点 v，找到后返回其所在的顶点数组中的索引号，若不存在，则返回-1*/
int LocateVex(ALGraph G,ElemType v)
{    int i;
     for(i=0;i<G.n;i++)
          if(G.adjList[i].data==v) return i;
     return -1;
}
void CreateLink(ALGraph *pg)
```

```
{   int i,j,k;
    ElemType v1,v2;
    ArcNode *s;
    printf("请输入图的顶点数及边数\n");
    printf("顶点数  n=");scanf("%d",&pg->n);
    printf("边数  e=");scanf("%d",&pg->e);
    printf("请输入图的顶点信息：\n");getchar();
    for(i=0;i<pg->n;i++)
    {   scanf("%c",&pg->adjList[i].data);          /*构造顶点信息*/
        pg->adjList[i].firstArc=NULL;
    }
    getchar();
    printf("请输入图的边的信息：\n");
    for(k=0;k<pg->e;k++)
    {   printf("请输入第%d 条边的两个端点：",k+1);
        scanf("%c%c",&v1,&v2);getchar();       /*输入一条边的两个顶点*/
         /*确定两个顶点在图 G 中的位置*/
        i=LocateVex(*pg,v1);j=LocateVex(*pg,v2);
        if(i>=0&&j>=0)
        {   s=(ArcNode *)malloc(sizeof(ArcNode));
            s->adjVex=j;
            s->nextArc=pg->adjList[i].firstArc;
            pg->adjList[i].firstArc=s;
        }
    }
}
/*在屏幕上显示图 G 的邻接表表示*/
void DisplayAdjList(ALGraph G)
{   int i;
    ArcNode *p;
    printf("图的邻接表表示：");
    for(i=0;i<G.n;i++)
    {   printf("\n%4c",G.adjList[i].data);
        p=G.adjList[i].firstArc;
        while(p!=NULL)
        {   printf("-->%d",p->adjVex); p=p->nextArc;   }
    }
    printf("\n");
}
 /*从第 i 个顶点出发递归地深度优先遍历图 G*/
/*【算法 6.7 用邻接表实现图的遍历】*/
void DFS(ALGraph G,int i)
{   ArcNode *p;
    printf("%3c",G.adjList[i].data);               /*访问第 i 个顶点*/
    visited[i]=1;
    p=G.adjList[i].firstArc;
```

```
        while(p!=NULL)
        {   if(visited[p->adjVex]==0)
                DFS(G,p->adjVex);           /*对顶点 i 的尚未被访问的邻接顶点 j 递归调用 DFS*/
            p=p->nextArc;
        }
}
void DFSTraverse(ALGraph G)                 /*对图 G 进行深度优先遍历*/
{
        int v;
        for (v=0; v<G.n;v++)
            visited[v]=0;                   /*初始化标记数组*/
        for (v=0; v<G.n;v++)                /*保证全图的遍历*/
        /*从第 v 个顶点出发递归地深度优先遍历图 G*/
            if (!visited[v])
                DFS(G,v);
}
void main()
{       ALGraph G;
        CreateLink(&G);
        printf("图的深度优先遍历序列：\n");
        DFSTraverse(G);printf("\n");
}
```

2. 实现结果

利用邻接表实现图 G_{10} 的深度优先遍历操作的结果如图 6.26 所示。

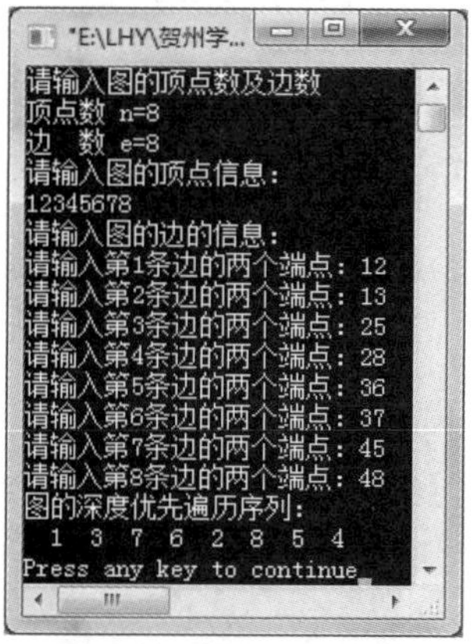

图 6.26　利用邻接表实现图的深度优先遍历的结果

6.8.5　利用邻接矩阵实现图的广度优先遍历

邻接矩阵实现图的广度优先遍历

1. 实现代码

```
#include<stdio.h>
#define MAXSIZE 10
typedef char ElemType;                  /*定义顶点类型为 char*/
typedef struct
```

```
{    ElemType V[MAXSIZE];                 /*顶点信息*/
     int arcs[MAXSIZE][MAXSIZE];          /*邻接矩阵*/
     int e;                               /*边数*/
     int n;                               /*顶点数*/
}Graph;                                   /*图的邻接矩阵数据类型*/
/*队列*/
typedef struct
{    int elem[MAXSIZE];
     int front,rear;
}sqQueue;
sqQueue Q;
int visited[MAXSIZE];
/*在图 G 中查找顶点 v，找到后返回其所在顶点数组中的索引号，若不存在，则返回-1*/
int LocateVex(Graph G,ElemType v)
{    int i;
     for(i=0;i<G.n;i++)
          if(G.V[i]==v) return i;
     return -1;
}
/*在屏幕上显示图 G 的邻接矩阵表示*/
void DisplayAdjMatrix(Graph G)
{    int i,j;
     printf("图的邻接矩阵表示：\n");
     for(i=0;i<G.n;i++)
     {    for(j=0;j<G.n;j++) printf("%3d",G.arcs[i][j]);
          printf("\n");
     }
}
/*创建无向图的邻接矩阵*/
void CreateAdj(Graph *pg)
{    int i,j,k;
     ElemType v1,v2;
     printf("请输入图的顶点数及边数\n");
     printf("顶点数  n=");
     scanf("%d",&pg->n);
     printf("边数  e=");
     scanf("%d",&pg->e);
     printf("请输入图的顶点信息：\n");
     getchar();
     for(i=0;i<=pg->n;i++)scanf("%c",&pg->V[i]);     /*构造顶点信息*/
     for(i=0;i<pg->n;i++)
          for(j=0;j<pg->n;j++)
               pg->arcs[i][j]=0;                      /*初始化邻接矩阵*/
     printf("请输入图的边的信息：\n");
     for(k=0;k<pg->e;k++)
     {    printf("请输入第%d 条边的两个端点：",k+1);
```

```
        scanf("%c%c",&v1,&v2);                    /*输入一条边的两个顶点*/
        getchar();
        /*确定两个顶点在图 G 中的位置*/
        i=LocateVex(*pg,v1);
        j=LocateVex(*pg,v2);
        if(i>=0&&j>=0)
        {   pg->arcs[i][j]=1; pg->arcs[j][i]=1;}
    }
}
void InitQueue(sqQueue *sq)
{   sq->front=sq->rear=0;
}
int EnQueue(sqQueue *sq,int e)
{   if((sq->rear+1)%MAXSIZE==sq->front) return 0;    /*队满*/
    sq->elem[sq->rear]=e;
    sq->rear=(sq->rear+1)%MAXSIZE;
    return 1;
}
int DelQueue(sqQueue *sq,int *e)
{   if(sq->front==sq->rear) return 0;
    *e=sq->elem[sq->front];
    sq->front=(sq->front+1)%MAXSIZE;
    return 1;
}
int QueueEmpty(sqQueue *sq)
{   if(sq->front==sq->rear) return 1;
    return 0;
}
/*【算法 6.12  利用邻接矩阵实现图的广度优先搜索遍历】*/
/*从第 k 个顶点出发广度优先遍历图 G，G 以邻接矩阵表示*/
void BFS(Graph G,int k)
{   int i,j;
    InitQueue(&Q);                                /*初始化队列*/
    printf("%3c",G.V[k]);                         /*访问第 k 个顶点*/
    visited[k]=1;
    EnQueue(&Q,k);                                /*第 k 个顶点进队*/
    while(!QueueEmpty(&Q))
    {/*队列非空*/
        DelQueue(&Q,&i);
        for(j=0;j<G.n;j++)
        {   if((G.arcs[i][j]==1)&&(visited[j]==0))
           {/*访问第 i 个顶点的未被访问的邻接顶点 j*/
                printf("%3c",G.V[j]);
                visited[j]=1;
                EnQueue(&Q,j);                    /*第 k 个顶点进队*/
            }
```

```
            }
        }
    }
    /*【算法 6.13  对图 G 进行广度优先遍历】*/
    void BFSTraverse(Graph G)                              /*对图 G 进行广度优先遍历*/
    {   int v;
        for (v=0; v<G.n;v++) visited[v]=0;                 /*初始化标记数组*/
        for (v=0; v<G.n;v++)                               /*保证全图的遍历*/
            if (!visited[v]) BFS(G,v);
          /*从第 v 个顶点出发递归地广度优先遍历图 G */
    }
    void main()
    {   Graph G;
        CreateAdj(&G);
        printf("图的广度优先遍历序列：\n");
        BFSTraverse(G);
        printf("\n");
    }
```

2. 实现结果

利用邻接矩阵实现图 G_{11} 的广度优先遍历操作的结果如图 6.27 所示。

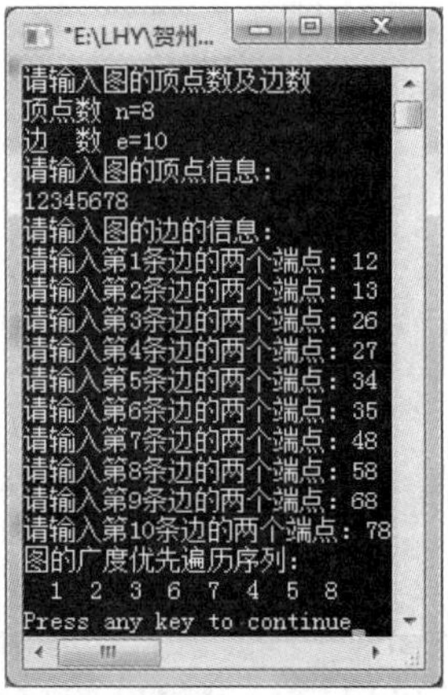

图 6.27　利用邻接矩阵实现图的广度优先遍历的结果

6.8.6　利用邻接表实现图的广度优先遍历

利用邻接表实现图的广度优先遍历

1. 实现代码

```
#include<stdio.h>
#include<stdlib.h>
#define MAXSIZE 10
typedef char ElemType;                      /*定义顶点类型为 char*/
/*边节点的类型定义*/
typedef struct ArcNode
{   int adjVex;
    struct ArcNode *nextArc;
```

```
        int weight;
}ArcNode;
/*顶点节点的类型定义*/
typedef struct VNode
{       ElemType data;
        ArcNode *firstArc;
}VNode;
/*图的邻接表数据类型定义*/
typedef struct
{       VNode adjList[MAXSIZE];
        int n,e;                                /*图的顶点数和弧数*/
}ALGraph;
/*队列*/
typedef struct
{       int elem[MAXSIZE];
        int front,rear;
}sqQueue;
int visited[MAXSIZE];
/*在图 G 中查找顶点 v，找到后返回其所在的顶点数组中的索引号，若不存在，则返回-1*/
int LocateVex(ALGraph G,ElemType v)
{       int i;
        for(i=0;i<G.n;i++)
            if(G.adjList[i].data==v) return i;
        return -1;
}
void CreateLink(ALGraph *pg)
{       int i,j,k;
        ElemType v1,v2;
        ArcNode *s;
        printf("请输入图的顶点数及边数\n");
        printf("顶点数  n=");
        scanf("%d",&pg->n);
        printf("边数  e=");
        scanf("%d",&pg->e);
        printf("请输入图的顶点信息：\n");
        getchar();
        for(i=0;i<=pg->n;i++)
        {       scanf("%c",&pg->adjList[i].data);   /*构造顶点信息*/
                pg->adjList[i].firstArc=NULL;
        }
        printf("请输入图的边的信息：\n");
        for(k=0;k<pg->e;k++)
        {       printf("请输入第%d 条边的两个端点：",k+1);
                scanf("%c%c",&v1,&v2);              /*输入一条边的两个顶点*/
                getchar();
                 /*确定两个顶点在图 G 中的位置*/
```

```
        i=LocateVex(*pg,v1);
        j=LocateVex(*pg,v2);
        if(i>=0&&j>=0)
        {   s=(ArcNode *)malloc(sizeof(ArcNode));
            s->adjVex=j;
            s->nextArc=pg->adjList[i].firstArc;
            pg->adjList[i].firstArc=s;
        }
    }
}
/*在屏幕上显示图 G 的邻接表表示*/
void DisplayAdjList(ALGraph G)
{   int i;
    ArcNode *p;
    printf("图的邻接表表示：");
    for(i=0;i<G.n;i++)
    {   printf("\n%4c",G.adjList[i].data);
        p=G.adjList[i].firstArc;
        while(p!=NULL)
        {   printf("-->%d",p->adjVex); p=p->nextArc;   }
    }
    printf("\n");
}
void InitQueue(sqQueue *sq)
{   sq->front=sq->rear=0;
}
int EnQueue(sqQueue *sq,int e)
{   if((sq->rear+1)%MAXSIZE==sq->front) return 0;
    sq->elem[sq->rear]=e;
    sq->rear=(sq->rear+1)%MAXSIZE;
    return 1;
}
int DelQueue(sqQueue *sq,int *e)
{   if(sq->front==sq->rear) return 0;
    *e=sq->elem[sq->front];
    sq->front=(sq->front+1)%MAXSIZE;
    return 1;
}
int QueueEmpty(sqQueue *sq)
{   if(sq->front==sq->rear) return 1;
    return 0;
}
/*【算法 6.13 用邻接表实现图的广度优先搜索遍历】*/
void BFS(ALGraph G,int k)
{   int i;
    ArcNode *p;
```

```
        InitQueue(&Q);                              /*初始化队列*/
        printf("%3c",G.adjList[k].data);            /*访问第 k 个顶点*/
        visited[k]=1;
        EnQueue(&Q,k);                              /*第 k 个顶点进队*/
        while(!QueueEmpty(&Q))
        {                                           /*队列非空*/
            DelQueue(&Q,&i);
            p=G.adjList[i].firstArc;                /*获取第 1 个邻接点*/
            while(p!=NULL)
            {   if(visited[p->adjVex]==0)           /*访问第 i 个顶点的未被访问的邻接顶点*/
                {printf("%3c",G.adjList[p->adjVex].data);
                    visited[p->adjVex]=1;
                    EnQueue(&Q,p->adjVex);/*第 k 个顶点进队*/
                }
                p=p->nextArc;
            }
        }
}
void BFSTraverse(ALGraph G)                         /*对图 G 进行广度优先遍历*/
{   int v;
    for(v=0; v<G.n;v++) visited[v]=0;               /*初始化标记数组*/
    for(v=0; v<G.n;v++)                             /*保证全图的遍历*/
        if (!visited[v]) BFS(G,v);                  /*从第 v 个顶点出发递归地广度优先遍历图 G */
}
void main()
{   ALGraph G;
    CreateLink(&G);
    printf("图的广度优先遍历序列：\n");
    BFSTraverse(G);printf("\n");
}
```

2. 实现结果

利用邻接表实现图 G_{11} 的广度优先遍历操作的结果如图 6.28 所示。

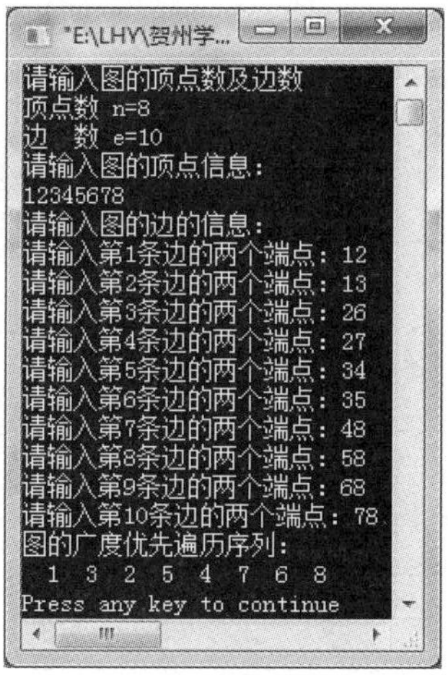

图 6.28　利用邻接表实现图的广度优先遍历的结果

6.8.7 普里姆最小生成树算法

普里姆最小生成树算法

1. 实现代码

```
#include<stdio.h>
#define MAXSIZE 10
typedef char ElemType;                          /*定义顶点类型为 char*/
typedef struct
{    ElemType V[MAXSIZE];                       /*顶点信息*/
     int arcs[MAXSIZE][MAXSIZE];                /*邻接矩阵*/
     int e;                                     /*边数*/
     int n;                                     /*顶点数*/
}Graph;                                         /*图的邻接矩阵数据类型*/
typedef struct
{    ElemType adjvax;                           /*U 中的顶点*/
     int lowcost;                               /*边的权值*/
}MinEdge;                                       /*记录从顶点集 U 到 V-U 的代价最小的边需要的辅助
                                                  数组类型*/
/*在图 G 中查找顶点 v，找到后返回其所在的顶点数组中的索引号，若不存在，则返回-1*/
int LocateVex(Graph G,ElemType v)
{    int i;
     for(i=0;i<G.n;i++)
          if(G.V[i]==v) return i;
     return -1;
}
/*在屏幕上显示图 G 的邻接矩阵表示*/
void DisplayAdjMatrix(Graph G)
{    int i,j;
     printf("图的邻接矩阵表示：\n");
     for(i=0;i<G.n;i++)
     {    for(j=0;j<G.n;j++) printf("%d\t",G.arcs[i][j]);
          printf("\n");
     }
}
/*创建无向图的邻接矩阵*/
void CreateAdj(Graph *pg)
{    int i,j,k,w;
     ElemType v1,v2;
     printf("请输入图的顶点数及边数\n");
     printf("顶点数 n=");
     scanf("%d",&pg->n);
     printf("边数 e=");
     scanf("%d",&pg->e);
     printf("请输入图的顶点信息（包含 a)：\n");
     getchar();
     for(i=0;i<pg->n;i++) scanf("%c",&pg->V[i]);     /*构造顶点信息*/
     getchar();
     for(i=0;i<pg->n;i++)
```

```
        for(j=0;j<pg->n;j++)
            pg->arcs[i][j]=999;              /*初始化邻接矩阵*/
    printf("请输入图的边的信息：\n");
    for(k=0;k<pg->e;k++)
    {   printf("请输入第%d 条边的两个端点及权值：",k+1);
        scanf("%c%c%d",&v1,&v2,&w);      /*输入一条边的两个顶点及权值*/
        getchar();
        /*确定两个顶点在图 G 中的位置*/
        i=LocateVex(*pg,v1);
        j=LocateVex(*pg,v2);
        if(i>=0&&j>=0)
        {   pg->arcs[i][j]=w;
            pg->arcs[j][i]=w;
        }
    }
}
/*求出集合 V-U 中依附于顶点 u（u∈U）的权值最小的顶点的序号*/
/*在辅助数组中求出权值最小的顶点的序号*/
int MinCost(Graph G,MinEdge e[])
{   int i,j,min;
    for(i=0;i<G.n;i++)
        if(e[i].lowcost!=0) break;
    min=i;
    for(j=i+1;j<G.n;j++)
        if(e[j].lowcost!=0&&e[j].lowcost<e[min].lowcost)
            min=j;
    return min;
}
/*【算法 6.14 普里姆算法】*/
/*从顶点 v 出发构造图 G 的最小生成树，并输出最小生成树的各条边*/
void MiniSpanTree_PRIM(Graph G,ElemType v)
{   int i,j,k;
    MinEdge e[MAXSIZE];
    k=LocateVex(G,v);                   /*确定顶点 v 在图 G 中的序号*/
    for(j=0;j<G.n;j++)                  /*初始化辅助数组*/
        if(j!=k)
        {   e[j].adjvax=v;
            e[j].lowcost=G.arcs[k][j];
        }
    /*初始顶点生成树集合，lowcost 值为 0，表示该顶点已并入生成树集合*/
    e[k].lowcost=0;
    for(i=0;i<G.n-1;i++)
    {   k=MinCost(G, e);                /*求辅助数组中权值最小的顶点*/
        /*输入最小生成树的一条边和对应的权值*/
        printf("(%c,%c,%d)",e[k].adjvax,G.V[k],e[k].lowcost);
        e[k].lowcost=0;                 /*将顶点 k 并入生成树集合*/
```

```
            for(j=0;j<G.n;j++)                       /*重新调整 e*/
                if(G.arcs[k][j]<e[j].lowcost)
                {    e[j].adjvax=G.V[k];
                     e[j].lowcost=G.arcs[k][j];
                }
        }
        printf("\n");
    }
    void main()
    {    Graph G;
         CreateAdj(&G);
         DisplayAdjMatrix(G);
         MiniSpanTree_PRIM(G,'a');
    }
```

2. 实现结果

普里姆算法生成最小生成树的实现结果如图 6.29 所示。

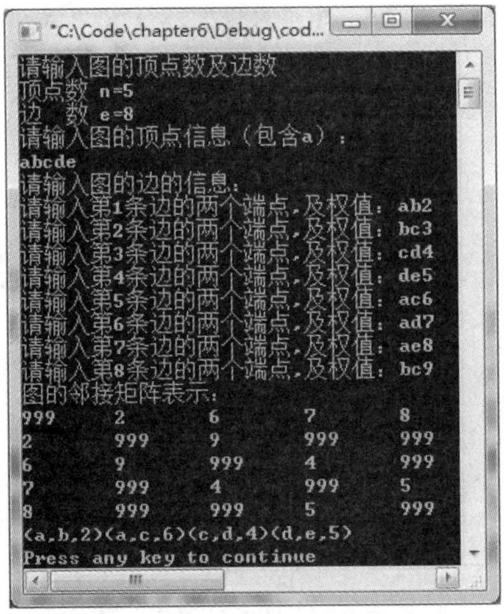

图 6.29 普里姆算法生成最小生成树的实现结果

6.8.8 迪杰斯特拉最短路径算法

迪杰斯特拉最短路径算法

1. 实现代码

```
#include<stdio.h>
#define MAXSIZE 10
typedef char ElemType;                          /*定义顶点类型为 char*/
int Max=999;
typedef struct
{    ElemType V[MAXSIZE];                       /*顶点信息*/
     int arcs[MAXSIZE][MAXSIZE];                /*邻接矩阵*/
     int e;                                     /*边数*/
     int n;                                     /*顶点数*/
}Graph;                                         /*图的邻接矩阵数据类型*/
```

```
/*在图 G 中查找顶点 v，找到后返回其所在的顶点数组中的索引号，若不存在，则返回-1*/
int LocateVex(Graph G,ElemType v)
{   int i;
    for(i=0;i<G.n;i++) if(G.V[i]==v) return i;
    return -1;
}
/*在屏幕上显示图 G 的邻接矩阵表示*/
void DisplayAdjMatrix(Graph G)
{   int i,j;
    printf("图的邻接矩阵表示：\n");
    for(i=0;i<G.n;i++)
    {   for(j=0;j<G.n;j++) printf("%3d",G.arcs[i][j]);
        printf("\n");
    }
}
/*创建无向图的邻接矩阵*/
void CreateAdj(Graph *pg)
{   int i,j,k,w;
    ElemType v1,v2;
    printf("请输入图的顶点数及边数\n");
    printf("顶点数  n=");
    scanf("%d",&pg->n);
    printf("边数  e=");
    scanf("%d",&pg->e);
    printf("请输入图的顶点信息：\n");
    getchar();
    for(i=0;i<=pg->n;i++) scanf("%c",&pg->V[i]);        /*构造顶点信息*/
    for(i=0;i<pg->n;i++)
        for(j=0;j<pg->n;j++)
            pg->arcs[i][j]=Max;                          /*初始化邻接矩阵*/
    printf("请输入图的边的信息：\n");
    for(k=0;k<pg->e;k++)
    {   printf("请输入第%d 条边的两个端点及权值：",k+1);
        scanf("%c%c%d",&v1,&v2,&w);                      /*输入一条边的两个顶点及权值*/
        getchar();
        /*确定两个顶点在图 G 中的位置*/
        i=LocateVex(*pg,v1);
        j=LocateVex(*pg,v2);
        if(i>=0&&j>=0) pg->arcs[i][j]=w;
    }
}
/*迪杰斯特拉算法*/
void Dijkstra(Graph G,int v0,int path[],int dist[])
/*求有向图 G 的 v0 顶点到其余顶点 v 的最短路径，path[i]是 v0 到 vi 的最短路径上的前驱顶点，dist[i]
是路径长度*/
{   int i,vk,vj,w;
```

```
        int min;
        int s[MAXSIZE];                    /*标识数组，0 表示该顶点没在已求得的最短路径的
                                             终点集合 S 中*/
        for(i=0;i<G.n;i++)                 /*初始化 s、dist 和 path*/
        {   s[i]=0;
            dist[i]=G.arcs[v0][i];
            if(dist[i]<Max)
                path[i]=v0;
            else
                path[i]=-1;
        }
        dist[v0]=0;
        s[v0]=1;                           /*初始时源点 v0 属于 s 集*/
        /*循环求 v0 到某个顶点 v 的最短路径，并将 v 加入 s 集*/
        for(i=1;i<G.n-1;i++)
        {   min=Max;
            for(w=0;w<G.n;w++)
            {   /*顶点 w 不属于 s 集且离 v0 更近*/
                if(!s[w]&&dist[w]<min)
                {   vj=w;
                    min=dist[w];
                }
            }
            s[vj]=1;                       /*顶点 v 并入 s*/
            for(vk=0;vk<G.n;vk++)          /*更新当前最短路径及距离*/
            {   if(!s[vk]&&(min+G.arcs[vj][vk]<dist[vk]))
                {   dist[vk]=min+G.arcs[vj][vk];
                    path[vk]=vj;
            }
          }
      }
}
/*输出源点 v0 到其余顶点的最短路径和路径长度*/
void DisplayPath(Graph G,int v0,int path[],int dist[])
{   int i,next;
    for(i=0;i<G.n;i++)
    {   if(dist[i]<Max&&i!=v0)
        {   printf("V%d<--",i+1);
            next=path[i];
            while(next!=v0)
            {   printf("V%d<--",next+1);
                next=path[next];
            }
            printf("V%d:%d\n",v0+1,dist[i]);
        }
        else
            if(i!=v0)
```

```
            printf("V%d<--V%d:no path\n",i+1,v0+1);
        }
}
/*主函数*/
void main()
{   int path[MAXSIZE];
    int dist[MAXSIZE];
    Graph G;
    CreateAdj(&G);                 /*创建有向网的邻接矩阵*/
    Dijkstra(G,5,path,dist);       /*图 6.19 有向图 G14 的 v6 顶点存放在下标为 5 的数组中*/
    DisplayPath(G,5,path,dist);
}
```

2. 实现结果

用迪杰斯特拉最短路径算法求得图 6.19 有向图 G_{14} 从 v_6 顶点出发到其余各顶点的最短路径结果如图 6.30 所示。

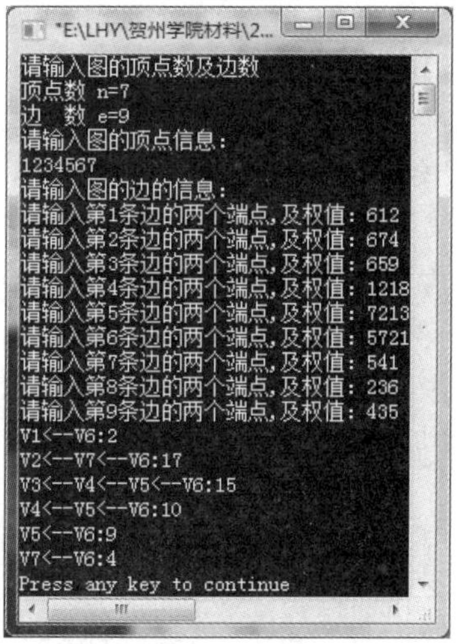

图 6.30　迪杰斯特拉最短路径算法的运行结果

6.9　本章小结

我们可以根据图是否带有方向性将其分为有向图和无向图。进一步细分，依据其是否有权值可以分为无权有向图、带权有向图、无权无向图、带权无向图。图的存储包括邻接矩阵、邻接表两种存储方式。其中对图的存储，我们将顶点信息和边的信息分开存储。图的遍历包括深度优先遍历和广度优先遍历两种方式。

关于图的一些操作，例如求图的生成树和生成森林等都是以图的遍历为基础进行的。在求图的最小生成树时，我们介绍了普里姆算法和克鲁斯卡尔算法，它们分别从顶点的角度和边的角度求解最小生成树，这里我们要重点掌握这两种算法的求解步骤，对算法实现不做硬性要求。

接下来我们介绍了一些图的重要应用，如拓扑排序、关键路径和最短路径，掌握这些算法的思想对于我们解决实际生活中遇到的问题至关重要，因此应当重点理解并掌握。

6.10 习题 6

一、选择题

1．有 n 个顶点的无向完全图具有（　　）条边。

A．n(n+1)/2　　B．n-1　　C．n　　D．n(n-1)/2

2．用邻接表表示图进行深度优先遍历时，通常是采用（　　）来实现算法的。

A．栈　　B．队列　　C．树　　D．图

3．AOV 网是一种（　　）。

A．有向图　　B．无向图

C．无向无环图　　D．有向无环图

4．有 8 个节点的无向图最多有（　　）条边。

A．14　　B．28　　C．56　　D．112

5．设有 16 个节点的无向图，该图至少应有（　　）条边才能确保是一个连通图。

A．15　　B．16　　C．17　　D．18

6．在一个图中，所有顶点的度数之和等于图的边数的（　　）倍。

A．1/2　　B．1　　C．2　　D．4

7．用邻接表表示图进行广度优先遍历时，通常是采用（　　）来实现算法的。

A．栈　　B．队列　　C．树　　D．图

8．深度优先遍历类似于二叉树的（　　）。

A．先序遍历　　B．中序遍历　　C．后序遍历　　D．层次遍历

9．从邻接矩阵$\begin{bmatrix} 0 & 1 & 0 \\ 1 & 0 & 1 \\ 0 & 1 & 0 \end{bmatrix}$可以看出，如果是有向图，该图共有（　　）条弧。

A．5　　B．4　　C．3　　D．2

10．有 8 个节点的有向完全图有（　　）条边。

A．14　　B．28　　C．56　　D．112

11．在一个有向图中，所有顶点的入度之和等于所有顶点的出度之和的（　　）倍。

A．1/2　　B．1　　C．2　　D．4

12．任何一个无向连通图的最小生成树（　　）。

A．只有一棵　　B．一棵或多棵

C．一定有多棵　　D．可能不存在

13．广度优先遍历类似于二叉树的（　　）。

A．先序遍历　　B．中序遍历

C．后序遍历　　D．层次遍历

14．有 8 个节点的无向连通图最少有（　　）条边。

A．5　　B．6　　C．7　　D．8

15．在含 n 个顶点和 e 条边的无向图的邻接矩阵中，0 元素的个数为（　　）。

A．e　　B．2e　　C．n^2-e　　D．n^2-2e

16．假设一个有 n 个顶点和 e 条弧的有向图用邻接表表示，则删除与某个顶点 v_i 相关的所有弧的时间复杂度是（　　）。

A．O(n)　　B．O(e)　　C．O(n+e)　　D．O(n*e)

17．已知图的邻接表如图 6.31 所示，根据算法，则从顶点 0 出发按深度优先遍历的节点序列是（　　）。

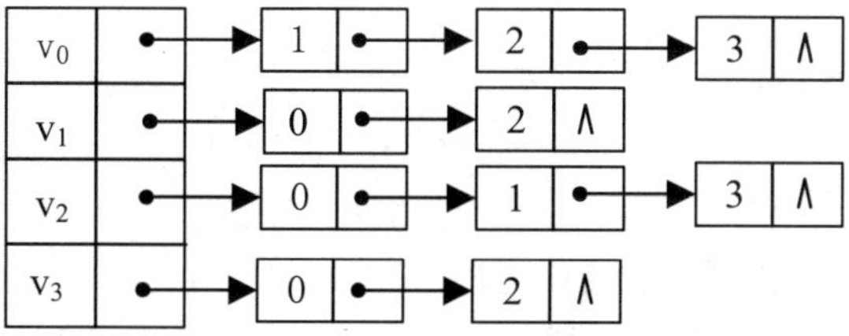

图 6.31　邻接表

A．0 1 3 2　　B．0 2 3 1　　C．0 3 2 1　　D．0 1 2 3

18．已知图的邻接表如图 6.32 所示，根据算法，则从顶点 0 出发按广度优先遍历的节点序列是（　　）。

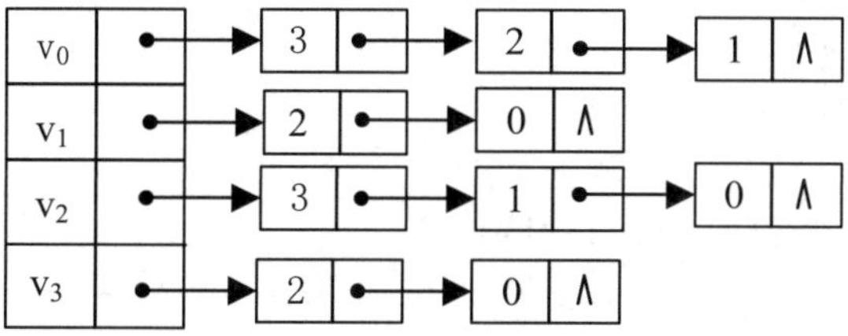

图 6.32　邻接表

A．0 3 2 1　　B．0 1 2 3　　C．0 1 3 2　　D．0 3 1 2

19．已知图的邻接矩阵如图 6.33 所示，根据算法，则从顶点 0 出发，按广度优先遍历的节点序列是（　　）。

$$\begin{bmatrix} 0 & 1 & 1 & 1 & 1 & 0 & 1 \\ 1 & 0 & 0 & 1 & 0 & 0 & 1 \\ 1 & 0 & 0 & 0 & 1 & 0 & 0 \\ 1 & 1 & 0 & 0 & 1 & 1 & 0 \\ 1 & 0 & 1 & 1 & 0 & 1 & 0 \\ 0 & 0 & 0 & 1 & 1 & 0 & 1 \\ 1 & 1 & 0 & 0 & 0 & 1 & 0 \end{bmatrix}$$

图 6.33　邻接矩阵

A．0 2 4 3 1 6 5　　B．0 1 3 5 6 4 2

C．0 1 2 3 4 6 5　　D．0 1 2 3 4 5 6

20．已知图的邻接矩阵如图 6.34 所示，根据算法，则从顶点 0 出发，按深度优先遍历的节点序列是（　　）。

$$\begin{bmatrix} 0 & 1 & 1 & 1 & 1 & 0 & 1 \\ 1 & 0 & 0 & 1 & 0 & 0 & 1 \\ 1 & 0 & 0 & 0 & 1 & 0 & 0 \\ 1 & 1 & 0 & 0 & 1 & 1 & 0 \\ 1 & 0 & 1 & 1 & 0 & 1 & 0 \\ 0 & 0 & 0 & 1 & 1 & 0 & 1 \\ 1 & 1 & 0 & 0 & 0 & 1 & 0 \end{bmatrix}$$

图 6.34　邻接矩阵

A．0 2 4 3 1 5 6　　B．0 1 3 5 6 4 2

C．0 4 2 3 1 6 5　　D．0 1 3 4 2 5 6

21．平面上有 5 个点，分别是 A(5,3)，B(3,5)，C(2,1)，D(3,3)，E(5,1)。以这 5 个点作为完全图 G 的顶点，每两个点之间的直线距离是图 G 中对应边的权值。以下（　　）不是图 G 的最小生成树中的边。

A．AD　　B．BD　　C．CD　　D．DE

E．EA

二、填空题

1．图的常用存储结构有________和________。

2．图的遍历方法一般有________和________两种。

3．一个具有 n 个顶点的连通有向图至多有________条弧，至少有________条弧。

4．图有邻接矩阵、________等存储结构，遍历图有深度优先遍历、________等方法。

5．图的逆邻接表存储结构只适用于________图。已知一个图的邻接矩阵表示，删除所有从第 i 个顶点出发的方法是________。

6．设有一稀疏图 G，则 G 采用________存储较节省空间；设有一稠密图 G，则 G 采用________存储较节省空间。

7．有向图 G 用邻接表矩阵存储，其第 i 行的所有元素之和等于顶点 i 的________。如果含 n 个顶点的图是一个环，则它有________棵生成树。

8．对用邻接矩阵表示的具有 n 个顶点和 e 条边的图进行任一种遍历时，其时间复杂度为________；对用邻接表表示的图进行任一种遍历时，其时间复杂度为________。

9．设无向图 G 中有 n 个顶点和 e 条边，则其对应的邻接表中有________个表头节点和________个表节点。

10．若要求一个稀疏图 G 的最小生成树，最好用________算法来求解；若要求一个稠密图 G 的最小生成树，最好用________算法来求解。

11．对于有 n 个顶点和 e 条边的图，若采用邻接矩阵存储，则空间复杂度为________；若采用邻接表存储，则空间复杂度为________。

12．用迪杰斯特拉（Dijkstra）算法求________到其余各顶点间的最短路径是按路径长度________的次序来得到最短路径的。

13．设有向图 G 用邻接矩阵 A[n][n]作为存储结构，则该邻接矩阵中第 i 行上的所有元素之和等于顶点 i 的__________，第 i 列上的所有元素之和等于顶点 i 的________。

14．有向图中，所有顶点的入度之和与出度之和的关系是_________，网是带________的图。

15．若具有 n 个顶点和 e 条边的图采用邻接矩阵存储，则深度优先遍历算法的时间复杂度为________；若采用邻接表存储，则该算法的时间复杂度为________。

16．若具有 n 个顶点和 e 条边的图采用邻接矩阵存储，则广度优先遍历算法的时间复杂度为________；若采用邻接表存储，则该算法的时间复杂度为________。

三、判断题

1．设某无向图中有 n 个顶点和 e 条边，则该无向图中所有顶点的入度之和为 e。（　）

2．连通图是有向图。（　）

3．调用一次深度优先遍历可以访问到图中的所有顶点。（　）

4．有 n 个顶点，n-1 条边的图一定是生成树。（　）

5．有向图中一个顶点 i 的入度等于其邻接矩阵中第 i 列的非零元素的个数。（　）

6．有向图中一个顶点 i 的出度等于其邻接矩阵中第 i 列的非零元素的个数。（　）

7．连通图 G 的生成树是 G 的极小连通子图。（　）

8．树是一种特殊形式的图。（　）

9．连通图的邻接矩阵是对称的，有向图的邻接矩阵是不对称的。（　）

10．连通网的最小生成树是唯一的。（　）

11．调用一次广度优先遍历可以访问到图中的所有顶点。（　）

四、简答题

1．已知一个图的顶点集 V 和边集 E 分别为 V={1,2,3,4,5,6,7}和 E={(1,2)3,(1,3)5,(1,4)8,(2,5)10,(2,3)6,(3,4)15,(3,5)12,(3,6)9,(4,6)4,(4,7)20,(5,6)18,(6,7)25}，用克鲁斯卡尔算法得到最小生成树，试写出在最小生成树中依次得到的各条边。

2．对于图 6.35 所示的有向图，若采用邻接表存储，并且每个顶点邻接表中的边节点都是按照终点序号从小到大的次序链接的，试写出：

（1）从顶点①出发进行深度优先搜索所得到的深度优先生成树。

（2）从顶点②出发进行广度优先搜索所得到的广度优先生成树。

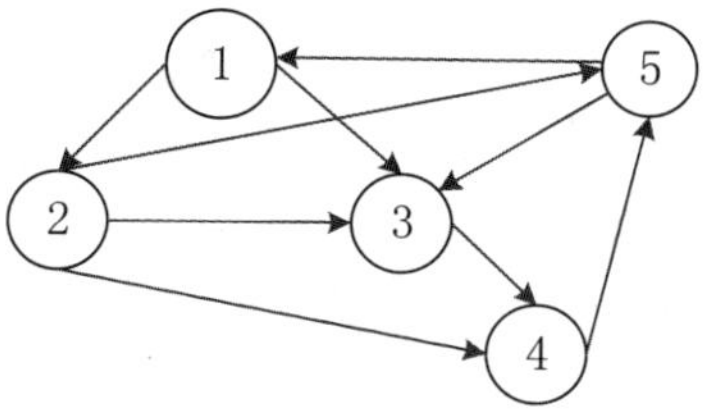

图 6.35　有向图

3．请画出图 6.36 所示的无向图的邻接矩阵和邻接表。

4．用克鲁斯卡尔算法将图 6.37 所示的图构造成最小生成树并画出生成过程。

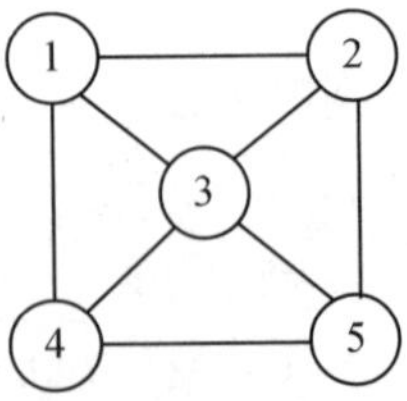

图 6.36　无向图

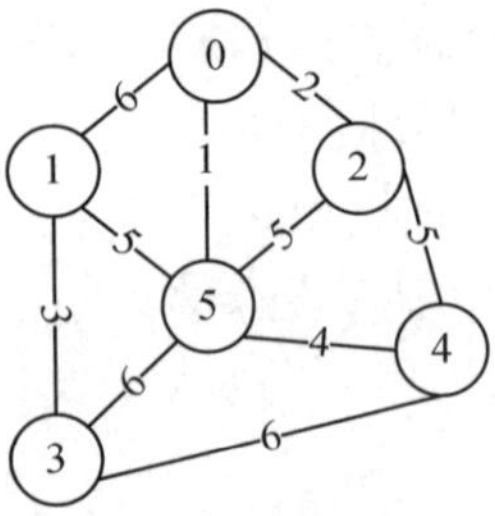

图 6.37　无向图

5．已知图 G 的邻接矩阵如图 6.38 所示。问：

（1）该图是有向图还是无向图？为什么？

（2）各节点的度是多少？

6．已知某有向图的邻接表如图 6.39 所示，求出每个顶点的入度和出度。

$$\begin{bmatrix} 0 & 1 & 0 & 1 \\ 0 & 0 & 1 & 1 \\ 1 & 0 & 0 & 1 \\ 0 & 1 & 1 & 0 \end{bmatrix}$$

图 6.38　邻接矩阵

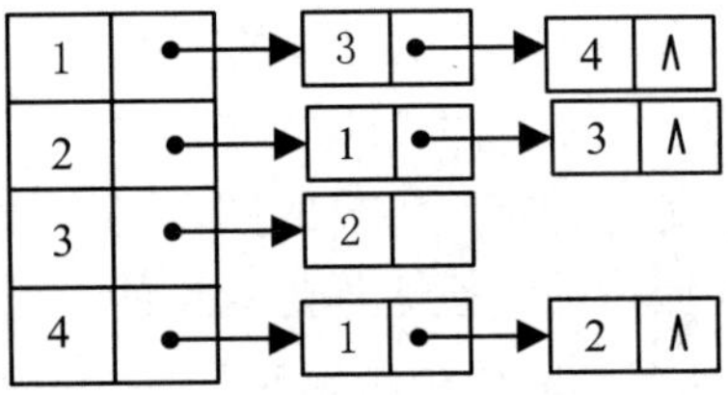

图 6.39　邻接表

7．已知图 G 如图 6.40 所示。求：

（1）图 G 的邻接矩阵。

（2）图 G 的最小生成树。

8．已知一个带权图的顶点集 V 和边集 E 分别为 V={0,1,2,3,4,5}和 E={(0,1)8,(0,2)5,(0,3)2,(1,5)6,(2,3)25,(2,4)13,(3,5)9,(4,5)10}，求出该图的最小生成树的权值。

9．已知如图 6.41 所示的无向图，求：

（1）深度优先遍历该图所得的顶点序列和边序列。

（2）广度优先遍历该图所得的顶点序列和边序列。

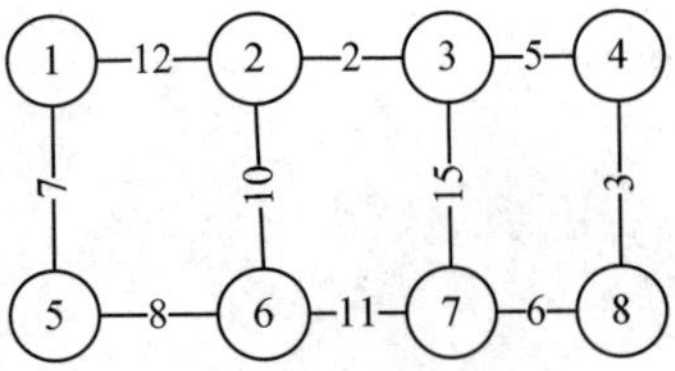

图 6.40　无向图

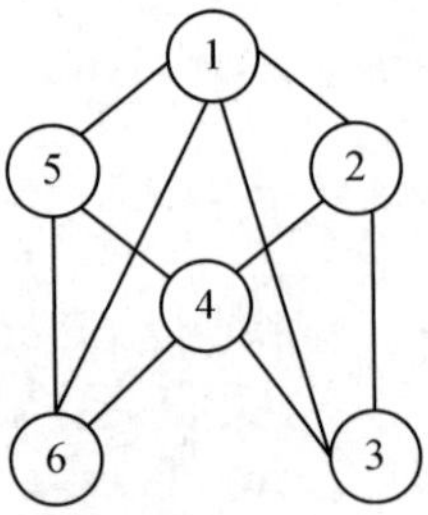

图 6.41　无向图

10．已知如图 6.42 所示的有向图，求：

（1）每个顶点的入度和出度。

（2）邻接矩阵。

（3）邻接表。

（4）逆邻接表。

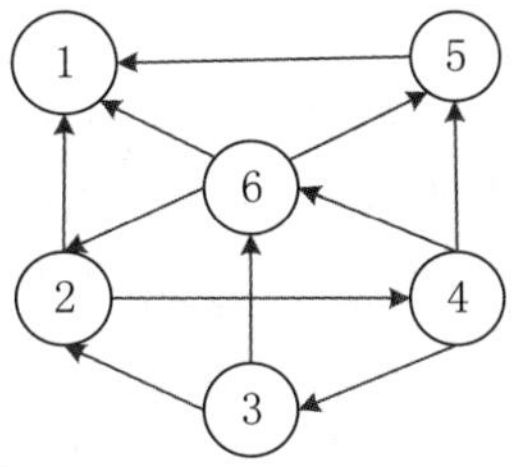

图 6.42　有向图

11．已知图 6.43 所示的无向带权图，求：

（1）邻接矩阵。

（2）邻接表。

12．已知一个无向图如图 6.44 所示，要求用普里姆算法构造最小生成树，假设以①为起点，试画出构造过程。

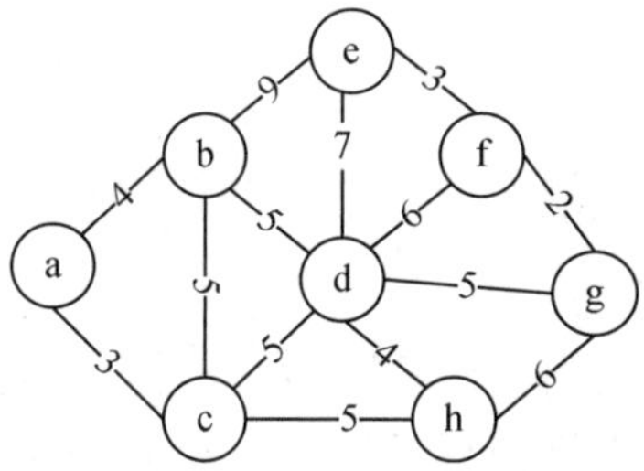

图 6.43　无向带权图

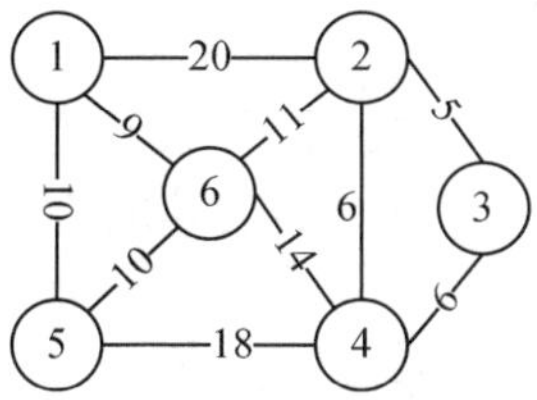

图 6.44　无向图

13．给定图 6.45 所示的网 G：

（1）试着找出网 G 的最小生成树，并画出其逻辑结构图。

（2）画出网 G 的邻接矩阵存储结构图。

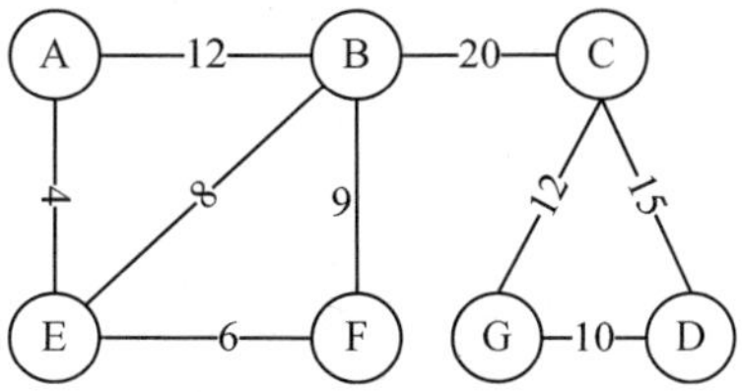

图 6.45　网

14．已知图 6.46 所示的图，试给出一种拓扑序列，若在它的邻接表存储结构中每个顶点邻接表中的边节点都是按照终点序号从大到小链接的，则按此给出唯一一种拓扑序列。

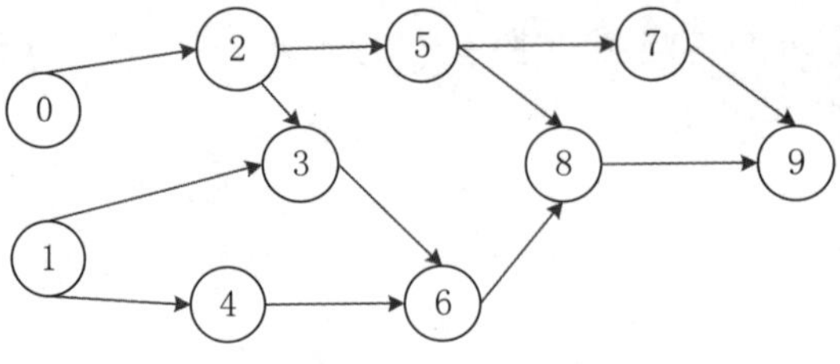

图 6.46　有向图

15．试利用迪杰斯特拉（Dijkstra）算法求图从顶点 a 到其他各顶点间的最短路径（如图 6.47 所示），并写出执行算法过程中各步的状态。

16．求单源最短路径（从图 6.48 的源点 0 开始），要求写出过程。

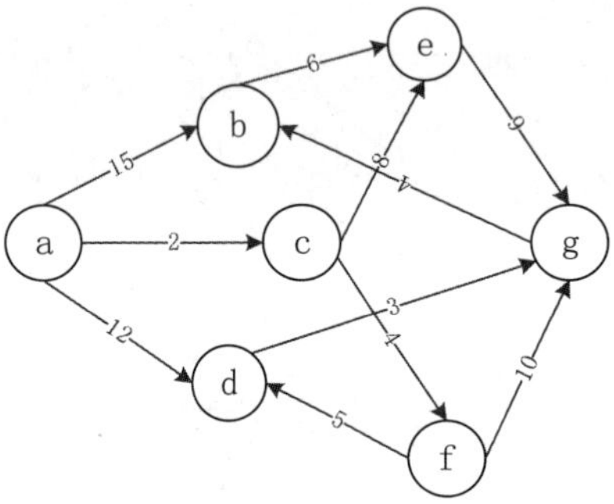

图 6.47　有向带权图

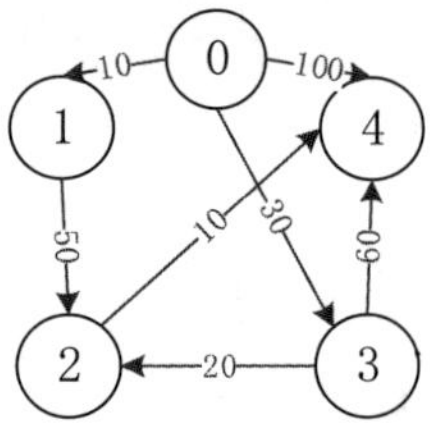

图 6.48　有向带权图

五、编程题

1．试给出以邻接矩阵表示无向图的深度优先搜索算法。

2．试给出以邻接表表示有向图的广度优先搜索算法。

3．试基于图的深度优先搜索策略写一算法，并判别以邻接表方式存储的有向图中是否存在由顶点 v_i 到顶点 v_j 的路径（$i \neq j$）。（注意：算法中涉及图的基本操作必须在此存储结构上实现。）

4．采用邻接表存储结构编写判别无向图中任意给定的两个顶点之间是否存在一条长度为 k 的简单路径的算法。（注：一条路径为简单路径指的是其顶点序列中不含有重复的顶点。）

5．试在邻接矩阵存储结构上实现图的基本操作：DeleteArc(G,v,w)，即删除一条边的操作。（如果要删除所有从第 i 个顶点出发的边该如何实现呢？提示：将邻接矩阵的第 i 行全部置 0。）

第 7 章　查找

前 6 章内容涉及的都是线性表、树、图等基本的数据结构，并讨论了这些数据结构的存储结构以及定义在其上的相应操作。本章将进入到数据结构的重要技术部分——查找。在非数值运算问题中，数据存储量一般很大，为了在大量信息中找到某些值，需要用到查找技术。

本章介绍的“查找”是在一个含有众多数据元素（或记录）的查找表中找出某个“特定的”数据元素。“查找”是最为基础的、使用频率最高的一种数据操作，只有找到数据或确定数据操作的具体位置，才能对数据进行读取、修改、插入、删除等一系列操作。选择一个好的查找方法会在很大程度上提高程序运行的效率。

相关知识点

二叉排序树的插入、删除、建立和查找算法及时间性能；哈希表、哈希函数、哈希地址和装填因子等有关概念；哈希函数的选取原则及产生冲突的原因；采用开放地址法和链地址法解决冲突时哈希表的建表方法、查找过程以及算法时间复杂度分析。

学习重点

掌握二叉排序树查找、哈希表查找的基本思想和算法实现。

7.1　查找的基本概念

第 1 章中我们介绍过数据元素和数据项的定义，下面我们再介绍几个和查找有关的基本概念。

1. 关键字

关键字（Key）是数据元素中唯一标识该元素的某个数据项的值，使用基于关键字的查找，查找结果应该是唯一的。比如由一个学生元素构成的数据集合，则学生元素中“学号”这一数据项的值唯一地标识一个学生。

2. 查找

在数据集合中寻找满足某种条件的数据元素的过程称为查找（Searching）。一般情况是根据给定的某个值，在数据集合中寻找一个其关键字等于给定值的数据元素。查找的结果一般分为以下两种。

（1）查找成功：即在数据集合中找到了满足条件的数据元素。一般情况下，查找成功时要返回一个成功标志，例如返回查找到记录的位置或值。

（2）查找失败：数据集合中不存在满足条件的数据元素。查找失败时要返回一个不成功标志，例如空指针或 0，或者将被查找的记录插入到数据集合中。

3. 查找表

用于查找的数据集合称为查找表（Search Table），它由同一数据类型的数据元素（或记录）组成，可以是一个数组或链表等数据类型。

（1）静态查找表（Static Search Table）。如果一个查找表的操作只涉及查询某个特定的数据元素是否在查找表中或者检索满足条件的某个特定的数据元素的各属性值，而无须修改查找表，这类查找表称为静态查找表。

静态查找表适用于：查找表一经生成，便只对其进行查找，而不进行插入和删除操作，或经过一段时间的查找之后，再集中地进行插入和删除等修改操作。

（2）动态查找表（Dynamic Search Table）。如果对一个查找表进行查找的同时需要动态地插入或删除操作，则称该查找表为动态查找表。

动态查找表适用于查找与插入或删除操作在同一个阶段进行，例如，在某些问题中，当查找成功时要删除查找的记录，当查找不成功时要插入被查找的记录。

4. 查找算法的时间复杂度

查找的性能分析针对不同的数据结构，不同的查找方法有不同的查找效率。查找算法的基本操作通常是将记录的关键字和给定值进行比较，其运行时间主要消耗在关键字的比较上。

在查找中，要衡量一种查找算法的优劣，主要是看要查找的值与关键字的比较次数。因此，通常把查找过程中对关键字的最多比较次数和平均比较次数作为衡量一个查找算法效率优劣的两个基本技术指标。前者称作最大查找长度（Maximun Search Length，MSL），后者称作平均查找长度（Average Search Length，ASL）。ASL 的数学定义为：

$$ASL=\sum_{i=1}^{n}P_iC_i \tag{7.1}$$

其中，n 是查找表的长度；P_i 是查找第 i 个数据元素的概率，一般认为每个数据元素的查找概率相等，即 $P_i=1/n$; C_i 是找到第 i 个数据元素所需进行的比较次数。平均查找长度是衡量查找算法效率的最主要的指标。

5. 查找结构

各种数据结构都会涉及查找操作，如前面介绍的线性表、队列、栈、树与图等。在某些应用中，查找操作是最主要的操作，为提高查找效率，需要专门为查找操作设置数据结构，这种面向查找操作的数据结构称为查找结构（Search Structure）。本章讨论的查找结构有静态查找表、动态查找表和哈希表。

7.2 静态查找表

在表的组织方式中，静态查找法是最简单的一种。静态查找算法主要适用于对小型查找表的查找，通常采用顺序查找和折半查找。

7.2.1 顺序查找

顺序查找（Sequnce Search）又称线性查找（Linear Search），主要用于在线性表中进行查找。顺序查找通常分为对无序表的顺序查找和对有序顺序表的顺序查找。

1. 无序表的顺序查找

（1）基本思想。从线性表的一端开始，逐个检查数据元素的关键字是否满足给定的条件。若查到某个元素的关键字满足给定条件，则查找成功，返回该元素在线性表中的位置；若已经查到表的另一端，还没有找到符合给定条件的元素，则返回查找失败的信息。

为了提高查找速度，可在算法中设置“哨兵”。哨兵就是待检查值，将它放在查找方向的“尽头”处，这样免去在查找过程中每一次比较完之后都要判断查找位置是否越界的操作，从而节省时间。

（2）静态查找表的顺序存储结构。静态查找表采用顺序存储结构，其类型定义如下：

```
#define MAXSIZE 100
typedef int keyType;
typedef struct
{    keyType key;                    /*关键字域*/
     /*其他域*/
}SElemType;
typedef struct
{    SElemType *elem;                /*数据元素存储空间基址*/
     int length;                     /*表长度*/
} SeqTable;
```

（3）顺序查找算法。顺序查找过程可用算法 7.1 来描述。

算法 7.1　顺序查找法。

```
int Search_Seq(SSTable ST,ElemType key){
    /*在顺序表 ST 中顺序查找关键字等于 key 的数据元素。若找到，则返回该元素在表中的位置；
      否则返回-1*/
    ST.elem[ST.TableLen]=key;              /*"哨兵"*/
    for(i=0;ST.elem[i].key!=key;++i);      /*从前往后找*/
        if(i<ST.TableLen) return i;
        else return -1;                    /*若表中不存在关键字为 key 的元素，返回-1*/
}
```

对于有 n 个元素的表（n= ST.TableLen），给定值 key 与表中第 i 个元素的关键字相等，即定位第 i 个元素时，需要进行 n-i+1 次关键字的比较，即 C_i=n-i+1。查找成功时，顺序查找的平均长度为：

$$ASL_{成功}=\sum_{i=1}^{n}P_i(n-i+1) \tag{7.2}$$

当每个元素的查找概率相等时，即 P_i=1/n，则有：

$$ASL_{成功}=\sum_{i=1}^{n}P_i(n-i+1)=\frac{1}{n}\cdot\frac{n(n+1)}{2}=\frac{n+1}{2} \tag{7.3}$$

查找不成功时，与表中各关键字的比较次数显然是 n+1 次，即顺序查找不成功的平均查找长度为 $ASL_{失败}$=n+1。

因此，平均查找长度为：

$$ASL_{平均}=\frac{1}{2}(ASL_{成功}+ASL_{失败})=\frac{1}{2}\left(\frac{n+1}{2}+n+1\right)=\frac{3}{4}(n+1) \tag{7.4}$$

因此，顺序查找的时间复杂度为 O(n)。

顺序查找的缺点是当元素个数较多时平均查找长度较大，效率低；优点是对数据元素的存储没有要求，顺序存储或链式存储皆可。对表中数据元素关键字的大小有序也没有要求，无论数据元素是否按关键字有序均可应用。同时还需要注意，对线性链表只能进行顺序查找。

2．有序顺序表的顺序查找

如果在查找之前已知表是按关键字排序的，那么当查找失败时可以不必再比较到表的另一端就能返回查找失败的信息，这样能降低顺序查找失败的平均查找长度。

若表 L 是按关键字从小到大排列的，查找的顺序是从前往后，待查找元素的关键字为 key，当查找到第 i 个元素时，发现第 i 个元素对应的关键字小于 key，但第 i+1 个元素对应的关键字大于 key，这时就可以返回查找失败的信息了，因为第 i 个元素之后的元素的关键字均大于 key，所以表中不存在关键字为 key 的元素。

用如图 7.1 所示的判定树来描述有序顺序表的顺序查找过程，图中的圆形节点表示有序顺序表中存在的元素；树中的矩形节点称为失败节点（若有 n 个查找成功节点，则相应地有 n+1 个查找失败的节点），它描述的是那些不在表中的数据值的集合。如果查找到失败的节点，则说明查找不成功。时间复杂度为 O(n)。

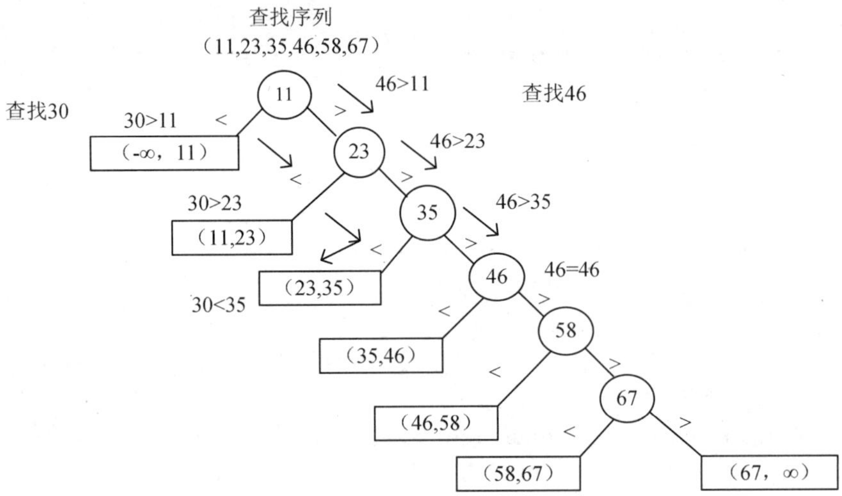

图 7.1　有序顺序表的顺序查找判定树

7.2.2　折半查找

折半查找（Binary Search）又称为二分查找，它是一种效率较高的查找方法，比较适用于有序的顺序表。但二分查找有一定的条件限制：要求线性表必须采用顺序存储结构，且表中元素必须按关键字有序（升序或降序均可）。

1．折半查找的基本思想

首先将给定值 key 与有序表中间位置元素的关键字进行比较，若相等，则查找成功，返回该元素的存储位置；若不等，则所需查找的元素只能在中间元素以外的前半部分或后半部分中，然后在缩小的范围中继续进行同样的查找，如此重复直到找到为止，或者确定表中没有所需要查找的元素，则查找不成功，返回查找失败的信息。

2．折半查找的具体操作过程

假设顺序表 ST 是有序的。设有两个指针，一个是 low，指示查找表第一个记录的位置，low=0；另一个是 high，指示查找表最后一个记录的位置，high= ST.TableLen-1。设要查找的记录的关键字为 key。当 low<=high 时，反复执行以下步骤：

（1）计算中间记录的位置 mid，mid=(low+high)/2。

（2）将待查记录的关键字 key 和 r[mid].key 进行比较。

1）若 key=r[mid].key，则查找成功，mid 所指元素即为要查找的元素。

2）若 key<r[mid].key，说明若存在要查找的元素，则该元素一定在查找表的前半部分。修改查找范围的上界：high=mid-1，执行第 1）步操作。

3）若 key>r[mid].key，说明若存在要查找的元素，则该元素一定在查找表的后半部分。修改查找范围的下界：low=mid+1，执行第 1）步操作。

（3）重复以上过程，当 low>high 时，表示查找失败。

【例 7.1】已知由 11 个数据元素构成的有序表（关键字即为数据元素的值）如下：

{4,12,20,21,35,58,63,77,81,87,98}

现要查找值为 21 和 83 的数据元素。

假设指针 low 和 high 分别指示待检查元素所在范围的下界和上界，指针 mid 指示区间的中间位置，即 mid=(low+high)/2=(0+10)/2=5。则在此例中，low 和 high 的初值分别为 0 和 10，即[0,10]为待检查范围。

（1）接下来介绍 key=21 时的查找过程。

0	1	2	3	4	5	6	7	8	9	10
4	12	20	21	35	58	63	77	81	87	98
↑low					↑mid					↑high

首先令查找范围中间位置的数据元素的关键字 ST.elem[mid].key 与给定值 key 相比较，因为 ST.elem[mid].key>key，说明待查找元素若存在，必在区间[low,mid-1]的范围内，则令指针 high 指向第 mid-1 个元素，重新求得 mid=(0+4)/2=2。

0	1	2	3	4	5	6	7	8	9	10
4	12	20	21	35	58	63	77	81	87	98
↑low		↑mid		↑high						

仍以 ST.elem[mid].key 和 key 相比较，因为 ST.elem[mid].key<key，说明待检查元素若存在，必在[mid+1,high]范围内，则令指针 low 指向第 mid+1 个元素，求得 mid 的新值为 3；由于 ST.elem[mid].key 和 key 相等，则查找成功，所查元素在表中的序号等于指针 mid 的值。

0	1	2	3	4	5	6	7	8	9	10
4	12	20	21	35	58	63	77	81	87	98
			↑low	↑high						
			↑mid							

（2）接下来再介绍 key=83 时的查找过程。

0	1	2	3	4	5	6	7	8	9	10
4	12	20	21	35	58	63	77	81	87	98
↑low					↑mid					↑high

ST.elem[mid].key<key，令 low=mid+1：

						↑low		↑mid		↑high

ST.elem[mid].key<key，令 low=mid+1：

									↑low	↑high
									↑mid	

ST.elem[mid].key>key，令 high=mid-1：

								↑high	↑low	

此时下界大于上界（low>high），则说明表中没有关键字等于 key 的元素，查找失败。

从以上例子可以看出，折半查找过程是将处于区间中间位置记录的关键字与给定值相比较，若相等，则查找成功；若不相等，则缩小范围，直至新的区间中间位置记录的关键字等于给定值或者查找区间的大小小于零时（表明查找不成功）为止。

3. 折半查找算法

算法 7.2 折半查找算法。

```
int Binary_Search(SSTable L,ElemType key)
    /*在有序表 L 中查找关键字为 key 的元素，若存在则返回其位置，不存在则返回-1*/
{   int low=0,high=L.TableLen-1,mid;                /*设置区间初值*/
    while(low<=high)
    {   mid=(low+high)/2;                           /*取中间位置*/
        if(L.elem[mid].key==key) return mid;        /*查找成功，返回所在位置*/
        else if(L.elem[mid].key>key)high=mid-1;     /*从前半部分继续查找*/
        else low=mid+1;                             /*从后半部分继续查找*/
    }
    return -1;                                      /*顺序表中不存在待查元素*/
}
```

4. 折半查找的性能分析

折半查找的过程可用如图 7.2 所示的二叉树来描述，图中的长方形节点为判定树的外部节点（圆形节点为内部节点），判定树中所有节点的空指针域上的指针指向它。图中的每个圆形节点表示一个记录，节点中的值为该记录在表中的位置；图中最下面的叶节点都是长方形的，表示查找不成功的情况。

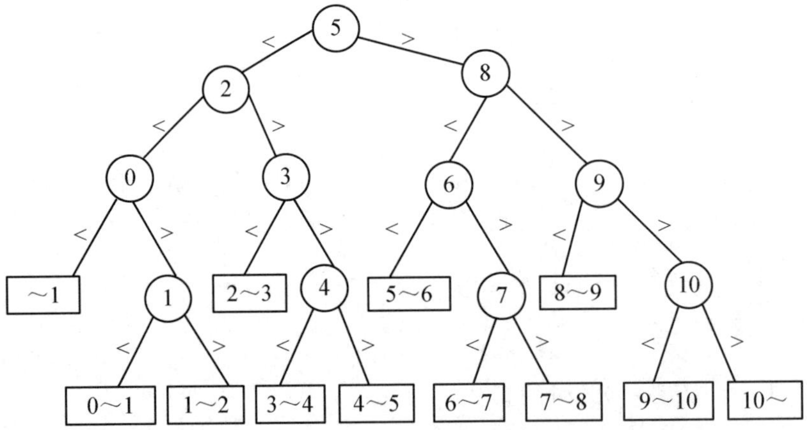

图 7.2 带外部节点的判定树

判定树有一特点：它的中序序列是一个有序序列，即为二分查找的初始序列。在判定树中，所有的根节点值大于左子树而小于右子树，因此在判定树上查找很方便，与根节点比较时若相等则查找成功；若待查找的值小于根节点，则进入左子树继续查找，否则进入右子树查找；若找到叶节点时还没有找到所需元素，则查找失败。

从判定树中可以看出，查找成功时的查找长度为从根节点到目的节点的路径上的节点数，而查找失败时的查找长度为从根节点到对应失败节点的父节点的路径上的节点数。故用折半查找法查找到给定值的比较次数最多不会超过树的高度，时间复杂度为 $O(\log_2^n)$。

折半查找的优点是比较次数较顺序查找要少，查找速度较快，执行效率较高；缺点是表的存储结构只能为顺序存储，不能为链式存储，且表中元素必须是有序的。

7.3　动态查找表

动态查找表存储结构可以分为二叉树结构和树结构两种。二叉树结构可以分为二叉排序树和平衡二叉树等，树结构可以分为 B-和 B+树等。这一节我们主要介绍二叉排序树和平衡二叉树。

7.3.1　二叉排序树

1. 二叉排序树的定义

二叉排序树（Binary Sort Tree，BST）又称二叉查找树，其定义为或者是一棵空树，或者是一棵具有下述特性的非空二叉树：

（1）若它的左子树不空，则左子树上所有节点的关键字值均小于根节点的关键字值。

（2）若它的右子树不空，则右子树上所有节点的关键字值均大于根节点的关键字值。

（3）它的左子树、右子树也分别是一棵二叉排序树。

由此定义可知，二叉排序树是一个递归的数据结构。根据二叉排序树的定义，其左子树节点值<根节点值<右子树节点值，因此，对二叉树进行中序排序可以得到一个递增序列，这是检查二叉树是否是二叉排序树的一个有效方法。图 7.3 所示二叉排序树的中序遍历得到的序列为 20、39、42、43、45、60、70。

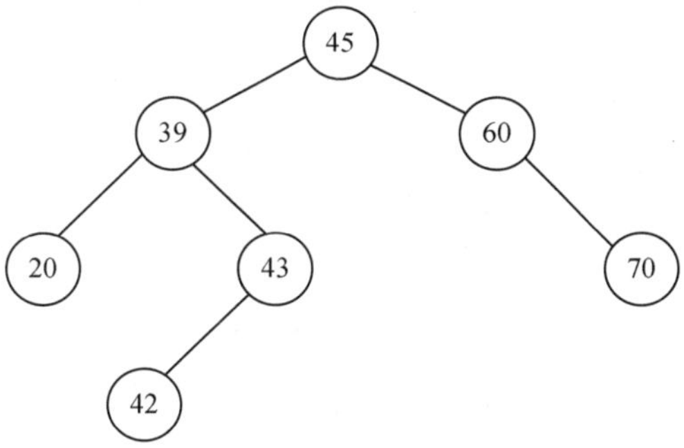

图 7.3　二叉排序树

2. 二叉排序树的存储结构定义

通常用二叉链表作为二叉排序树的存储结构，其存储结构描述如下：

```
typedef int KeyType;
typedef struct BTNode
{     KeyType key;                          /*关键字域*/
      struct BTNode *lchild,*rchild;        /*左、右孩子指针*/
}BTNode,*BiTree;
```

3. 二叉排序树的查找算法

二叉排序树的查找算法思想是当二叉排序树不空时，首先将给定的值和根节点的关键字进行比较，若相等，则查找成功；否则将依据给定值和根节点的关键字之间的大小关系分别在左子树或右子树上继续进行查找。

二叉排序树的查找是从根节点开始沿某一个分支逐层向下进行比较的过程。

（1）若查找树为空，则查找失败，结束查找过程。

（2）若查找树非空，将给定值 key 与查找树的根节点关键字相比较。

（3）若相等，则表示查找成功，结束查找过程，否则执行下述操作。

1）当 key 小于根节点的关键字时，查找将在以左孩子为根的子树上继续进行，执行（1）步骤。

2）当 key 大于根节点的关键字时，查找将在以右孩子为根的子树上继续进行，执行（1）步骤。

上述查找操作直到查找成功或失败为止，这显然是一个递归的过程。

二叉排序树的递归查找算法和改进查找算法见算法 7.3 和算法 7.4 中的描述。

算法 7.3 二叉排序树的递归查找算法。

```
BiTree SearchBST(BTNode *T, KeyType key)
/*在根指针 T 所指二叉排序树中查找某关键字等于 key 的数据元素，若查找成功，则返回指向该数
  据元素节点的指针，否则返回空指针*/
{    if (!T || key==T->key))
          return (T);                              /*查找结束*/
     else if (key<T-> key) )
          return(SearchBST(T->lchild, key));
     else
          return(SearchBST(T->rchild, key));
}
```

算法 7.4 改进的二叉排序树查找算法。

```
BTNode * SearchBST(BTNode *T, keyType key, int *f)
/*若查找成功，则返回该数据元素节点并令*f=1；否则返回查找路径上访问的最后一节点并令*f=0*/
{    BTNode *p,*pre;
     *f=0;1
     if (!T){ *f=0; return T;}
     p=T;pre=T;                                    /*pre 指向 p 的双亲*/
     while(p!=NULL&&key!=p->key)
     {    pre=p;
          if(key<p->key)p=p->lchild;               /*在左子树中查找*/
          else p=p->rchild;                        /*在右子树中查找*/
     }
     if(p!=NULL&&key==p->key){*f=1;return p;}      /*查找成功*/
     else{*f=0;return pre;}                        /*查找失败*/
}
```

4. 二叉排序树的插入算法

二叉排序树是一种动态查找表，树的结构通常不是一次生成的，而是在查找的过程中，当树中不存在关键字等于给定值的节点时再进行插入。由于二叉排序树定义是递归定义，因此插入节点的过程分以下几种情况：若原二叉树为空，则直接插入节点；否则，若关键字 key 小于根节点关键字，则插入到左子树中；若关键字 key 大于根节点关键字，则插入到右子树中。二叉排序树的插入算法见算法 7.5 中的描述。

算法 7.5 二叉排序树的插入算法。

```
BTNode * InsertBST(BTNode *T, KeyType key)
/*当二叉排序树 T 中不存在关键字等于 key 的数据元素时，插入 key 返回二叉排序树的根节点*/
{    BTNode *p,*s;
     int f=0;
     p=SearchBST(T,key,&f);
```

```
        if (!f)                                    /*查找不成功*/
        {     s=(BTNode *)malloc(sizeof(BTNode));
              s->key=key;
              s->lchild=s->rchild=NULL;
              if (!p)    return s;                  /*插入为根节点*/
              else if(key<p->key) p->lchild=s;
              else p->rchild=s;
        }
        return T;
    }
```

如若给定关键字集合为{50,35,53,32,42,41,70}，调用二叉排序树的插入算法可以构造二叉排序树，则生成的二叉排序树如图 7.4 所示。

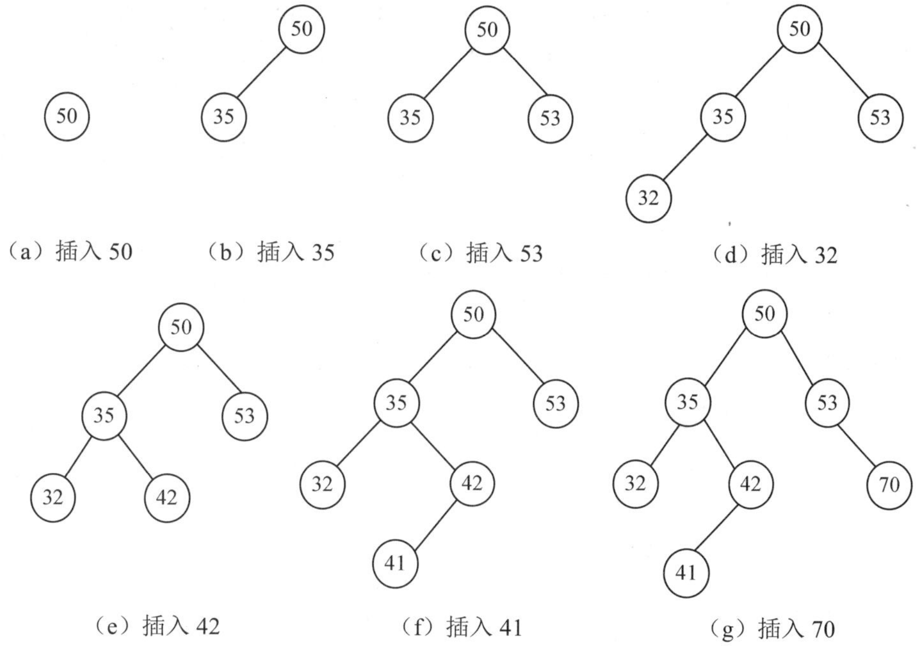

图 7.4　二叉排序树插入操作

5. 二叉排序树的查找分析

在二叉排序树上查找其关键字等于给定值的节点的过程恰好是走了一条从根节点到该节点的路径的过程，与给定值相比较的关键字的个数等于路径长度加 1。从查找过程看，二叉排序树和二分查找类似，与给定值相比较的关键字的个数不超过树的高度。

由此可知，二叉排序树的查找算法的平均查找长度主要取决于树的高度，与二叉树的形态有关。如果二叉排序树是一个只有左（右）孩子的单支树，其平均查找长度和单链表相同，为 O(n)；如果二叉排序树的左右子树的高度之差的绝对值不超过 1，这样的二叉树称为平衡二叉树，其平均查找长度为 $O(\log_2{}^n)$。为了保证二叉排序树查找有较高的查找速度，该二叉树应接近于满二叉树，也即二叉树的每个节点的左、右子树尽量相等。

将二叉排序树的查找性能和其他查找技术的性能相比较，得知折半查找中关键字与给定值的比较次数也不超过折半查找判定树的深度；然而，长度为 n 的判定树是唯一的，而含有 n 个节点的二叉排序树是不唯一的，且其形状取决于各个记录被插入到二叉排序树的先后次序，相同的关键字其插入顺序不同可能生成的二叉排序树也不同。

在维护表的有序性上，二叉排序树无须移动节点，只需修改指针即可完成插入和删除操作，平均执行时间为 $O(\log_2^n)$。二分查找的对象是有序顺序表，若有插入和删除节点的操作，所花费的代价是O(n)。当有序表是静态查找表时，宜用顺序表作为其存储结构，而采用二分查找实现其操作；若有序表是动态查找表，则应选择二叉排序树作为其存储结构。

7.3.2 平衡二叉树

由于二叉排序树的查找效率取决于二叉排序树的形态，而构造一棵形态均匀的二叉排序树又与节点的插入次序有关，因此这就要求我们寻找一种动态平衡的方法，对于任意给定的关键字序列都能构造一棵均匀的平衡二叉树，这种二叉排序树关于树的深度是平衡的，从而具有较高的检索效率。这种二叉排序树结构称为平衡二叉树（Balanced Binary Tree），又称 AVL 树（AVL 树的命名源于它的发明者 G.M. Adelson-Velsky 和 E.M. Landis）。

1. 平衡二叉树的定义

平衡二叉树或者是一棵空的二叉排序树，或者是具有下列性质的二叉排序树：

（1）它的左子树和右子树的深度之差的绝对值不超过 1。

（2）它的左子树和右子树都是平衡二叉树。

二叉树节点的左子树的深度减去它的右子树的深度所得的差称为平衡因子（Balance Factor，BF），则平衡二叉树上所有节点的平衡因子只可能是-1、0 和 1。图 7.5 显示了平衡二叉树和不平衡二叉树节点上的平衡因子。

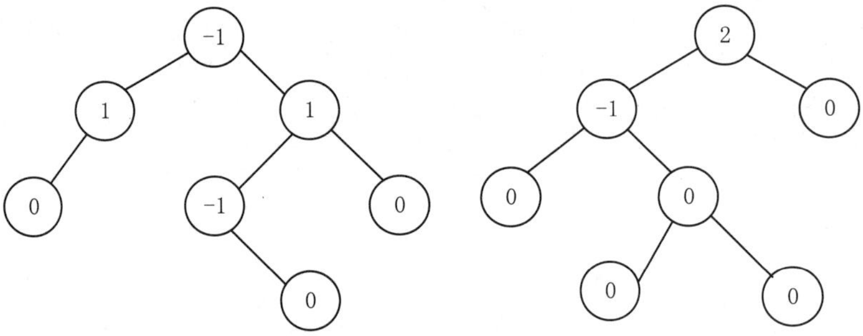

（a）平衡二叉树节点的平衡因子　　（b）不平衡二叉树节点的平衡因子

图 7.5　平衡二叉树和不平衡二叉树节点的平衡因子

2. 平衡二叉树的插入

动态保持二叉树平衡的方法的基本思路是在构造二叉排序树的过程中，每当在二叉排序树中插入（或删除）一个节点时，首先要检查其插入路径上的节点是否因为此次操作而导致了不平衡，如果导致了不平衡，则找出其中最小不平衡子树，在保持二叉排序树特性的前提下，调整最小不平衡子树中各节点之间的位置关系，以达到新的平衡。

其中最小不平衡子树是指插入路径上离插入节点最近且平衡因子绝对值大于 1 的节点作根节点的子树。

图 7.6（a）所示是一棵平衡二叉树，将关键字值为 28 的记录插入到其中。按照二叉排序树的插入方法，插入后的结果如图 7.6（b）所示。从插入结果可以看出，由于节点 28 的插入破坏了该树的平衡性，关键字为 38、21、33 的 3 个节点的平衡因子都受到了影响。图 7.6（b）所示为二叉

排序树的最小不平衡子树是以关键字 33 为根节点的用椭圆线框围住的子树。而在由图 7.6（c）变为图 7.6（d）时，即将关键字值为 55 的记录插入，只破坏了一个节点的平衡因子，图 7.6（d）所示的二叉树的最小不平衡子树是以关键字 52 为根节点的用椭圆线框围住的子树。

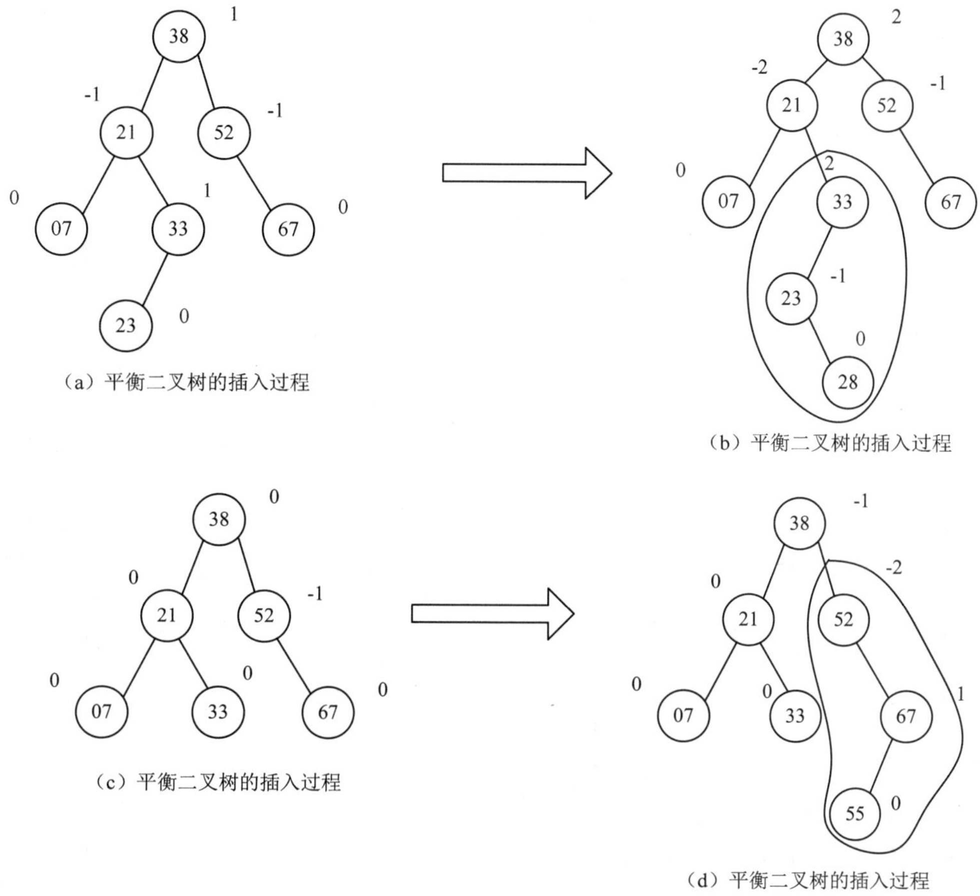

图 7.6　平衡二叉树的插入过程

3. 最小不平衡子树的调整方法

平衡二叉树的插入过程前半部分与二叉排序树的插入过程相同，但是在新节点插入后，如果造成了查找路径上某个节点不再平衡，则需要作出相应的调整。假设二叉排序树最小不平衡子树的根节点为 A。一般可将平衡二叉树失去平衡后进行调整的规律归纳为下列 4 种情况。

（1）LL 型不平衡及单向右旋平衡处理方法。由于在节点 A 的左孩子（L）的左子树（L）上插入了新节点，A 的平衡因子由 1 增至 2，因此导致以 A 为根的子树失去平衡，那么需要一次向右的旋转操作。将 A 的左孩子 B 向右上旋转代替 A 成为根节点，将 A 节点向右下旋转成为 B 的右子树的根节点，而 B 的原右子树则作为 A 节点的左子树。如图 7.7 所示，节点旁的数值代表节点的平衡因子，用方块代表相应节点的子树，旁边数值代表子树的高度。

（2）RR 型不平衡及单向左旋平衡处理方法。由于在节点 A 的右孩子（R）的右子树（R）上插入了新节点，A 的平衡因子由-1 减至-2，因此导致以 A 为根的子树失去平衡，需要一次向左的旋转操作。将 A 的右孩子 B 向左上旋转代替 A 成为根节点，将 A 节点向左下旋转成为

B 的左子树的根节点，而 B 的原左子树则作为 A 节点的右子树，如图 7.8 所示。

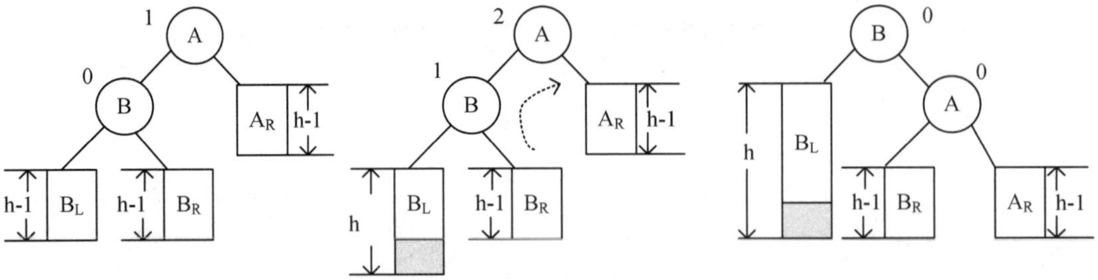

（a）插入节点前 （b）插入节点导致不平衡 （c）LL 旋转（右单旋转）

图 7.7 LL 型的调整示意图

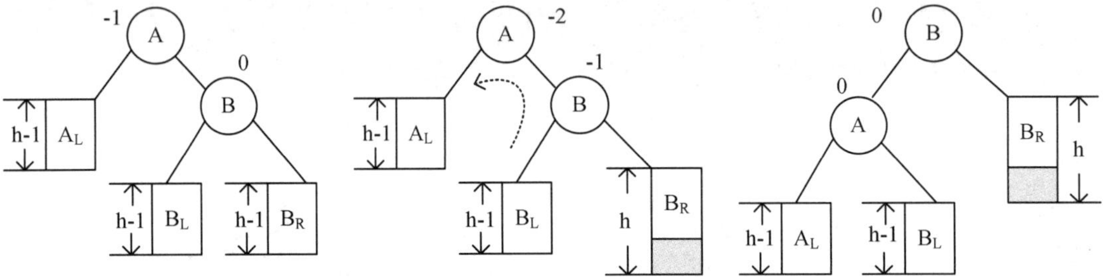

（a）插入节点前 （b）插入节点导致不平衡 （c）RR 旋转（左单旋转）

图 7.8 RR 型的调整示意图

（3）LR 型不平衡（先左后右）双向旋转平衡处理方法。由于在 A 的左孩子（L）的右子树（R）上插入了新节点，A 的平衡因子由 1 增至 2，因此导致以 A 为根的子树失去平衡，需要进行两次旋转操作，先左旋转后右旋转。先将 A 节点的左孩子 B 的右子树的根节点 C 向左上旋转提升到 B 节点的位置，然后把 C 节点向右上旋转提升到 A 节点的位置，如图 7.9 所示。

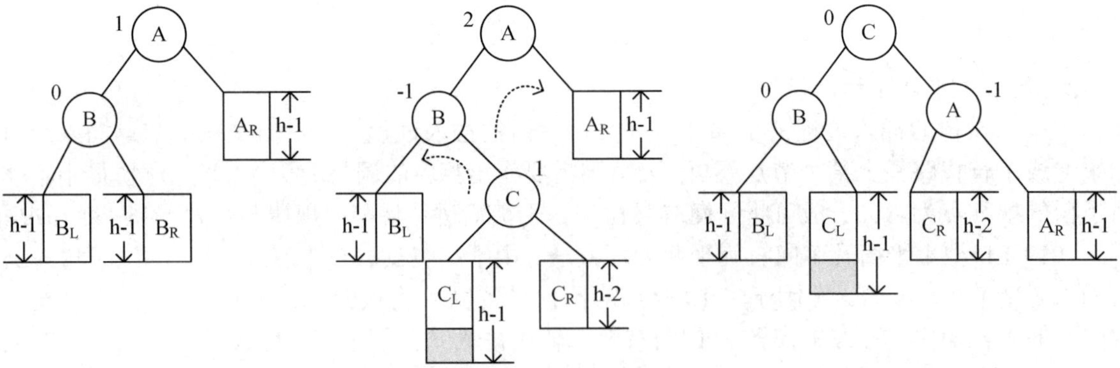

（a）插入节点前 （b）插入节点导致不平衡 （c）LR 旋转（双旋转）

图 7.9 LR 型的调整示意图

（4）RL 型不平衡（先右后左）双向旋转平衡处理方法。由于在 A 的右孩子（R）的左子树（L）上插入了新节点，A 的平衡因子由-1 减至-2，因此导致以 A 为根的子树失去平衡，需要进行两次旋转操作，先右旋转后左旋转。先将 A 节点的右孩子 B 的左子树的根节点 C 向右上旋转提升到 B 节点的位置，然后把 C 节点向左上旋转提升到 A 节点的位置，如图 7.10 所示。

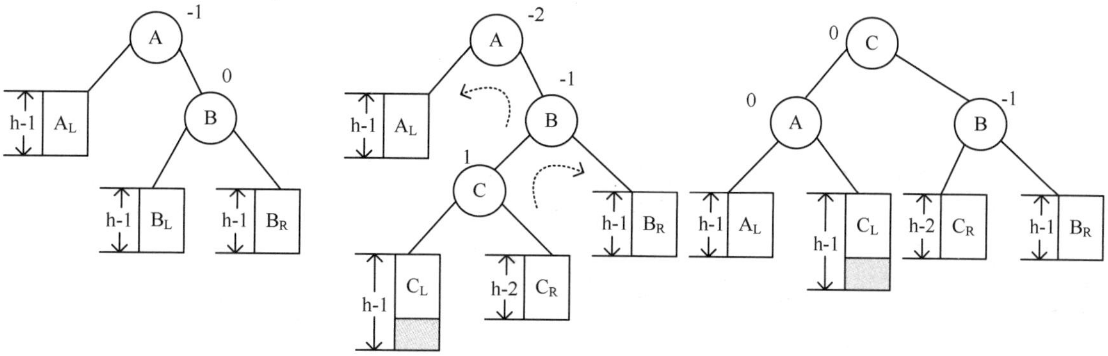

（a）插入节点前　　（b）插入节点导致不平衡　　（c）RL 旋转（双旋转）

图 7.10　RL 型的调整示意图

4. 平衡二叉树查找

在平衡二叉树上进行查找的过程和在二叉排序树上查找相同，因此，在查找的过程中与给定值进行比较的关键字的个数不超过树的深度。含有 n 个节点的平衡二叉树的最大深度为 $O(\log_2^n)$，因此，平衡二叉树查找的时间复杂度为 $O(\log_2^n)$。

7.4　哈希表

基于线性表和二叉树的查找方法，数据元素在列表中的位置是随机的，与数据元素的关键字之间没有直接关系。因此，在查找数据元素时需进行一系列和关键字的比较操作，查找的效率依赖于查找过程中所进行的比较次数。

7.4.1　哈希表的定义

哈希法又称为散列法、杂凑法或关键字地址计算法，相应的表称为哈希表、散列表或杂凑表等，哈希表是一种重要的查找技术，既适用于静态查找，又适用于动态查找，并且查找效率非常高。

哈希表的构造方法：对于存储的 m 个数据元素要确定一个称为哈希函数的函数 H(key)，将要存储元素的关键字 key 按照该函数进行计算后得到该元素的存储地址，并将该数据元素存储到存储地址对应的内存单元中。

例如，假定数据元素集合为{25,6,1,20,22,27,10,13,41}，内存长度为 100，此时可以取 H(key)=key，即直接按照数据元素的值将其存放在相对应的内存单元中。此时，虽然能通过哈希函数在查找过程中很快地找到相对应的数据元素，但是在 100 个内存单元中只存放 9 个元素，存储单元的利用率很低。所以，可以考虑适当地将内存单元的个数减少为 n，若取内存单元的个数为 11，取哈希函数 H(key)=key%n，即用关键字 key 除以 n 得到的余数作为存储地址，则有：

H(25)=25%11=3，H(6)=6%11=6，H(1)=1%11=1，H(20)=20%11=9，H(22)=22%11=0，

H(27)=27%11=5，H(10)=10%11=10，H(13)=13%11=2，H(41)=41%11=8

所以数据元素在内存中的存储单元位置分别为 3、6、1、9、0、5、10、2、8，这大大提高了内存单元的利用率。

如果内存单元的个数为 10，仍取哈希函数 H(key)=key%n，则有：

H(25)=25%10=5，H(6)=6%10=6，H(1)=1%10=1，H(20)=20%10=0，H(22)=22%10=2，

H(27)=27%10=7，H(10)=10%10=0，H(13)=13%10=3，H(41)=41%10=1

此时，有 H(1)=H(41)=1，H(20)=H(10)=0，这会产生冲突。

在构造哈希表时，对于两个不同的关键字（$key_1 \neq key_2$），有 $H(key_1)=H(key_2)$，即两个不同记录需要存放在同一个存储位置中，这种现象称为冲突（Collision）。具有相同函数值的关键字对该哈希函数来说为同义词，此时，key1 和 key2 对 H 来说为同义词。因此，在构造哈希表时，除了需要选择一个尽可能少产生冲突的哈希函数之外，还需要找到一种处理冲突的方法。

7.4.2 哈希函数的构造

1. 构造哈希函数的注意事项

构造哈希函数时需注意以下几点：

（1）哈希函数的定义必须包含全部需要存储的关键字，而值域的范围则依赖于哈希表的大小或地址范围。

（2）哈希函数计算出来的地址应该能等概率地、均匀地分布在整个地址空间，从而减少冲突的发生。

（3）哈希函数应尽量简单，能够在较短的时间内计算出任一关键字对应的哈希地址。

2. 常见的哈希函数

下面介绍两种常见的哈希函数。

（1）直接定址法。直接取关键字的某个线性函数值为散列地址，散列函数为：

H(key)=a×key+b (a、b 为常数)

例如：关键字集合{10,20,40,50,60,90}，选取的哈希函数为 H(key)=key/10，构造的哈希表如图 7.11 所示。

0	1	2	3	4	5	6	7	8	9
	10	20		40	50	60			90

图 7.11 采用直接定址法构造的哈希表

直接定址法的特点是计算简单，并且不会产生冲突。它适合于关键字分布基本连续的情况，若关键字分布不连续，将造成存储空间的浪费。

（2）除留取余法。这是一种最简单、最常用的方法，假定哈希表表长为 m，取一个不大于 m 但最接近或等于 m 的质数 p，利用哈希函数 H(key)=key%p 把关键字转换成哈希地址。

由此看见，这一方法的关键在于选取合适的 p，如果 p 选择得不合适，则容易产生同义词。例如，如果选择 p 为偶数，则该哈希函数总是将奇数的关键字映射成奇数地址，偶数的关键字映射成偶数地址，因而增加了冲突的机会。通常情况下，确定数据元素的个数 m 后，p 一般选为不大于 m 的最大的质数，这样可以有效地减少哈希冲突的发生。

例如：元素集合{78,7,99,24,25,53,59,19}，哈希表表长 m=11，当 p 取 11 时，不会产生哈希冲突；但当 p 取 10 时，就会产生两次哈希冲突；当 p 取 7 时，就会产生 3 次哈希冲突。

3. 选用哈希函数要考虑的因素

实际工作中需视不同的情况采用不同的哈希函数。通常，考虑的因素有以下 5 种：

（1）计算哈希函数所需的时间。

（2）关键字的长度。

（3）哈希表的大小。

（4）关键字的分布情况。

（5）记录的查找频率。

7.4.3　处理冲突的方法

一般情况下，由于关键字的复杂性和随机性，很难有理想的哈希函数存在。如果某数据元素按哈希函数计算得到的哈希地址在加入哈希表时产生冲突，就必须另外再找一个地址来存放它，因此，需要有合适的处理冲突的方法。采用不同的处理冲突的方法可以得到不同的哈希表。下面介绍几种常用的处理冲突的方法。

1. 开放定址法

开放定址法指的是可存放新表项的空闲地址既向它的同义词表项开放，又向它的非同义词表项开放。其数学递推公式为：

$$H_i=(H(key)+d_i)\%m \tag{7.5}$$

式中，$i=1,2,\cdots,k(k\leqslant m-1)$；H(key)为哈希函数；m 为哈希表表长；$d_i$ 为增量序列。当确定某一增量序列后，则对应的处理方法是确定的。增量序列常用以下两种取法。

（1）线性探测法。当 $d_i=1,2,\cdots,m-1$ 时称为线性探测法。线性探测法的特点是冲突发生时，顺序查看表中的下一个单元，当探测到表尾地址 m-1 时，下一个探测地址是表首地址 0，直到找出一个空闲单元（当表尾填满时一定能找到一个空闲单元）或查遍全表。线性探测法可能会使第 i 个哈希地址的同义词存入到第 i+1 个哈希地址中，这样本应存入第 i+1 个哈希地址中的元素就争夺第 i+2 个哈希地址元素的地址，依此类推，从而造成大量元素在相邻的哈希地址上“聚集”（堆积）起来，大大降低了查找效率。

例如，哈希表表长 m 为 10，以关键字的末尾数字作为哈希地址（即 H(key)=key%10），依次插入 45、22、13、65、29、42、79、2 共 8 个记录，若发生冲突则采用线性探测法。插入 45、22、13 时哈希表的情形如图 7.12（a）所示。在图 7.12（a）的基础上继续插入 65，此时在位置 5 处已经有了 45，因此发生了冲突。根据线性探测法，往下进行探测，$H_1=(H(65)+1)\%10=6$，由于 6 号位置可用，于是把关键字为 65 的记录插入到 6 号位置上，如图 7.12（b）所示。在插入 29 后，插入 42，这时又发生了冲突，因为 2 号位置已经有了记录 22；往下探测 $H_1=(H(42)+1)\%10=3$，3 号位置已有记录 13；继续向下探测 $H_2=(H(42)+2)\%10=4$，此时，发现 4 号位置可用，于是记录 42 被插入到 4 号位置。在图 7.19（b）的基础上插入记录 79，由于 9 号位置已有记录，这时探测下一个位置 $H_1=(H(79)+1)\%10=0$，由于第 0 号位置现在可用，因此记录 79 将被插入到第 0 号位置。继续插入记录 2，需要往下探测 5 次，$H_5=(H(2)+5)\%10=7$，才得到一个可用的地址，即 2 被插入到第 7 号位置，如图 7.12（c）所示。在图 7.12（c）的基础上插入记录 64，由于第 4 号位置已经被记录 42 所占据，然而记录 42 和

64 并不是同义词，它们本不应该发生冲突，但现在却发生了。也就是说，在使用线性探测法解决同义词间的冲突时，却出现了不是同义词的关键字之间发生冲突的情况。这种非同义词之间对同一个散列地址的争夺被称为“堆积”。正是由于这种堆积的存在，现在记录 64 只能插入到第 8 号位置上，如图 7.12（d）所示。

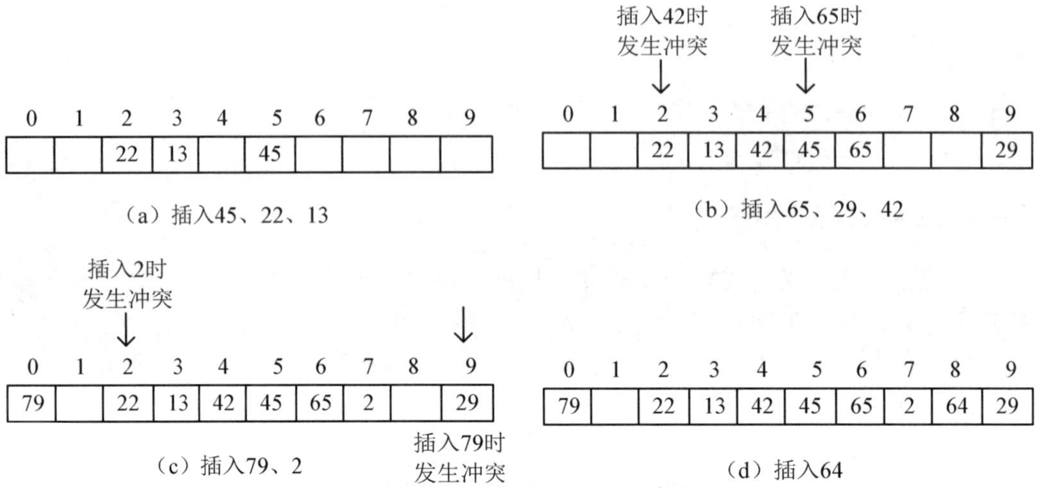

图 7.12　使用线性探测法解决冲突

（2）平方探测法（二次探测法）。在式（7.5）中，当 $d_i=1^2,-1^2,2^2,-2^2,\cdots,k^2,-k^2$，其中，$k\leqslant m/2$，m 必须是一个可以表示成 4k+3 的质数时，称为平方探测法，又称二次探测法。平方探测法是一种较好的处理冲突的方法，可以避免出现“堆积”问题，它的缺点是不能探测到哈希表上的所有单元，但至少能探测到一半的单元。

例如，若有关键字集合{47,7,29,11,16,92,22,8,3}，哈希表表长 m 为 11，哈希函数为 H(key)=key%11，用二次探测法处理冲突，为关键字寻找空的哈希地址时只有关键字 3 与线性探测法不同，由于 H(3)=3，哈希地址发生冲突，由二次探测法有 $H_1=(H(3)+1^2)\%11=4$，仍然冲突；$H_2=(H(3)-1^2)\%11=2$，找到空的哈希地址，将 3 存入。得到的哈希表如图 7.13 所示。

0	1	2	3	4	5	6	7	8	9	10
11	22	3	47	92	16		7	29	8	

图 7.13　使用平方探测法处理冲突

2. 链地址法

所谓链地址法就是把具有相同散列地址的关键字（它们都是同义词）对应的数据元素用一个单链表链接在一起，组成同义词链表，用此方法解决散列过程中出现的冲突问题。这时，若有 m 个散列地址，链地址法中就要设置 m 个同义词链表，每个同义词链表的表头指针被集中存放在一个一维数组中。

例如，关键字序列为{32,27,23,1,29,20,84,40,55,11,10,66}，由于数据元素集合中有 12 个元素，故哈希表的内存单元个数 m 为 13，哈希函数为 H(key)=key%13，用链地址法处理冲突，建立的表如图 7.14 所示。

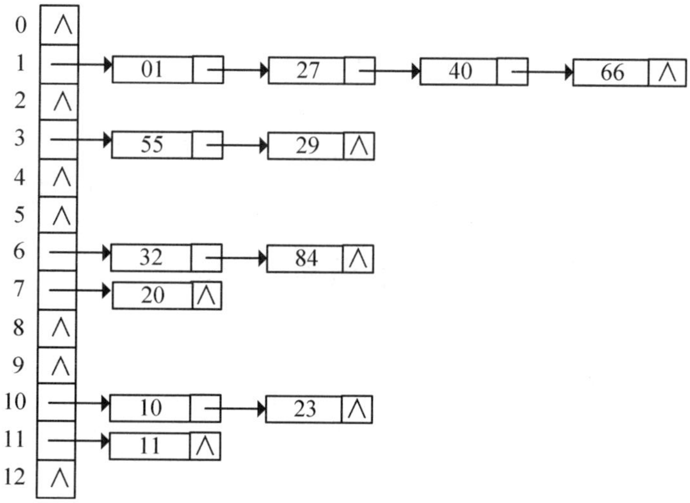

图 7.14　利用链地址法处理冲突的哈希表

7.4.4　哈希表的查找和性能

在哈希表上进行查找的过程和构造哈希表的过程基本一致。对于一个给定的关键字 key，根据哈希函数可以计算出初始哈希地址 Addr=Hash(key)，然后按以下步骤执行。

（1）检测查找表中地址为 Addr 的位置上是否有记录，若没有记录，返回查找失败；若有记录，比较它与 key 的值；若相等，返回查找成功标志，否则执行步骤（2）。

（2）用给定的处理冲突的方法计算“下一个哈希地址”，并把 Addr 置为此地址，转入步骤（1）。

例如，有关键字序列{32,27,23,1,29,20,84,40,55,11,10,67}，按哈希函数 H(key)= key%13 和线性探测法处理冲突得到的哈希表 L 如图 7.15 所示。

0	1	2	3	4	5	6	7	8	9	10	11	12	13	14	15
	27	01	29	40	55	32	20	84	67	23	11	10			

图 7.15　利用线性探测法处理冲突后得到的哈希表

给定值 84 的查找过程为：首先求得其哈希地址 H(84)=6，因 L[6]不空且 L[6]≠84，则找到第一次处理冲突后的地址 H_1=(6+1)%13=7，而 L[7]不空且 L[7]≠84，则找到第二次处理冲突后的地址 H_2=(6+2)%13=8，L[8]不空且 L[8]=84，表示查找成功，返回记录在表中的序号 8。给定值 38 的查找过程为：先求得其哈希地址 H(38)=12，L[12]不空且 L[12]≠38，则查找下一个地址 H_1=(12+1)%13=13，由于 L[13]是空记录，故表中不存在关键字为 38 的记录。

从哈希表的查找可见：

（1）虽然哈希表在关键字和记录的存储位置之间建立了直接映像，但由于“冲突”的产生，使得哈希表的查找过程仍然是一个给定值与关键字进行比较的过程。因此，仍需以比较次数来衡量哈希表的查找效率。

（2）查找过程中需和给定值进行比较的关键字的个数取决于三个因素：哈希函数、处理冲突的方法和哈希表的装填因子。

哈希表的装填因子一般记为α，表示一个表的装满程度，为：

$$\alpha = \frac{\text{表元素个数n}}{\text{哈希表长度m}} \tag{7.6}$$

哈希表的平均查找长度依赖于哈希表的装填因子α，而不直接依赖于 n 或 m。α越大，表示哈希类装填得越满，发生冲突的可能性就越大，反之发生冲突的可能性越小。

7.5 本章实战练习

7.5.1 顺序查找算法

顺序查找算法

1. 实现代码

```
#include<stdio.h>
#define MAXSIZE 100
typedef int keyType;
typedef struct
{     keyType key;                          /*关键字域*/
      /*其他域*/
}SElemType;
typedef struct
{     SElemType *elem;                      /*数据元素存储空间基址*/
      int length;                           /*表长度*/
} SeqTable;
int Search_Seq(SeqTable ST,keyType key)
/*在顺序表 ST 中顺序查找其关键字等于 key 的数据元素。若找到，则返回为该元素在表中的索引
   号，否则返回-1*/
{     int i;
      ST.elem[ST.length].key=key;           /* "哨兵"*/
      for (i=0;ST.elem[i].key!=key;++i);    /*从前往后找*/
          if(i<ST.length) return i;
          else return -1;
}
void main()
{     SeqTable ST;
      keyType key;
      int index;
      SElemType Data[MAXSIZE]={34, 44, 43, 12, 53, 55,73, 64, 77};
      ST.elem=Data;
      ST.length=9;
      printf("请输入待查元素的关键字:");
      scanf("%d",&key);
      index=Search_Seq(ST,key);             /* 算法 7.1*/
      if(index==-1) printf("找不到关键字为%d 的元素!\n",key);
      else printf("关键字为%d 的元素在查找表中的索引号为：%d\n",key,index);
}
```

2. 实现结果

顺序查找算法的实现结果如图 7.16 所示。

图 7.16　顺序查找算法的实现结果

7.5.2　折半查找算法

折半查找算法

1. 实现代码

```
#include<stdio.h>
#define MAXSIZE 100
typedef int keyType;
typedef struct
{    keyType key;                              /*关键字域*/
     /*其他域*/
}SElemType;
typedef struct
{    SElemType *elem;                          /*数据元素存储空间基址*/
     int length;                               /*表长度*/
} SeqTable;
int Search_Bin(SeqTable ST, keyType key)
/*在有序表 ST 中折半查找关键字等于 key 的元素，若找到，则返回为该元素在表中的索引号，否
  则返回-1*/
{    int low,high,mid;
     low=0;
     high=ST.length-1;                         /*设置区间初值*/
     while(low<=high)
     {     mid=(low+high)/2;
           if(key==ST.elem[mid].key) return mid;    /*找到待查元素*/
           else if(key<ST.elem[mid].key)
                high=mid-1;                    /*继续在前半区间进行查找*/
           else
                low=mid+1;                     /*继续在后半区间进行查找*/
     }
   return -1;                                  /*顺序表中不存在待查元素*/
}
void main()
{    SeqTable ST;
     keyType key;
     int index;
     SElemType Data[MAXSIZE]={12,33,40,45,53,55,64,66,77};
     ST.elem=Data;
     ST.length=9;
```

```
    printf("请输入待查元素的关键字:");
    scanf("%d",&key);
    index=Search_Bin(ST,key);                    /*算法 7.2*/
    if(index==-1) printf("找不到关键字为%d 的元素!\n",key);
    else printf("关键字为%d 的元素在查找表中的索引号为：%d\n",key,index);
}
```

2. 实现结果

折半查找算法的实现结果如图 7.17 所示。

图 7.17　折半查找算法的实现结果

7.5.3　二叉排序树查找算法

二叉排序树查找算法

1. 实现代码

```
#include<stdio.h>
#include<stdlib.h>
typedef int KeyType;
typedef struct BTNode
{   KeyType key;                                /*关键字域*/
    struct BTNode *lchild,*rchild;
}BTNode,*BiTree;
BiTree SearchBST1(BTNode *T,KeyType key)
/*在根指针 T 所指的二叉排序树中查找某关键字等于 key 的数据元素，若查找成功，则返回指向该
  数据元素节点的指针，否则返回空指针*/
{   if (!T||key==T->key) return (T);            /*查找结束*/
    else if (key<T->key) return(SearchBST1(T->lchild,key));
    else return(SearchBST1(T->rchild,key));
}
BTNode *SearchBST(BTNode *T, KeyType key, int *f)
/*若查找成功，则返回该数据元素节点并令*f=1;否则返回查找路径上访问的最后一个节点并令
*f=0*/
{   BTNode *p,*pre;
    *f=0;
    if (!T) {   *f=0; return T;   }
    p=T;
    pre=T;                                      /*pre 指向 p 的双亲*/
    while(p!=NULL&&key!=p->key)
    {   pre=p;
        if(key<p->key) p=p->lchild;             /*在左子树中查找*/
        else p=p->rchild;                       /*在右子树中查找*/
    }
    if(p!=NULL&&key==p->key){ *f=1; return p; }   /*查找成功*/
```

```
        else { *f=0; return pre;}                     /*查找失败*/
    }
    BTNode * InsertBST(BTNode *T, KeyType key)
    /*当二叉排序树 T 中不存在关键字等于 key 的数据元素时，插入 key 则返回二叉排序树的根节点*/
    {   BTNode *p,*s;
        int f=0;
        p=SearchBST(T,key,&f);
        if (!f)                                       /*查找不成功*/
        {   s=(BTNode *)malloc(sizeof(BTNode));
            s->key=key;
            s->lchild=s->rchild=NULL;
            if (!p) return s;                         /*新插入的记录为根节点*/
            else if(key<p->key) p->lchild=s;
            else p->rchild=s;
        }
        return T;
    }
    BiTree Create(KeyType x)
    /*生成一棵二叉树，这棵二叉树的根节点的 data 域为 x*/
    {   BiTree p;
        if ((p=(BTNode *)malloc(sizeof(BTNode)))==NULL) return NULL;
        p->key=x;
        p->lchild=NULL;
        p->rchild=NULL;
        return p;
    }
    void Visite(KeyType data)
    {   printf("%d ",data);
    }
    void InOrder(BiTree bt)
    /*中序遍历二叉树 bt*/
    {   if (bt==NULL) return;                         /*递归调用的结束条件*/
        InOrder(bt->lchild);                          /*中序递归遍历 bt 的左子树*/
        Visite(bt->key);                              /*访问节点的数据域*/
        InOrder(bt->rchild);                          /*中序递归遍历 bt 的右子树*/
    }
    void main()
    {   BTNode *ST;
        KeyType key;
        int i,n;
        printf("请输入元素个数：");
        scanf("%d",&n);
        printf("请输入第 1 个节点：");
        scanf("%d",&key);
        ST=Create(key);
        for(i=1;i<n;i++)
```

```
    {     printf("请输入第%i 个节点:",i+1);
          scanf("%d",&key);
          ST=InsertBST(ST,key);
    }
    InOrder(ST);
    printf("\n");
    printf("请输入待查元素的关键字：");
    scanf("%d",&key);
    ST=SearchBST1(ST,key);                          /*算法 7.3*/
    if(!ST) printf("找不到关键字为%d 的元素!\n",key);
    else printf("关键字为%d 的元素在查找表中\n",key);
}
```

2. 实现结果

二叉排序树查找算法的实现结果如图 7.18 所示。

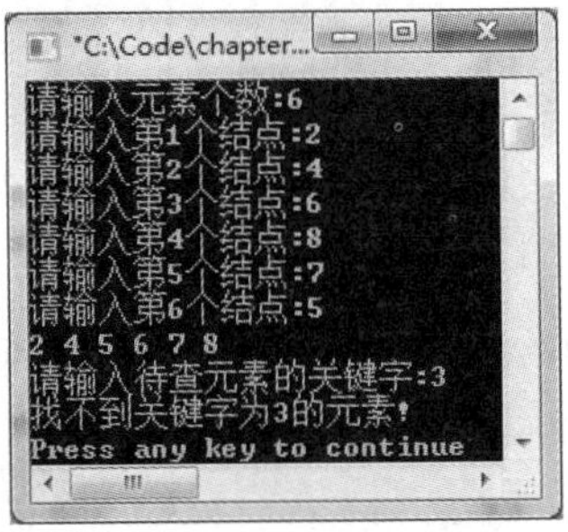

图 7.18　二叉排序树查找算法的实现结果

7.6　本章小结

本章讲述的是查找技术，以便对数据元素进行插入、修改、删除等操作。从内容上讲第 1 节主要介绍查找的基本概念；第 2 节介绍静态查找算法；第 3 节介绍动态查找算法；第 4 节介绍哈希表。本章应重点掌握以下知识：

如果查找并不改变查找表的内容，那么这种查找称为静态查找，这时的查找表称为静态查找表；如果查找过程中伴随着对数据元素的更改，那么这种查找称为动态查找，这时的查找表称为动态查找表。

常见的静态查找算法有两种：顺序查找、折半查找。顺序查找用于线性表，折半查找用于有序顺序表，在进行选择时应掌握各种查找的基本思想。

对于二叉排序树的查找应使用动态查找技术，应掌握如何创建一棵二叉排序树，如何在二叉排序树上进行插入、查找操作。

平衡二叉树是通过动态调整最小不平衡子树，使得树保持平衡的一种二叉排序树。因此要学会在失衡时如何确定最小不平衡子树，也要掌握在插入引起失衡时进行调整的方法。

由于散列表使用的是一种动态查找技术，即利用关键字直接计算出数据元素在查找表中的存储地址，因此查找效率很高。要理解构造各种散列函数的基本思想，要知道解决冲突的各种方法。

7.7　习题 7

一、选择题

1．采用开放定址法处理散列表的冲突时，其平均查找长度（　　）。

A．低于链接法处理冲突　　B．高于链接法处理冲突

C．与链接法处理冲突相同　　D．高于二分查找

2．链表适用（　　）查找。

A．顺序　　B．二分法

C．顺序，也能二分法　　D．随机

3．通常查找线性表数据元素时（　　）是一种对顺序和链式存储结构均适用的方法。

A．顺序查找　　B．随机查找　　C．二分法查找　　D．分块查找

4．对含有 22 个记录的有序表进行折半查找，当查找失败时，至少需要比较关键字（　　）次。

A．3　　B．4　　C．5　　D．6

5．适用于对动态查找表进行高效率查找的组织结构是（　　）。

A．有序表　　B．分块有序表　　C．二叉排序树　　D．线性链表

6．折半查找有序表为{4,6,10,12,20,30,50,70,88,100}。若查找表中的元素为 58，则它将依次与表中（　　）比较大小，查找结果是失败。

A．20,70,30,50　　B．30,88,70,50

C．20,50　　D．30,88,50

7．哈希法存储的基本思想是根据关键字值来决定存储地址，冲突指的是（　　）。

A．两个元素具有相同序号

B．两个元素的关键字值不同，而非关键字属性相同

C．不同关键字值对应到相同的存储地址

D．负载因子过大

8．在有序表{12,24,36,48,60,72,84}中二分查找关键字 72 时所需进行的关键字比较次数为（　　）。

A．1　　B．2　　C．3　　D．4

9．有一个表长为 m 的哈希表，初始状态为空，现将 n（n<m）个不同的关键字插入到该表中，解决冲突的方法是用线性探测法。如果这 n 个关键字的哈希地址都相同，则探测的总次数是（　　）。

A．n(n-1)/2　　B．n(n-1)　　C．n/2　　D．n×n/2

二、填空题

1．在各种查找方法中，平均查找长度与节点个数 n 无关的查找方法是________，哈希法存储的基本思想是由________决定数据的存储地址。

2．假设在有序线性表 a[20]上进行折半查找，则比较一次查找成功的节点数为 1；比较两次查找成功的节点数为________；用折半法查找时，最大比较次数是________。

3．为了能有效地应用哈希查找技术，必须解决的两个问题是________和________。

4．线性有序表{a_0,a_1,a_2,…,a_{255}}是从小到大排列的，对一个给定的值 k，用二分法检索表中与 k 相等的元素，在查找不成功的情况下，最多需要检索________次。设有 100 个节点，用二分法查找时，最大比较次数是________。

5．在数据存放无规律而言的线性表中进行检索的最佳方法是________。折半查找有序表{4,6,12,20,28,38,50,70,88,100}，若查找表中的元素 20，它将依次与表中元素________比较大小。

6. 设哈希表的长度为 8，哈希函数为 H(k)=k%7，初始记录关键字序列为{25,31,8,27,13,68}，用线性探测法作为解决冲突方法的平均查找长度为________；用链地址法作为解决冲突方法的平均查找长度为________。

7．从有序表{12,18,30,43,56,78,82,95}中依次二分查找元素 43 和 56，则其查找次数分别为________和________。

三、简答题

1．若对具有 n 个元素的有序顺序表和无序顺序表分别进行顺序查找，试在下述两种情况下分别讨论两者在等概率时的平均查找长度：

（1）查找不成功，即表中无关键字等于给定值 K 的记录。

（2）查找成功，即表中有关键字等于给定值 K 的记录。

2．设有序表为{a,b,c,e,f,g,i,j,k,p,q}，请画出对给定值 n 进行折半查找的过程。

3．设有序表为{a,b,c,e,f,g,i,j,k,p,q}，请画出对给定值 b 进行折半查找的过程。

4．在一棵空的二叉查找树中依次插入关键字，序列为{12,7,17,11,16,2,13,9,21,4}，请画出所得到的二叉查找树。

5．假定对有序表{3,4,5,7,24,30,42,54,63,72,87,95}进行折半查找，试回答下列问题：

（1）画出描述折半查找过程的判定树。

（2）若查找元素 54，需依次与哪些元素比较？

（3）若查找元素 90，需依次与哪些元素比较？

（4）假定每个元素的查找概率都相等，求查找成功时的平均查找长度。

6．折半（对分）查找适不适合链表结构的序列，为什么？用二分查找的查找速度必然比线性查找的速度快，这种说法对吗？

7. 设一组关键字{9,1,23,14,55,20,84,27}，采用哈希函数 H(key)=key%7 和二次探测再散列法解决冲突，对该关键字序列构造表长为 10 的哈希表。

8．用比较两个元素大小的方法在一个给定的序列中查找某个元素的时间复杂度的下限。如果要求时间复杂度更小，应采用什么方法？此方法的时间复杂度是多少？

9．画出对长度为 10 的有序表进行折半查找的判定树，并求其等概率时查找成功的平均查找长度。

10．选取哈希函数 H(key)=(3*key)%11，用线性探测法处理冲突，对关键码序列{22,41,53,8,46,30,1,31,66}构造一个哈希地址空间为 0～10、表长为 11 的哈希表。

11．画出对长度为 18 的有序顺序表进行二分查找的判定树，并指出在等概率时查找成功的平均查找长度，以及查找失败时所需的最多的关键字比较次数。

12．设哈希表的地址范围为 0～17，哈希函数为：H(key)=key%16，key 为关键字，用线性探测法再散列法处理冲突，输入关键字序列：{10,24,32,17,31,30,46,47,40,63,49}，构造出哈希表，试回答下列问题：

（1）画出哈希表的示意图。

（2）若查找关键字 63，需要依次与哪些关键字进行比较？

（3）若查找关键字 60，需要依次与哪些关键字进行比较？

（4）假定每个关键字的查找概率相等，求查找成功时的平均查找长度。

13．用集合{46,88,45,39,70,58,101,10,66,34}建立一棵二叉排序树，画出该树，并求在等概率情况下的平均查找长度。

14．已知线性表的元素为{87,25,310,8,27,132,68,95,187,123,70,63,47}，哈希函数为 H(key)=key%13，采用链地址法处理冲突。设计出该链表结构并求该表的平均查找长度。

四、编程题

1．已知某哈希表的装填因子小于 1，哈希函数 H(key)为关键字（标识符）的第一个字母在字母表中的序号，处理冲突的方法为线性探测开放定址法。试编写一个按第一个字母的顺序输出哈希表中所有关键字的算法。

2．编写从一维数组 A[n]中二分查找关键字为 K 的元素的递归算法，若查找成功则返回对应元素的下标，否则返回-1。

3．请写出折半查找的算法程序，查找关键字为 key 的数据元素。

第8章　排序

排序在日常生活中具有非常广泛的应用，例如电话簿中按姓名排序，以帮助用户快速查找到联系人；考试成绩的排序能够定位知识技能掌握得更好的人，以帮助用人单位挑选人才；比赛成绩的排序能够帮助教练了解选手平时训练的程度以及参加比赛时发挥的状态。因此，人们对排序进行了细致的研究，设计了许多性能良好的排序算法。

相关知识点

排序的基本概念；几种典型的内部排序方法的基本思想、算法特点、排序过程和它们的时间复杂度分析；稳定排序方法和不稳定排序方法的定义及判断。

学习重点

简单插入排序、折半插入排序、希尔排序、冒泡排序、快速排序、直接选择排序、堆排序、归并排序的排序方法、算法描述和性能分析；各种排序方法的比较。

8.1　排序的基本概念

1. 排序（Sorting）

排序是对一组数据元素按其关键字的非递增（降序）或非递减（升序）顺序进行重新排列的操作。具体描述如下：假设一组含有 n 个记录的序列为$\{r_0,r_1,\cdots,r_{n-1}\}$，它们相应的关键字序列为$\{k_0,k_2,\cdots,k_{n-1}\}$，这些关键字相互之间可以进行比较，使得它们满足以下的非递减（或非递增）的关系，即 n 个记录的序列重新排列成一个按关键字有序的序列，上述操作即为排序。本章介绍的算法均以升序为例，降序方法类似，只需要将算法中的大于符号和小于符号互换即可。

2. 排序算法的稳定性

如果在记录序列中有两个记录 r_i 和 r_j，它们的关键字 $k_i==k_j$，且在排序之前，记录 r_i 排在 r_j 前面。如果在排序之后，记录 r_i 仍在 r_j 的前面，则称这个排序方法是稳定的，否则称这个排序方法是不稳定的。

3. 内部排序和外部排序

根据在排序过程中待排序的所有数据元素是否全部被放置在内存中，可将排序方法分为内部排序和外部排序两大类。

（1）内部排序。整个排序过程完全在内存中进行，排序时不涉及数据的内存与外存之间交换。

（2）外部排序。由于待排序记录的数量太大，内存无法一次容纳所有记录，因此排序过程需要借助于外存，必须根据排序过程的要求不断在内存和外存之间移动地排序。

本章只讨论内部排序。

4. 记录存储描述

一般情况下，假设数据元素含有多个数据项，其中有一个数据项称作“关键字”，数据元素之间按照关键字的“大小”进行比较，并且这个“大小”的含义是广义的，可以将其理解为关键字之间存在某种“领先”的关系。本章将上述定义的数据元素称为“记录”，可用 C 语言描述如下：

```
typedef int KeyType;          /*为简单起见，定义关键字类型为整型*/
typedef struct {
    KeyType key;              /*关键字项*/
    InfoType otherinfo;       /*其他数据项*/
}RcdType;                     /*记录类型*/
```

本章讨论的排序算法将对上述定义的记录序列进行排序。

8.2　插入排序算法

插入排序（Insertion Sort）算法的基本思想是每次将一个待排序的记录按其关键字的大小插入到前面已经排好序的子序列中的适当位置，直到全部记录插入完为止。

8.2.1　直接插入排序

直接插入排序法（Straight Insertion Sort）是一种比较简单的排序方法，它的基本思想是将一个记录插入到已排好序的有序表中，从而得到一个新的、记录数增 1 的有序表。

为了减少排序过程中元素的比较次数，在插入排序算法中引入 r[0]作为哨兵，其主要作用如下：

（1）在进入查找插入位置循环之前，它保存了第 i 个记录 r[i]的副本，使不至于因记录后移而丢失 r[i]的内容。

（2）在查找插入位置的过程中避免数组下标出界，一旦出界，因为 r[0].key 和自己相比较，循环判定条件不成立，使得查找插入位置的循环过程结束，从而避免了在该循环内每一次都要检测数组下标是否越界。引入哨兵后使得测试查找循环条件的时间大约减少了一半，所以对于记录数较大的序列所节约的时间相当可观。

算法 8.1　直接插入排序算法。

```
void InsertSort(RecordType r[],int n)
/*对表 r 中的第 1 个到第 n 个记录进行直接插入排序，r[0]为哨兵*/
{   int i,j;
    for(i=2;i<=n;i++)
    {   r[0]=r[i];                                  /*设置哨兵*/
        j=i-1;
        while(r[0].key<r[j].key) {r[j+1]=r[j];j--;}  /*记录后移*/
        r[j+1]=r[0];                                /*把存放在 r[0]中的原记录插入到正确位置*/
    }
}
```

【例 8.1】已知序列{70,83,100,65,<u>65</u>}，给出采用直接插入排序算法对该序列做升序排列的排序过程，如图 8.1 所示。

初始时：(哨兵)[70] 83 100 65 65

第 1 趟：(70) [70 83] 100 65 65

第 2 趟：(70) [70 83 100] 65 65

第 3 趟：(65) [65 70 83 100] 65

第 4 趟：(65) [65 65 70 83 100]

图 8.1 直接插入排序示例

注意：*小括号内的是哨兵，方括号内的数据序列为有序序列。*

直接插入排序算法简单且容易实现，只需要一个记录大小的辅助空间来存放待插入的记录和两个 int 型变量即可。当待排序记录较小时，排序速度较快；但是当待排序记录数量较大时，大量的比较和移动操作将使直接插入排序算法的效率大大降低。然而，当待排序的数据元素基本有序时，直接插入排序过程中的移动次数将大大减少，从而效率会有所提升。因此，若一个序列基本有序时，则选用直接插入排序较快。

（1）最好情况。初始排序关键字已经有序，for 循环进行一轮关键字比较，内循环中 while 的条件均不满足，因此共比较 n-1 次，移动 0 次，算法的时间复杂度为 $O(n)$。

（2）最坏情况。待排序序列完全逆序，for 循环共运行 n-1 次，while 循环进行关键字比较，总的比较次数为 $2+3+\cdots+n=(n+2)(n-1)/2$。因为待排序序列完全逆序，故在 while 循环进行关键字比较时，每次比较均满足循环条件 L.r[i].key<L.r[j].key，故需要移动 i-1 步，这样总的移动次数为 $1+2+3+\cdots+n-1=n(n-1)/2$。

（3）平均情况。在这种情况下，外循环 for 的循环次数不变，但内循环 while 循环在进行关键字比较时，平均有一半的元素在中间找到插入位置，比较次数比最坏情况下减小一半，同时移动元素的次数也会减小一半，因此比较和移动次数均为 $(n(n-1)/2+(n-1)(n+2)/2)/2=((n-1)(2n+2)/2)/2=(n^2-1)/2$，此时间复杂度为 $O(n^2)$。

由于直接插入排序是根据输入序列的顺序的大小来决定排序后的位置，因此是一种稳定的排序方法。

8.2.2 折半插入排序

前文提到的直接插入排序算法比较简单且易于实现，当待排序的记录数不大时，这种算法是一种不错的选择，但是当待排序的记录数很大时，则不宜再用直接插入排序，需要使用更快的排序算法。直接插入排序有两个基本操作：比较记录的关键字和移动记录。折半插入排序对比较记录关键字的整个基本操作进行了改进。

在直接插入排序算法中查找插入位置时采用的是顺序查找，前文介绍过在顺序表的查找方法中折半查找方法要优于顺序查找方法，所以现在讲到的折半插入排序就是用折半查找方法来代替直接插入算法中顺序查找方法。

算法 8.2 折半插入排序算法。

```
void BinarySort(RecordType r[],int n)      /*对顺序表 L 进行折半插入排序*/
{   int i,j;
    int low,high,m;
    for(i=1;i<=n;i++)
```

```
    {   r[0]=r[i];                      /*将要插入的元素置于 r[0]中*/
        low=1;
        high=i-1;
        while(low<=high)                /*在有序段中查找*/
        {     m=(low+high)/2;           /*使用折半查找*/
          if(r[0].key<r[m].key)         /*与有序段前半段的最大值相比较*/
                high=m-1;
            else    low=m+1;
        }
        for(j=i-1;j>=high+1;--j)        /*移动元素*/
            r[j+1]=r[j];
        r[high+1]=r[0];
    }
}
```

【例 8.2】已知数据序列{70,83,100,65,<u>65</u>}，给出其折半插入排序的操作过程，如图 8.2 所示。

初始值：[70]，83，100，65，<u>65</u>

第 1 趟：[70，83]，100，65，<u>65</u>

第 2 趟：[70，83，100]，65，<u>65</u>

第 3 趟：[65，70，83，100]，<u>65</u>

第 4 趟：[65，<u>65</u>，70，83，100]

图 8.2　折半插入排序示例

在折半插入排序的算法中，由外层的 for 循环负责 n 次扫描，完成寻找序列中所有记录的插入位置，内层的 while 循环就是通过折半查找方法定位当前记录在有序段中的位置。为了把当前记录复制到有序段中，需要把大于当前记录关键字的元素往后移，内层的 for 循环的作用就是移动大于当前记录关键字的记录，然后把当前记录的值插入到正确的位置。

折半插入排序所需的存储空间和直接插入排序一样，与直接插入排序唯一不同的就是在有序段搜索插入位置时，使用折半查找方法，关键字之间的比较次数减少了，但是记录的移动次数不变，故算法的时间复杂度同样为 $O(n^2)$。折半插入排序法也是一种稳定的排序方法。

8.2.3　希尔排序

希尔排序（Shell Sort）又称缩小增量排序。当待排序记录数较少且已基本有序时，使用直接插入排序速度较快。希尔排序就是利用直接插入排序的这一优点对待排序记录先做“宏观”调整，再做“微观”调整。它的基本思想如下：

（1）将整个待排记录序列按下标的一定增量分成若干个子序列，即 $n=n_1+n_2+\cdots+n_k$。

（2）分别对每个子序列进行直接插入排序，使得整个序列基本有序。

（3）将增量缩小，再划分子序列，分别进行直接插入排序。

（4）如此重复进行，最后对整个序列进行一次直接插入排序。

算法 8.3　希尔排序算法。

```
void ShellSort(RecordType r[],int n)
/*对表 r 中的第 1 个到第 n 个记录进行希尔排序，r[0]为哨兵*/
{   int i,j,d;
```

```
for(d=n/2;d>0;d=d/2)                    /*初始增量为n/2，每次缩小的增量值为d/2*/
{     for(i=d+1;i<=n;i++)
      {     r[0]=r[i];
            j=i-d;                       /*前后记录位置的增量是d，而不是1*/
/*将r[i]插入有序增量子表*/
            while(j>=0&&r[0].key<r[j].key)   /*将r[i]插入有序子表*/
            {     r[j+d]=r[j];j=j-d;     }    /*记录后移，查找插入位置*/
            r[j+d]=r[0];                     /*插入*/
      }
}
}
```

【例 8.3】 给出对整数序列{70,83,100,65,10,32,7,<u>65</u>,9}按增量序列{3,2,1}进行希尔排序的过程，如图 8.3 所示。

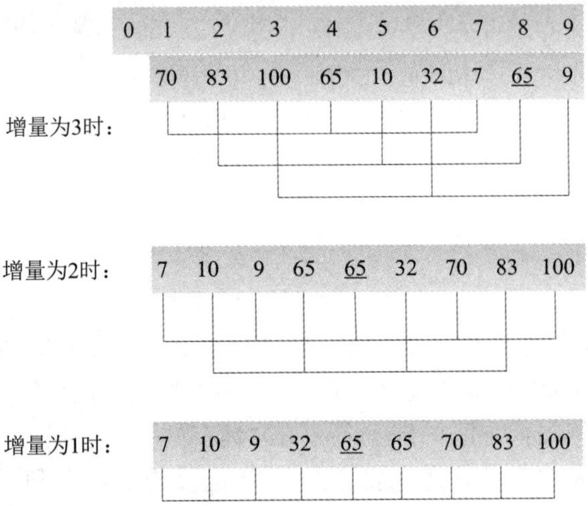

图 8.3　希尔排序示例

希尔排序算法的分析是一个复杂的问题，因为它的时间是所取“增量”序列的函数。到目前为止还没有人求得一种最好的增量序列，但大量的研究已得出一些局部结论。

注意：增量序列的取法应使增量序列中的值没有除 1 之外的公因子，并且最后一个增量值必须等于 1。

希尔排序算法在空间上只需要一个辅助单元，所以空间复杂度 S(n)=O(1)。希尔排序算法比较适合处理大批量的杂乱无章的数据序列。从本算法及例 8.3 可以看出，希尔排序算法是不稳定的。

8.3　交换排序算法

8.3.1　冒泡排序

最简单的交换排序就是冒泡排序。冒泡排序的基本思想是，首先在 n 个元素中将从头开始相邻的两个记录的关键字进行比较，若大小顺序与要求的顺序正好相反（即逆序），则将两个记录交换位置（当要求升序排序时保证前小后大），然后向下移动一个记录，再依次比较下两个相邻记录的关键字。依此类推，直至对最后两个相邻记录的关键字进行比较为止。上述过程称为第一趟冒泡排序，结果使关键字最大（当要求升序排序时）的记录被安置到最后一个记录的位置上。然后进行第二趟冒泡排序，对前 n-1 个记录进行同样的操作，其结果是使关键字次大的记录被安置到第 n-1 个记录的位置上。整个排序过程需要进行 k（$1\leq k<n$）趟冒泡排序，判断冒泡排序结束的条件是“在一趟排序过程中没有进行过交换记录的操作”。

算法 8.4　冒泡排序算法。

```
void Bubble_sort(RecordType r[],int n)
/*对表 r 中的第 1 个到第 n 个记录进行冒泡排序，r[0]为临时交换空间*/
{    int i,j;
     int isExcheng;                         /*交换标识*/
     for(i=1;i<n;i++)
     {    isExcheng=0;                      /* isExcheng=0 为未交换*/
          for(j=1;j<=n-i;j++)
          {    if(r[j].key>r[j+1].key)      /*如前者大于后者，交换*/
               {    r[0]=r[j+1];r[j+1]=r[j];r[j]=r[0];
                    isExcheng=1;            /*isExcheng=1 为发生交换*/
               }
          }
          if(isExcheng==0)break;            /*未交换，排序结束*/
     }
}
```

【例 8.4】给出对序列{70,83,100,65,65}进行冒泡排序的过程，如图 8.4 所示。

初始时	70	83	100	65	65
第 1 趟	70	83	65	65	100
第 2 趟	70	65	65	83	
第 3 趟	65	65	70		
第 4 趟	65	65			

图 8.4　冒泡排序示例

若初始序列为“正序”序列，则只需进行一趟排序，在排序过程中进行 n-1 次关键字间的比较，且不移动记录；反之，若初始序列为“逆序”序列，则需进行 n-1 趟排序，需进行 $\sum_{i=n}^{2}(i-1)=n(n-1)/2$ 次比较，并作等量级的记录移动。因此，总的时间复杂度为 $T(n)=O(n^2)$。该算法仅需要一个交换记录的存储空间，因此算法的空间复杂度为 S(n)=O(1)。另外，冒泡排序是稳定的。

8.3.2　快速排序

快速排序是对冒泡排序的一种改进。

（1）基本思想。任取待排序的 n 个记录中的某个记录作为基准（一般选取第一个记录），通过一趟排序，将待排序记录分成左右两个子序列，左子序列记录的关键字均小于或等于该基准记录的关键字，右子序列记录的关键字均大于或等于该基准记录的关键字，从而得到该记录最终排序的位置，然后该记录不再参加排序，此一趟排序称为第一趟快速排序。然后对所分的左右子序列分别重复上述方法，直到所有的记录都处在它们的最终位置，此时排序完成。在快速排序中，有时把待排序序列按照基准记录的关键字分为左右两个子序列的过程称为一次划分。

（2）快速排序的过程。设待排序序列为 r[s]到 r[t]，为了实现一次划分，可设置两个指针 low 和 high，它们的初值分别为 s 和 t，以 r[s]为基准，在划分的过程中进行下述操作：

1）首先从 high 端开始，依次向前扫描，并将扫描到的每一个记录的关键字同 r[s]（基准记录）的关键字进行比较，直到 r[high].key<r[s].key 时，将 r[high]赋值到 low 所指的位置。

2）然后从 low 端开始依次向后扫描，并将扫描到的每一个记录的关键字同 r[s]（基准记录）的关键字进行比较，直到 r[low].key>r[s].key 时，将 r[low]赋值到 high 所指的位置。

3）如此交替改变扫描方向，重复第 1）和 2）两个步骤，从两端各自向中间位置靠拢，直到 low 等于或大于 high。经过此次划分后得到的左右两个子序列分别为 r[s]到 r[low-1]和 r[low+1]到 r[t]。

排序首先从 r[s]到 r[t]开始，按上述方法划分为 r[s]到 r[low-1]、r[low]和 r[low+1]到 r[t]三个序列，然后对 r[s]到 r[low-1]和 r[low+1]到 r[t]分别按上述方法进行再次划分，依次重复，直到每个序列只剩一个元素为止。

（3）快速排序算法。

算法 8.5 快速排序算法。

```
/*【任意子序列 r[low..high]的一趟划分算法】*/
int Partition(RecordType r[],int low,int high)
/*对表 r 中的第 low 个到第 high 个记录进行一次快速排序的划分，把关键字小于 r[low].key 的记录
  放在 r[low]前面，大于 r[low].key 的记录放在 r[low]后面*/
{    r[0]= r[low];                          /*把 r[low]放在 r[0]位置上*/
     while (low<high)                       /*用 r[low]进行一趟划分*/
     {    /*在 high 端，寻找一个比 r[low].key 小的记录放入 low 位置上*/
          while (low<high &&r[high].key>=r[0].key)
               --high;
          r[low]=r[high];
          /*在 low 端，寻找一个比 r[low].key 大的记录放入 high 位置上*/
          while (low<high &&r[low].key<=r[0].key)
               ++low;
          r[high]=r[low];
     }
     r[low]=r[0];
     return low;                            /*返回划分后的基准记录的位置*/
}
/*快速排序算法*/
void Quicksort(RecordType r[],int low,int high)
/*对表 r 中的第 low 个到第 high 个记录进行快速排序*/
{    int loc;
     if  (low<high)
     {    /*对第 low 个到第 high 个记录进行一次快速排序的划分*/
          loc=Partition(r,low,high);
```

```
        Quicksort(r,low,loc-1);            /*对前半区域进行一次划分*/
        Quicksort(r,loc+1,high);           /*对后半区域进行一次划分*/
    }
}
```

【例 8.5】给出对序列{70,83,100,65,<u>65</u>}进行快速排序的过程，如图 8.5 所示。

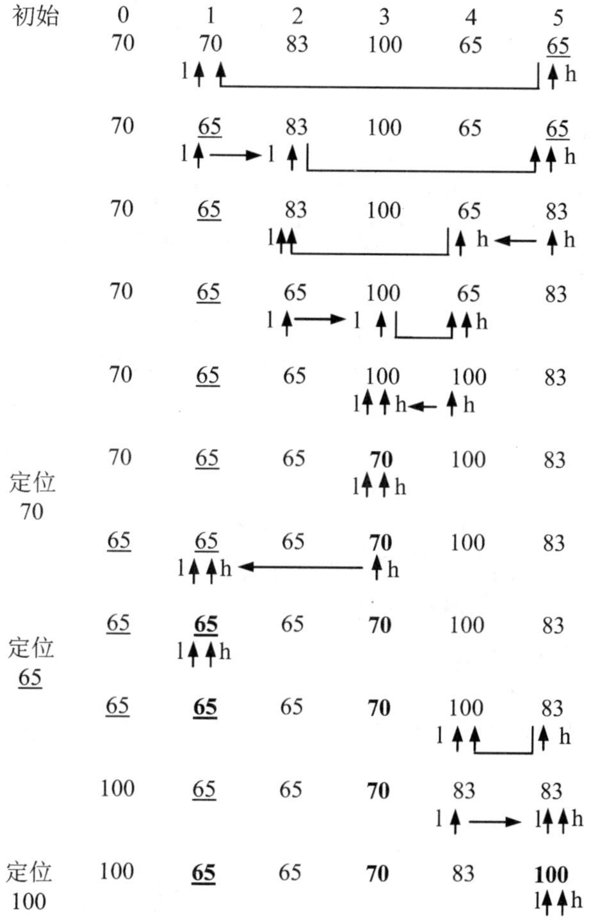

图 8.5　快速排序示例

在一趟快速排序中，关键字比较的次数和记录移动的次数均不超过 n，时间复杂度主要取决于递归的深度，而深度与记录初始序列有关。最坏情况是初始序列已基本有序，则递归的深度接近于 n，算法时间复杂度 $T(n)=O(n^2)$。最好情况是初始序列非常均匀，则递归的深度接近于 n 个节点的完全二叉树的深度 $\log_2^n+1$，算法的时间复杂度 $T(n)=O(n\log_2^n)$。空间上，因为是用递归实现的，所以也要看递归的深度。最好情况下 $S(n)=O(\log_2^n)$，最坏情况下 $S(n)=O(n^2)$，因此，快速排序算法主要适合于关键字大小分布比较均匀的记录序列。就平均时间而言，快速排序目前被认为是最好的一种内部排序方法。由于关键字相同的记录可能会交换位置，因此快速排序算法是不稳定的排序方法。

8.4 选择排序算法

选择排序是一种简单、直观的排序算法。它的基本思想是首先在未排序序列中找到最大记录，存放在排序序列的末尾，然后从剩余的未排序序列中继续寻找最大记录，之后存放在排序序列末尾。依此类推，直到所有记录均排序完毕。选择排序可分为直接选择排序、堆排序等几种方法。

8.4.1 直接选择排序

直接选择排序也叫简单选择排序，它的基本思想是首先从序列中选出关键字最小的记录送到最前面的位置，再从余下的序列中选取关键字最小的记录送到第二个位置，直至序列中所有的记录都已经选择为止。

1. 基本思想

设 $A=\{a_1,a_2,\cdots,a_n\}$，$A'=\{\quad\}$。每次从 A 中选一个最小元素，放入 A′尾端，直到 A 为空集。

2. 排序过程

设待排序列为：$a_1,a_2,\cdots,a_n$。

首次在 $a_1,a_2,\cdots,a_n$ 中查找最小值记录，并与 a_1 交换。

第二次在 $a_2,\cdots,a_n$ 中查找最小值记录，并与 a_2 交换。

第 i 次在 $a_i,\cdots,a_n$ 中查找最小值记录，并与 a_i 交换。

第 n-1 次在 a_{n-1} 和 a_n 中查找最小值记录，并与 a_{n-1} 交换。

算法 8.6 直接选择排序算法。

```
void Selectsort(RecordType r[],int n)
/*对表 r 中的第 1 个到第 n 个记录进行简单选择排序，r[0]为临时交换空间*/
{    int i,j,min;
     for(i=1;i<n;i++)
     {    min=i;
          /*在 i～n 范围内寻找一个最小元素并放入 r[i]中*/
          for(j=i+1;j<=n;++j)
              if(r[min].key>r[j].key)
                     min=j;
          if(min!=i)
          {   r[0]=r[min]; r[min]=r[i]; r[i]=r[0];   }
     }
}
```

【例 8.6】给出对整数序列{70,83,100,65,<u>65</u>}进行直接选择排序的过程，如图 8.6 所示。

在直接选择排序中，第一次排序要进行 n-1 次比较，第二次排序要进行 n-2 次比较，第 n-1 次要进行 1 次比较，所以总的比较次数为：$\sum_{i=1}^{n-1}(n-i)=n(n-1)/2$。

当待排序记录序列为正序时，不需要移动记录；当待排序记录序列为逆序时，需要 n-1 次交换操作，而每次交换操作需移动数据 3 次，所以需要 3(n-1)次数据移动操作。所以直接选择排序算法的时间复杂度为 $T(n)=O(n^2)$。

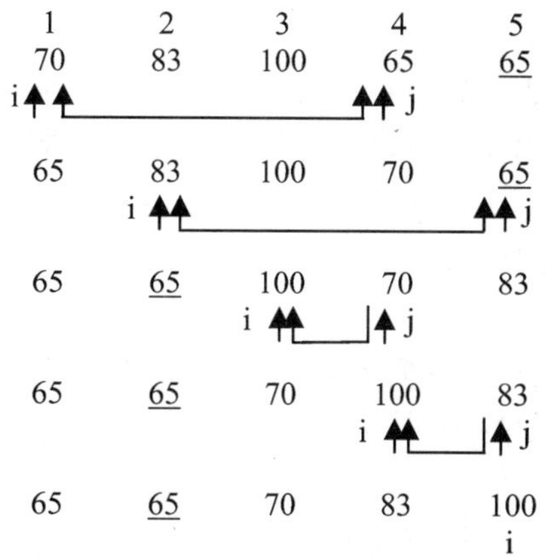

图 8.6 直接选择排序示例

直接选择排序只需要一个辅助空间用于交换记录，对于储存空间没有过高的要求，空间复杂度 S(n)=O(1)。另外，直接选择排序是一种稳定的排序方法。

8.4.2 堆排序

堆排序是 J.Willioms 在 1964 年提出的一种选择排序方法。堆排序是将记录序列存储在一个一维数组空间中，并将该序列看成一棵完全二叉树中的节点序列$\{r_1,r_2,\cdots,r_n\}$，若编号分别满足如下要求：

$$r_i \leqslant \begin{cases} r_{2i} \\ r_{2i+1} \end{cases} \text{或}\ r_i \geqslant \begin{cases} r_{2i} \\ r_{2i+1} \end{cases} (i=1,2,\cdots,\left\lfloor \frac{n}{2} \right\rfloor)$$

则称该结构分别为小（顶）堆和大（顶）堆。由此，若上述数列是堆，则 r_1 必是数列中的最小值或最大值，故分别称为小（顶）堆或大（顶）堆。

根据完全二叉树的性质，当 n 个节点的完全二叉树的节点按由上至下，从左至右编号后，编号为 i 的节点的左孩子节点编号为 2i（2i≤n），右孩子节点编号为 2i+1（2i+1≤n）。因此，可以借助完全二叉树来描述堆：若完全二叉树中任一非叶节点的值均小于等于（或大于等于）其左孩子、右孩子节点的值，则从根节点开始按节点编号排列所得的节点序列就是一个堆。

由此可见，堆或者是空二叉树，或者是一棵满足这样特性的完全二叉树，即其左右子树均是堆，并且当左子树或右子树不为空时，根节点的值小于（或大于）左右子树根节点的值。

1. 堆排序的基本思想

（1）先建立一个小顶堆，即先选择一个关键字为最小的记录，然后与序列中的最后一个记录交换，即若 $a_1,a_2,\cdots,a_n$ 为堆，则 a_1 最小，将 a_1 和 a_n 交换。

（2）再对序列中的前 n-1 个记录进行“筛选”，重新将它调整成为一个小顶堆，再将堆顶记录和第 n-1 个记录交换，即将剩余的 $a_1,a_2,\cdots,a_{n-1}$ 当作新的序列，调整为堆。

（3）重复（1）和（2），直到所有记录都调整完为止。

实际上，堆排序就是由建立初始堆和调整建堆（筛选）两个过程组成的。在此，所谓筛选就是指调整一棵左右子树均为堆的完全二叉树的根节点使之成为堆的过程。建堆时一定要从最后一个非叶节点开始。

2. 建堆的方法

（1）将给定的序列看成是一棵完全二叉树。

（2）从第 i=n/2 个节点开始，与子树节点相比较，若直接子节点中较小者小于节点 i 则交换，直到叶节点或不再交换。

（3）i=i-1，重复（2）直到 i=1。

算法 8.7 调整建堆算法。

```
void Createheap(RecordType r[],int m,int n)
/*对表 r 中的节点编号为 m 到 n 的元素进行建堆，r[0]为临时交换空间*/
{   int i,j,flag=0;
    i=m;
    j=2*i;                          /*j 为 i 的左孩子*/
    r[0]=r[i];
    while(j<=n&&flag!=1)            /*沿值较小的分支向下筛选*/
    {   if (j<n&&r[j].key>r[j+1].key)
            j++;                    /*选取孩子中值较小的分支*/
        if(r[0].key<r[j].key)
            flag=1;
        else
        {   r[i]=r[j];
            i=j;
            j=2*i;                  /*继续向下筛选*/
            r[i]=r[0];
        }
    }
}
```

算法 8.8 堆排序算法。

```
void Heapsort(RecordType x[],int n)
/*对表 r 中的第 1 到第 n 个记录进行堆排序，r[0]为临时交换空间*/
{   int i;
    for (i=n/2;i>=1;i--)
        Createheap(x,i,n);          /*初始化堆*/
    printf("Output x[]:");
    /*输出堆顶元素，并将最后一个元素放到堆顶位置，重新建堆*/
    for (i=n;i>=1;i--)
    {   printf("%4d",x[1]);         /*输出堆顶元素*/
        x[1]=x[i];                  /*将堆尾元素移至堆顶*/
        Createheap(x,1,i);          /*整理堆*/
    }
    printf("\n");
}
```

【例 8.7】给出对整数序列{70,83,100,65,65}进行堆排序的过程，如图 8.7 所示。

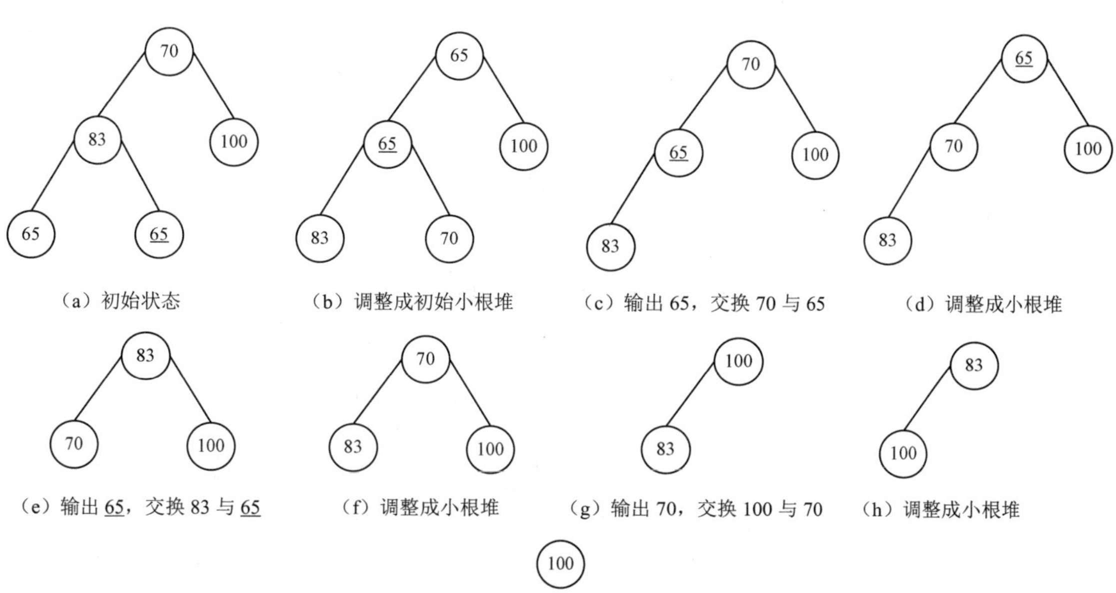

（a）初始状态 （b）调整成初始小根堆 （c）输出 65，交换 70 与 65 （d）调整成小根堆

（e）输出 <u>65</u>，交换 83 与 <u>65</u> （f）调整成小根堆 （g）输出 70，交换 100 与 70 （h）调整成小根堆

（i）输出 83，交换 100 与 83，输出 100，完成

图 8.7 堆排序示例

对深度为 k 的堆，“筛选”所需进行的关键字比较次数至多为 2(k-1)；对 n 个关键字要建立深度为 $\log_2^{n+1}$ 的堆，所需进行的关键字比较的次数至多为 4n；调整“堆顶”n-1 次，总共进行的关键字比较的次数不超过 $2(\log_2^{n-1}+\log_2^{n-2}+\cdots+\log_2^{2})<2n(\log_2^{n})$。因此，堆排序的时间复杂度为 T(n)+O($n\log_2^n$)。空间上，只需要一个记录的辅助空间，因此空间复杂度为 S(n)+O(1)。

堆排序比较适合于排序数据量大且杂乱无章的记录序列，而不适合于小的记录序列。另外，堆排序算法是不稳定的排序方法。

8.5 归并排序算法

1．归并排序的基本思想

归并排序的基本思想来源于有序序列的合并，即将两个或多个有序序列合并为一个大的有序序列。首先把待排序的记录序列分成若干个子序列，再将每个子序列的记录排序，并将已排序的子序列合并，得到完全排序的记录序列。

归并排序可分为多路归并排序和二路归并排序。这里仅对二路归并排序进行讨论。

2．二路归并排序的基本思想

在内部排序中，通常采用的是二路归并排序，二路归并排序的主要操作是将一组数组中前后相邻的两个有序序列归并为一个有序序列。假设初始序列含有 n 个记录，则可以将其看成是 n 个有序的子序列，每个子序列的长度为 1，然后两两归并，得到 n/2 个长度为 2 或 1 的有序子序列；再对 n/2 个有序序列两两归并，依此类推，直至得到一个长度为 n 的有序序列为止。

【例 8.8】给出对整数序列{70,83,100,65,<u>65</u>}归并排序的过程，如图 8.8 所示。

其中[…]表示划分区间，【…】表示有序序列。通过此例可以看出，归并排序就是先划分排序区间，当分到只有一条记录时，再与相邻的一个被划分的记录合并，然后逐渐扩大有序记录的范围，直到整个记录序列有序为止。

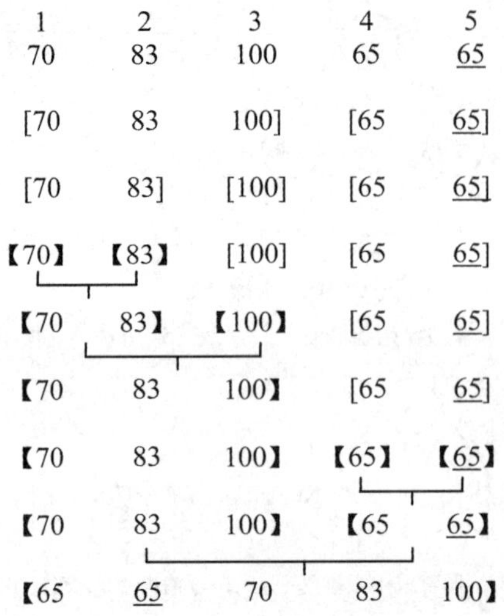

图 8.8　归并排序示例

二路归并算法如下所示。

算法 8.9　二路归并算法。

```
void Merge (RecordType a[],RecordType b[],int i,int m, int n)
/*将有序序列 a[i..m]以及 a[m+1..n]有序归并到 b[i..m]中*/
{    int la,lb,lc;
     la=i;
     lb=m+1;
     lc=i;                              /*给序列 la，lb，lc 的起始点赋初值*/
     while(la<=m &&lb<=n)
         if (a[la].key<a[lb].key)
             b[lc++].key=a[la++].key;   /*有序合并*/
         else b[lc++].key=a[lb++].key;
      while(la<=m) b[lc++].key=a[la++].key;
      while(lb<=n) b[lc++].key=a[lb++].key;
}
void Mergesort (RecordType a[],RecordType b[],int s,int t)
/*将有序序列 a[s..t]有序归并排序到 b[s..t]中*/
{    int m;
     RecordType c[MAXSIZE+1];
     if (s==t) b[s].key=a[s].key;
     else
     {    m=(s+t)/2;
          Mergesort( a,c,s,m);
          Mergesort( a,c,m+1,t);
          Merge(c,b,s,m,t);
     }
}
```

由于二路归并排序算法需要划分有序段，且递归的深度恰好与 n 个节点的完全二叉树的深度相同，每个有序段的长度均不超过 n，因此两个有序段的合并算法时间复杂度不会超过 O(n)。对 n 个记录进行归并排序的时间复杂度 $T(n)=O(nlog_2^n)$。空间上，需要两个与待排序记录序列空间等长的辅助空间及递归深度为 $\log_2^n$ 的栈空间，因此空间复杂度为 $S(n)=O(n+\log_2^n)$。

8.6　排序算法的比较

对本章讨论的各种内部排序方法进行比较，大致结果见表 8.1。

表 8.1　各种排序方法的比较

排序方法	时间复杂度	空间复杂度	稳定性
直接插入排序	$O(n^2)$	$O(1)$	稳定
折半插入排序	$O(n^2)$	$O(1)$	稳定
希尔排序	$O(n^{3/2})$	$O(1)$	不稳定
冒泡排序	$O(n^2)$	$O(1)$	稳定
快速排序	$O(n\log_2^n)$	$O(n\log_2^n)$	不稳定
直接选择排序	$O(n^2)$	$O(1)$	稳定
堆排序	$O(n\log_2^n)$	$O(1)$	不稳定
二路归并排序	$O(n\log_2^n)$	$O(n)$	稳定

从表 8.1 可以看出，没有哪一种排序算法是绝对最佳的。每一种排序方法都有其优缺点，适用于不同的环境。因此，在实际应用中，应该根据具体情况做出最合适的选择。首先考虑排序对稳定性的要求，若要求稳定，则只能在稳定方法中选取，否则可以在所有方法中选取；其次要考虑待排记录数的大小，若 n 较大时，则可在改进方法中选取，否则可在简单方法中选取；最后考虑其他因素。

（1）当待排序的记录数较大，关键字值的分布比较随机且对排序的稳定性不作要求时，采取快速排序法。

（2）当待排序的记录数较大，内存空间又允许，且要求排序稳定时，采用归并排序法。

（3）当待排序的记录数较大，关键字值的分布可能出现有序，且对排序的稳定性不作要求时，采用堆排序法或归并排序法。

（4）当待排序的记录数较小，关键字值的分布基本有序，且要求排序稳定时，采用插入排序法。

（5）当待排序的记录数较小，且对排序的稳定性不作要求时，采用选择排序法；若关键字值的分布不接近逆序，也可采用直接插入法。

（6）已知两个有序表，若要将它们组合成一个新的有序表，最好的排序方法是归并排序。

8.7　本章实战练习

常用排序算法

1. 实现功能

编写程序，实现直接插入排序、希尔排序、冒泡排序、快速排序、简单选择排序、堆排序及二路归并排序。

2. 实现代码

```
#include<stdio.h>
#include<stdlib.h>
#define MAXSIZE 10
typedef int keyType;
typedef struct
{    keyType key;                          /*关键字域*/
     /*其他域*/
}RecordType;                               /*记录类型*/
void DisPlay(RecordType r[],int n);
void InsertSort(RecordType r[],int n)
/*对表 r 中的第 1 个到第 n 个记录进行直接插入排序，r[0]为哨兵*/
{    int i,j;
     for(i=2;i<=n;i++)
     {    r[0]=r[i];                       /*设置哨兵*/
          j=i-1;
          while(r[0].key<r[j].key)
          {    r[j+1]=r[j]; j--;   }       /*记录后移*/
          r[j+1]=r[0];                     /*把存放在 r[0]中的原记录插入到正确位置*/
     }
}
void BinarySort(RecordType r[],int n)      /*对顺序表 L 进行折半插入排序*/
{    int i,j;
     int low,high,m;
     for(i=1;i<=n;i++)
     {    r[0]=r[i];                       /*将要插入的元素置于 r[0]中*/
          low=1;
          high=i-1;
          while(low<=high)                 /*在有序段中查找*/
          {    m=(low+high)/2;             /*使用折半查找*/
               if(r[0].key<r[m].key)       /*与有序段前半段的最大值相比较*/
                    high=m-1;
               else
                    low=m+1;
          }
          for(j=i-1;j>=high+1;--j)         /*移动元素*/
               r[j+1]=r[j];
          r[high+1]=r[0];
     }
}
void ShellSort(RecordType r[],int n)
/*对表 r 中的第 1 个到第 n 个记录进行希尔排序，r[0]为哨兵*/
{    int i,j,d;
     for(d=n/2;d>0;d=d/2)                  /*初始增量为 n/2，每次缩小的增量值为 d/2*/
     {    for(i=d+1;i<=n;i++)
          {    r[0]=r[i];
```

```
            j=i-d;                          /*前后记录位置的增量是 dk，而不是 1*/
            /*将 r[i]插入到有序增量子表*/
            while(j>=0&&r[0].key<r[j].key)  /*将 r[i]插入到有序子表*/
            {   r[j+d]=r[j];j=j-d;   }      /*记录后移，查找插入位置 */
            r[j+d]=r[0];                    /*插入*/
        }
    }
}
void Bubble_sort(RecordType r[],int n)
/*对表 r 中的第 1 个到第 n 个记录进行冒泡排序，r[0]为临时交换空间*/
{   int i,j;
    int isExcheng;                          /*交换标识*/
    for(i=1;i<n;i++)
    {   isExcheng=0;                        /* isExcheng=0 表示未交换*/
        for(j=1;j<=n-i;j++)
        {   if(r[j].key>r[j+1].key)         /*如前者大于后，交换*/
            {   r[0]=r[j+1]; r[j+1]=r[j]; r[j]=r[0];
                isExcheng=1;                /*isExcheng=1 表示发生交换*/
            }
        }
        if(isExcheng==0)break;              /*未交换，排序结束*/
    }
}
int Partition(RecordType r[],int low,int high)
/*对表 r 中的第 low 个到第 high 个记录进行一次快速排序的划分，把关键字小于 r[low].key 的记录
  放在 r[low]前面，大于 r[low].key 的记录放在 r[low]后面*/
{   r[0]= r[low];                           /*把 r[low]放在 r[0]上*/
    while (low<high)                        /*用 r[low]进行一趟划分*/
    {   /*在 high 端，查找一个比 r[low].key 小的记录并放入 low 的位置上*/
        while (low<high &&r[high].key>=r[0].key) --high;
        r[low]=r[high];
        /*在 low 端，查找一个比 r[low].key 大的记录并放入 high 的位置上*/
        while (low<high &&r[low].key<=r[0].key) ++low;
        r[high]=r[low];
    }
    r[low]=r[0];
    return low;                             /*返回划分后的基准记录的位置*/
}
void Quicksort(RecordType r[],int low,int high)
/*对表 r 中的第 low 个到第 high 个记录进行快速排序*/
{   int loc;
    if  (low<high)
    {   /*对第 low 个到第 high 个记录进行一次快速排序的划分*/
        loc=Partition(r,low,high);
        Quicksort(r,low,loc-1);             /*对前半区域进行一次划分*/
        Quicksort(r,loc+1,high);            /*对后半区域进行一次划分*/
```

```
        }
}
void Selectsort(RecordType r[],int n)
/*对表 r 中的第 1 个到第 n 个记录进行简单选择排序，r[0]为临时交换空间*/
{   int i,j,min;
    for(i=1;i<n;i++)
    {   min=i;
        /*在 i～n 范围内寻找一个最小元素并放入 r[i]中*/
        for (j=i+1;j<=n;++j)
            if (r[min].key>r[j].key) min=j;
        if(min!=i)
        {   r[0]=r[min]; r[min]=r[i]; r[i]=r[0];   }
    }
}
void Createheap(RecordType r[],int m,int n)
/*对表 r 中的节点编号为 m 到 n 的元素进行建堆，r[0]为临时交换空间*/
{   int i,j,flag;
    i=m;
    j=2*i;                                  /*j 为 i 的左孩子*/
    r[0]=r[i];
    flag=0;
    while(j<=n&&flag!=1)                    /*沿值较小的分支向下筛选*/
    {   if (j<n&&r[j].key>r[j+1].key)
            j++;                            /*选取孩子中值较小的分支*/
        if(r[0].key<r[j].key)     flag=1;
        else
        {   r[i]=r[j];
            i=j;
            j=2*i;                          /*继续向下筛选*/
            r[i]=r[0];
        }
    }
}
void Heapsort(RecordType x[],int n)
/*对表 r 中的第 1 个到第 n 个记录进行堆排序，r[0]为临时交换空间*/
{   int i;
    for (i=n/2;i>=1;i--) Creatheap(x,i,n);  /*初始化堆*/
    printf("Output x[]:");
    /*输出堆顶元素，并将最后一个元素放到堆顶位置，重新建堆*/
    for (i=n;i>=1;i--)
    {   printf("%4d",x[1]);                 /*输出堆顶元素*/
        x[1]=x[i];                          /*将堆尾元素移至堆顶*/
        Createheap(x,1,i);                  /*整理堆*/
    }
    printf("\n");
}
```

```
void Merge (RecordType a[],RecordType b[],int i,int m, int n)
/*将有序序列 a[i..m]以及 a[m+1..n]有序归并到 b[i..m]中*/
{     int la,lb,lc;
      la=i;
      lb=m+1;
      lc=i;                                   /*给序列 la，lb，lc 的起始点赋初值*/
      while(la<=m &&lb<=n)
           if (a[la].key<a[lb].key)
                b[lc++].key=a[la++].key;      /*有序合并*/
           else b[lc++].key=a[lb++].key;
       while(la<=m) b[lc++].key=a[la++].key;
       while(lb<=n) b[lc++].key=a[lb++].key;
}
void Mergesort (RecordType a[],RecordType b[],int s,int t)
/*将有序序列 a[s..t]有序归并排序到 b[s..t]中*/
{     int m;
      RecordType c[MAXSIZE+1];
      if (s==t) b[s].key=a[s].key;
      else
      {     m=(s+t)/2;
            Mergesort( a,c,s,m);
            Mergesort( a,c,m+1,t);
            Merge(c,b,s,m,t);
      }
}
void Display(RecordType r[],int n)
{     int i;
      for(i=1;i<=n;i++) printf("%3d",r[i]);
}
void main()
{     int ch;
      char exit='N';
      RecordType r[MAXSIZE+1]={0,34, 44, 43, 12, 53, 55,73, 64, 77,13};
      do
      {     system("CLS");
            printf("\t\t******排序前的序列***************************\n");
            printf("\t\t*    ");DisPlay(r,MAXSIZE);
            printf("                 *\n\n");
            printf("\t\t******请选择排序算法*************************\n");
            printf("\t\t*    1.直接插入排序....................1        *\n");
            printf("\t\t*    2.折半插入排序....................2        *\n");
            printf("\t\t*    3.希尔排序............................3        *\n");
            printf("\t\t*    4.冒泡排序............................4        *\n");
            printf("\t\t*    5.快速排序............................5        *\n");
            printf("\t\t*    6.简单选择排序....................6        *\n");
            printf("\t\t*    7.堆排序................................7        *\n");
```

```
printf("\t\t*   8.二路归并排序....................8       *\n");
printf("\t\t*   9.退出...................................9       *\n");
printf("\t\t*********************************************\n");
printf("\n 请选择操作代码：");
scanf("%d",&ch);
switch(ch)
{
    case 1:
        InsertSort(r,MAXSIZE);
        printf("排序后的序列：");
        DisPlay(r,MAXSIZE);
        printf("\n");
        system("pause");
        break;
    case 2:
        BinarySort(r,MAXSIZE);
        printf("排序后的序列：");
        DisPlay(r,MAXSIZE);
        printf("\n");
        system("pause");
        break;
    case 3:
        ShellSort(r,MAXSIZE);
        printf("排序后的序列：");
        DisPlay(r,MAXSIZE);
        printf("\n");
        system("pause");
        break;
    case 4:
        Bubble_sort(r,MAXSIZE);
        printf("排序后的序列：");
        DisPlay(r,MAXSIZE);
        printf("\n");
        system("pause");
        break;
    case 5:
        Quicksort(r,1,MAXSIZE);
        printf("排序后的序列：");
        DisPlay(r,MAXSIZE);
        printf("\n");
        system("pause");
        break;
    case 6:
        Selectsort(r,MAXSIZE);
        printf("排序后的序列：");
        DisPlay(r,MAXSIZE);
```

```
            printf("\n");
            system("pause");
            break;
        case 7:
            Heapsort(r,MAXSIZE);
            system("pause");
            break;
        case 8:
            Mergesort(r,r,1,MAXSIZE);
            printf("排序后的序列：");
            DisPlay(r,MAXSIZE);
            printf("\n");
            system("pause");
            break;
        case 9:
            getchar();
            printf("\n 您是否真地要退出程序(Y/N):");
            exit=getchar();getchar();
            break;
        default:
            printf("\n 无效输入，请重新选择……:");
    }
  }while(exit!='y'&&exit!='Y');
}
```

3. 实现结果

实现结果如图 8.9 所示。

图 8.9　实现结果

8.8　本章小结

本章所讲述的排序算法是一些基本且常用的算法，由于实际工作中处理的数据量巨大，因此对排序算法本身的速度要求很高。衡量算法性能的主要指标是算法的复杂度，一般用 O( )

来表示。在各种简单排序算法中，大部分算法复杂度为 $O(n^2)$，如插入排序、选择排序和冒泡排序等。对于高级排序算法，大部分算法复杂度为 $O(nlog_2{}^n)$，如快速排序、堆排序和归并排序等（表 8.1）。

除了要考虑排序效率方面还需要考虑排序时所占用的存储空间，简单排序只额外占用一个辅助存储空间，而在排序算法中时间效率高的快速排序算法需要额外占用 $O(nlog_2{}^n)$的空间。

排序算法的稳定性是指在排序中有两个记录的关键字相同的情况下，在排序完成后两个记录的相对顺序的变化情况，如果位置不会发生变化，则排序算法是稳定的。即在序列中如果 $A_i=A_j$，A_i 原来在 A_j 前，排序后 A_i 还是在 A_j 位置之前。如冒泡排序、插入排序和归并排序等都是稳定排序法。

8.9 习题 8

一、选择题

1．堆是一种（　）排序。

A．插入　B．选择　C．交换　D．归并

2．对 n 个不同的排序关键字进行冒泡排序，在元素无序的情况下比较的次数为（　）。

A．n+1　B．n　C．n-1　D．n(n-1)/2

3．每次从无序表中取出一个元素，把它插入到有序表中的适当位置，此种排序方法叫作（　）排序。

A．插入　B．交换　C．选择　D．归并

4．将 5 个不同的数据进行排序，至多需要比较（　）次。

A．8　B．9　C．10　D．25

5．堆的形状是一棵（　）。

A．二叉排序树　B．满二叉树　C．完全二叉树　D．平衡二叉树

6．排序方法中，从未排序序列中依次取出元素与已排序序列（初始时为空）中的元素进行比较且将其放入已排序序列的正确位置上的方法，称为（　）。

A．希尔排序　B．冒泡排序
C．插入排序　D．选择排序

7．对 n 个不同的排序关键字进行冒泡升序排序，在下列哪种情况下比较的次数最多（　）。

A．从小到大排列好的　B．从大到小排列好的
C．元素无序　D．元素基本有序

8．下列关键字序列中，（　）是堆。

A．16,72,31,23,94,53　B．94,23,31,72,16,53
C．16,53,23,94,31,72　D．16,23,53,31,94,72

9．若一组记录的排序关键字为{46,79,56,38,40,84}，则利用快速排序的方法，以第一个记录为基准得到的一次划分结果为（　）。

A．38,40,46,56,79,84　B．40,38,46,79,56,84
C．40,38,46,56,79,84　D．40,38,46,84,56,79

10．用某种排序方法对关键字序列{25,84,21,47,15,27,68,35,20}进行排序时，序列的变化情况如下：

20,15,21,25,47,27,68,35,84
15,20,21,25,35,27,47,68,84
15,20,21,25,27,35,47,68,84

则所采用的排序方法是（　　）。

A．选择排序　　B．希尔排序　　C．归并排序　　D．快速排序

11．设一组初始记录关键字为{20,15,14,18,21,36,40,10}，则以 20 为基准记录的一趟快速排序结束后的结果为（　　）。

A．10,15,14,18,20,36,40,21　　B．10,15,14,18,20,40,36,21
C．10,15,14,20,18,40,36,21　　D．15,10,14,18,20,36,40,21

二、填空题

1．大多数排序算法都有两个基本操作：________和________。

2．在插入和选择排序中，若初始数据基本正序，则选用________；若初始数据基本逆序，则选用________。

3．对于有 n 个记录的表进行二路归并排序，整个归并排序需进行________趟（遍）。设要将序列{Q,H,C,Y,P,A,M,S,R,D,F,X}中的关键字按字母的升序重新排列，则二路归并排序一趟扫描的结果是________。

4．在堆排序和快速排序中，若初始记录接近正序或逆序，则选用________；若初始记录基本无序，则最好选用________。

5．每次从无序表中顺序取出一个元素，把这个元素插入到有序表中的适当位置，此种排序方法叫作________排序；每次从无序表中挑选出一个最小或最大元素，把它交换到有序表的一端，此种排序方法叫作________排序。

6．当待排序的记录数较大，排序关键字较随机且对稳定性不作要求时，宜采用________排序；当待排序的记录数较大，存储空间允许且要求排序是稳定排序时，宜采用________排序。

7．在堆排序、快速排序和归并排序中，若只从排序结果的稳定性考虑，则应选取________方法；若只从平均情况下排序最快考虑，则应选取________方法。

8．若对一组记录{54,38,96,23,15,72,60,45,83}进行直接插入排序，当把第 7 个记录 60 插入到有序表时，为寻找插入位置至少需比较________次。

9．设要将序列{Q,H,C,Y,P,A,M,S,R,D,F,X}中的关键字按字母序的升序重新排列，则冒泡排序一趟扫描的结果是________；初始步长为 4 的希尔（shell）排序一趟的结果是________。

三、简答题

1．以关键字序列{265,301,751,129,937,863,742,694,076,438}为例，写出执行直接选择排序算法的各趟排序结束时关键字序列的状态。

2．以关键字序列{265,301,751,129,937,863,742,694,076,438}为例，写出执行冒泡排序算法的各趟排序结束时关键字序列的状态。

3．已知一组记录的排序关键字为{46,79,56,38,40,80,95,24}，写出对其进行快速排序的每

一次划分结果。

4．以关键字序列{265,301,751,129,937,863,742,694,076,438}为例，写出执行归并排序算法的各趟排序结束时关键字序列的状态。

5．以关键字序列{265,301,751,129,937,863,742,694,076,438}为例，写出执行直接插入排序算法的各趟排序结束时关键字序列的状态。

6．假定一组记录的排序关键字为{46,79,56,38,40,84,50,42}，写出利用堆排序方法建立的初始堆。

7．什么是二叉排序树？按关键字{25,48,36,16,45,20,18,72}的插入次序生成一棵二叉排序树，试画出此二叉排序树。

8．判别下列序列是否为堆（小根堆或大根堆），若不是，则将其调整为堆。

（1）{100,86,73,35,39,42,57,66,21}

（2）{12,70,33,65,24,56,48,92,86,33}

9．以关键字序列{265,301,751,129,937,863,742,694,076,438}为例，写出执行希尔排序算法的各趟排序结束时关键字序列的状态。

10．将序列{16,24,53,47,36,85,30,91}调整为堆顶元素为最大值的堆，画图把每个步骤表示出来。

11．以关键字序列{265,301,751,129,937,863,742,694,076,438}为例，写出执行快速排序算法的各趟排序结束时关键字序列的状态。

12．以关键字序列{265,301,751,129,937,863,742,694,076,438}为例，写出执行堆排序算法的各趟排序结束时关键字序列的状态。

参考文献

[1] 严蔚敏，吴伟民．数据结构（C 语言版）[M]．北京：清华大学出版社，2018．

[2] 严蔚敏，吴伟民，米宁．数据结构题集（C 语言版）[M]．北京：清华大学出版社，2011．

[3] 梁海英．C 语言程序设计[M]．北京：清华大学出版社，2018．

[4] 梁海英．数据结构[M]．北京：清华大学出版社，2017．

[5] 梁海英．基于案例的 Visual C++程序设计[M]．北京：清华大学出版社，2016．